BIM 正向设计流程与管理

重庆市设计院 BIM 设计研究中心
重庆市土木建筑学会BIM分会 组编
刘四明　张楚　主编

中国建筑工业出版社

图书在版编目（CIP）数据

BIM正向设计流程与管理/刘四明，张楚主编. —北京：中国建筑工业出版社，2019.11

ISBN 978-7-112-24263-4

Ⅰ.①B… Ⅱ.①刘… ②张… Ⅲ.①建筑设计-计算机辅助设计-应用软件 Ⅳ.①TU201.4

中国版本图书馆CIP数据核字（2019）第211025号

本书立足我国行业情形，并借鉴国外的最新技术，结合编者在本领域多年的技术钻研和项目工程应用的经验，技术水平和实用价值高，既反映先进实用技术，又适用于我国房建专业。本书对BIM正向设计的管理及流程进行研究总结，为管理人员提供了BIM设计管理体系的实践引导，为设计人员提供了设计过程中的操作方法和理论指导。主要内容包括：BIM正向设计背景；BIM标准及管理；BIM资源库；正向设计过程；BIM出图研究；正向设计实例。

本书的主要使用对象为土建、机电技术人员，也可以作为设计人员、科研人员及大专院校从事相关教学的教师和研究生的参考书。

责任编辑：辛海丽　刘瑞霞

责任校对：姜小莲

BIM正向设计流程与管理

重庆市设计院BIM设计研究中心
重庆市土木建筑学会BIM分会　组编

刘四明　张楚　主编

*

中国建筑工业出版社出版、发行（北京海淀三里河路9号）

各地新华书店、建筑书店经销

霸州市顺浩图文科技发展有限公司制版

天津翔远印刷有限公司印刷

*

开本：787×1092毫米　1/16　印张：11¾　字数：290千字

2020年1月第一版　2020年1月第一次印刷

定价：**42.00**元

ISBN 978-7-112-24263-4

（34774）

本书编委会

主　　编：刘四明　张　楚

副 主 编：汪　勇　杨晓林　任青松　龚　凯　张　怡

主要成员（按姓氏笔画排序）：

王　波　卢　梅　冉一辛　冉裕林　付　豪　朱亮亮
刘　扬　祁　齐　李志阳　杨航超　肖　琴　余向前
张　智　陈　琴　唐　甜　黄　骁　曹梦婷　龚　真
蒋　欣　蒋序东　惠　瑞　缪剑峰

专家顾问（按姓氏笔画排序）：

邓小华　朱忠杰　刘东升　刘汉龙　李　明　吴华勇
周显毅　党智勇　徐千里　董　勇

序　言

21 世纪以来，以云计算、大数据、人工智能为代表的新一代技术，为提升社会生产效率、优化城市管理提供了重要助力。建筑行业也逐步将 BIM 技术、信息化管理与互联网＋技术相融合，培育了 CIM、BIM＋AR、数字孪生城市、智慧城市等新概念。在建筑技术发展的浪潮中，建筑设计首当其冲。作为全生命周期的第一环，建筑设计的改革创新对施工、管理、运维都有着重大影响。

BIM 正向设计是指项目从草图设计阶段至交付全部成果均通过三维模型完成，且模型数据切实、可读、可传递。这是设计改革的目标，将建筑信息参数化、设计信息可视化，实现方案优化、协同作业、三维交付的目的。目前，正向设计的难点在于 BIM 模型标准的界定和设计效率。BIM 设计将大部分问题集中在设计前期解决，节省后期设计时间，缩短施工周期，提高建设效率，以得到最大收益。但现阶段由于施工、运维阶段的 BIM 不够成熟，且业内各领域之间的矛盾逐步激化，BIM 正向设计的实施落地困难重重。

随着国家住房和城乡建设部的重视和推动，建筑业必然向着信息化、一体化发展，BIM 设计的改革迫在眉睫。本书结合我国近年来 BIM 技术应用的成果，通过典型工程案例全面系统地介绍了 BIM 正向设计的实施流程和管理。

衷心希望设计人员积极推动 BIM 技术在设计领域的全面应用，落实三维设计理念，实现互联网＋模式下的行业创新发展。

二〇一九年十月

前　言

BIM正向设计通常指基于BIM技术实现三维可视化设计的方法。在整个建筑的生命周期中，BIM正向设计将设计、施工和运维连接起来，跨越时间与空间，让不同专业领域的人对建筑数据进行读写与应用。正向设计作为建筑全生命周期中的第一步，所承担的压力和面临的问题尤为严峻。面对BIM软件开发不足，国家企业标准制度的不完善，业主的质疑和自身的利益等问题，寻找合理合法合情的解决方案是我们当下的主要研究方向。

本书对BIM正向设计的管理及流程进行研究总结，为管理人员提供了BIM设计管理体系的实践引导，为设计人员提供了设计过程中的操作方法和理论指导。规范的BIM设计标准和管理、完善的BIM资源和数据库是BIM正向设计实施的前提。BIM设计的关键在于如何运用有效的方法和技巧，将BIM融入到日常设计中。

本书共分6章，主要内容立足我国行业情形，并借鉴国外的最新技术，探寻BIM正向设计在国内的发展道路。第1章是时代背景，提出了目前技术发展的几点主要问题。第2章和第3章对BIM正向设计过程中的管理和数据库进行了探究，通过规范化的管理和有效的资源积累，可快速提升设计的工作效率和质量。第4章从BIM正向设计流程出发，分析了不同设计阶段中建筑、结构和机电专业的协作流程、设计要点和完成标准等。第5章基于BIM出图这一主要难点进行了深入分析，并给出了相关建议。第6章介绍了办公楼建筑基于BIM正向设计的工程应用。

本书在编写过程中，得到了多方面的支持和帮助，感谢编委会所有成员及其他相关单位及个人的支持。

由于编者水平、精力、时间所限，本书在内容舍取、章节安排和文字表达等方面还有许多不尽如人意之处，恳请读者批评指正，并提出宝贵意见。

目　录

第 1 章　BIM 正向设计背景

1.1　BIM 正向设计背景

1.1.1　BIM 的含义

BIM 技术是一种应用于工程设计、建造、管理的数据化工具，通过对建筑的数据化、信息化模型整合，在项目策划、运行和维护的全生命周期过程中进行共享和传递，使工程技术人员对各种建筑信息作出正确理解和高效应对，为设计团队以及施工、运营单位在内的各方建设主体提供协同工作的基础，在提高生产效率、节约成本和缩短工期方面发挥重要作用。

对于使用 BIM 技术从事设计工作的人员来说，BIM 即 Building Information Modeling。对于推行 BIM 技术完善项目的业主方、设计方、施工方来说，BIM 是 Building Information Modeling＋Management。

1. Building Information Modeling

BIM 的核心是通过建立虚拟的建筑工程三维模型，利用数字化技术，为模型提供完整的、与实际情况一致的建筑工程信息库。该信息库不仅包含描述建筑物构件的几何信息、专业属性及状态信息，还包含了非构件对象（如空间、运动行为）的状态信息。

2. Building Information Management

BIM 模型其高度的集成化和庞大的信息量的特点，意味着它不仅是将项目分解成数据信息进行存储，还应具备完善的组织管理技术，使得数据信息在过程中能进行有效的传递，有目的的运用。

完善的组织管理技术帮助实现建筑信息的高度集成，从建筑的设计、施工、运行直至建筑全寿命周期的终结，各种信息始终整合于一个模型信息数据库中，设计团队、施工单位、设施运营部门和业主等各方人员可以基于 BIM 进行协同工作。

1.1.2　BIM 技术的发展

1. BIM 技术的发展史

1975 年，Chuck Eastman 在《AIA 杂志》上以其所研究的“Building Description System（建筑描述系统）”课题为原型发表了论文。作为 BIM 的前身，BDS 理念包括修改构件时所有视图具有联动性，为视觉分析和数量分析提供完整统一的数据库，可以记录和检索数据为进度计划和材料订购提供便利等。

1986 年，“Building Information Modeling”一词在当时英文中称为“Bullaina Modeling”并首次出现在论文中。作者Robert Aish在论文中发表了BIM论点和相关实施技术，并应用于伦敦希斯罗机场3号楼改造项目。1987年，首款BIM建筑设计软件ArchiCAD问世。

随着IT技术的快速发展，BIM所需要的IT能力已完全具备，Revit应运而生。2002年，Autodesk公司收购Revit，以其作为BIM大旗推向市场，并逐步被引入中国。2003年，建设部发布《2003～2008年全国建筑业信息化发展规划纲要》，中国建筑业逐渐步入BIM时代。2006年，奥运工程“水立方”成为国内首例采用BIM技术的建筑。2010年，上海世博会诸多建筑采用了基于BIM平台的设计。2011年，住房和城乡建设部发布《2011～2014年建筑产业信息化发展纲要》明确指出：在施工阶段开展BIM技术的研究与应用，推进BIM技术从设计阶段向施工阶段的应用延伸。此后，BIM技术在工程建设中广泛应用，掀起了施工行业BIM技术的应用热，对建筑业信息化起步发展起到了积极的推动作用。

2012年，美国建筑行业对BIM技术的使用率已达到71%，英国政府也将BIM技术作为建筑行业项目建设中强制性推广的技术手段之一，并提出了全面协同3D技术——BIM技术的发展理念。

2. BIM技术的近期热点

在大数据与工业产业变革的背景下，信息化与建筑业的融合发展已成为建筑业发展的方向，将对建筑业发展带来战略性和全局性的影响。推动建筑业科技创新，加快推进信息化发展，激发创新活力，培育新业态和创新服务模式，积累基础BIM数据库数据，是建筑行业谋求改革和可持续发展的重要途径。在研究方面，为了更广泛地拓展BIM的应用，我们进行了BIM技术与项目管理系统、云端技术、GIS系统、VR技术等的整合开发。

（1）BIM项目管理

BIM技术与项目管理的集成应用，是利用BIM模型为项目管理各项业务提供准确及时的底层数据和分析能力，结合项目管理流程、统计等方法，实现数据产生到使用、流程审批、综合统计、决策分析的管理闭环，有效提升项目管理的能力和效率。

如4D进度管理，通过管理平台将BIM三维模型与施工进度结合，直观地反映整个建筑的施工过程和形象进度。配合技术越发成熟的移动智能终端，工作人员可以在手机、Ipad等设备上登录平台，随时随地获取建筑的实时信息，方便参与各方对项目进行决策、修改和施工管控。

（2）云端BIM

BIM可利用云端技术强大的计算能力，解决庞大的信息量和复杂的数据运算。不管是能耗，还是结构分析，针对一些信息的处理和分析都可以通过云端计算来实现。同时，云端技术也代表着大规模的数据存储能力。我们可以将BIM模型及相关数据同步至云端，方便建设各参与方随时随地访问。随着云端技术的普及，我们甚至可以在渲染和分析过程中进行实时计算，帮助设计师更快地在不同的设计和解决方案之间进行比选。

（3）BIM+GIS

GIS（地理信息系统）是在计算机软、硬件系统支持下，对整个或部分地球表层（包括大气层）空间中的有关地理分布数据进行采集、储存、管理、运算、分析、显示和描述的技术系统。BIM与GIS的集成应用，是通过数据集成、系统集成来实现的。现阶段，项目常用到GIS系统采集分析地形环境，为BIM技术提供准确的地形数据，目前应用较广的无人机地形测绘即是其中一种。未来随着技术的发展，可以将GIS的导航系统应用到室内，结合BIM运维管理系统，在故障发生的第一时间找到解决方案，也适用于火灾发生时寻找最合理的逃生路径。

（4）BIM+VR、AR

虚拟现实（VR）与扩增实境（AR）是可视化技术的热点，扩增实境是在现实环境中增加影像及信息，是虚拟与现实的混合世界；虚拟现实则是取代真实的世界，两者皆是可视化技术的发展趋势。

BIM与虚拟现实技术集成应用提高了模拟的真实性，通过在虚拟世界中的模拟，我们可以在方案设计阶段将建筑周边信息及项目信息录入虚拟世界，模拟环境各项数据及空间关系，方便业主、设计对建筑方案进行更好的决策。在施工前，将施工过程在计算机上进行三维仿真演示，可提前发现实际施工中的各种问题，对项目的重难点的解决方案进行更优的比选。

BIM与扩增实境技术的集成，可应用在施工过程中，将完整的BIM信息映射到施工现场，施工人员佩戴相关设备即可查看指定设备的数据和空间位置，为大型设备的运输、吊装提供可行性方案。现今已有建设业者推出增强实境的赏屋APP，搭配穿戴式装置，可在远程浏览未来居家空间，或者在毛坯屋中浏览家具摆设后的搭配。

（5）BIM+装配式

装配式建筑是在工厂按照统一标准规格将混凝土及钢构件制作成房屋单元或部品，运输至现场进行安装而成。相比于现浇建筑，工厂批量生产的标准件质量更高，对资源的利用率更高，同时满足环保节能要求。

部件的机械化生产离不开信息技术的支撑。BIM与装配式的结合，极大地改善了建筑设计到生产安装的信息流转环境，实现了装配式建筑高精度、高效率等特点。设计阶段，可通过BIM模型确定建筑所使用的梁、板、楼梯、隔墙等材质及参数，管线分离与装修一体化，集成厨房及集成卫生间的做法等。加工厂通过BIM模型信息直观地了解部品的各项参数，进行精密加工。安装时，可通过BIM技术模拟施工，预知现场可能存在的各类问题，提前解决，规避风险。

1.1.3 BIM正向设计的发展阶段

21世纪初，随着绘图软件和计算机的普及，我国建筑业脱离手绘进入CAD时代。CAD（Computer Aided Design，计算机辅助设计）诞生于20世纪60年代，经历了二维、三维线框、三维表面建模等多次变革，发展至今已趋于完善。而完全脱离图板，以数据模型为核心的BIM技术势必带来建筑业天翻地覆的改变。

BIM技术的大量信息化、高度集成化将使得管理更为复杂，规范约束更多，分工更细合作更紧密。这就意味着BIM设计的门槛更高，专业人员转型更加耗时耗力。企业级的BIM团队只有经过不断练习、不断磨合，才能形成相当的正向设计能力。针对不同时期不同的团队目标和培养方式，可将团队成长期分为以下四个部分：

1. 建模阶段

建模工作是设计的基础，不论是逆向设计还是正向设计，只有熟练掌握了建模方法和技巧，才能更好地应对设计过程中的优化工作，同时有效地利用模型进行更多应用。一般来说，从软件学习到熟练操作阶段只需要1～3个月。而提高效率的建模技巧，符合出图要求的族库，住宅一体化标准库等，则需要个人甚至企业长期的积累。

2. 应用阶段

BIM应用其本质是建筑数据信息的运用。目前最常用到的日照分析、碰撞检查、净高分析、出图标注、统计算量等，是设计阶段不可或缺的部分。同时，正向设计人员也需要了解施工模拟、人流分析等施工阶段乃至运维阶段的应用。找到需求，才能制定好方案，建立准确的模型，避免不必要的数据混淆，提高设计工作的效率和质量。

3. 多专业协同阶段

协同是设计中各专业的纽带，需要各个专业有组织地利用模型进行沟通和协调。本阶段BIM设计人员不仅要具备熟练建模和应用的能力，还需要学会利用模型进行相互提资，沟通解决问题。

4. 协作磨合阶段

由于目前BIM技术成熟度、BIM审查标准等多种因素制约，正向设计的速度和效率不如传统的二维设计。本阶段主要在前三个阶段的基础上，进行建模技巧、标准族库、出图技巧的积累，制定符合市场、企业的协作模式和管理制度，综合提高正向设计团队的各项能力，从而实现三维设计的效率倍增。

1.2　BIM正向设计的价值

BIM强调工程（包括建筑、市政、水利、河海等各类工程）的生命周期信息集成与持续性运用、几何与类型实例信息的结合、静态与动态过程信息的实时掌握、三维可视化技术、跨领域跨专业的协同作业、时间与空间信息的整合等（图1.2-1）。BIM技术的这些特质对工程设计质量的提升、项目工期和成本的有效把控、跨专业整合和沟通界面管理

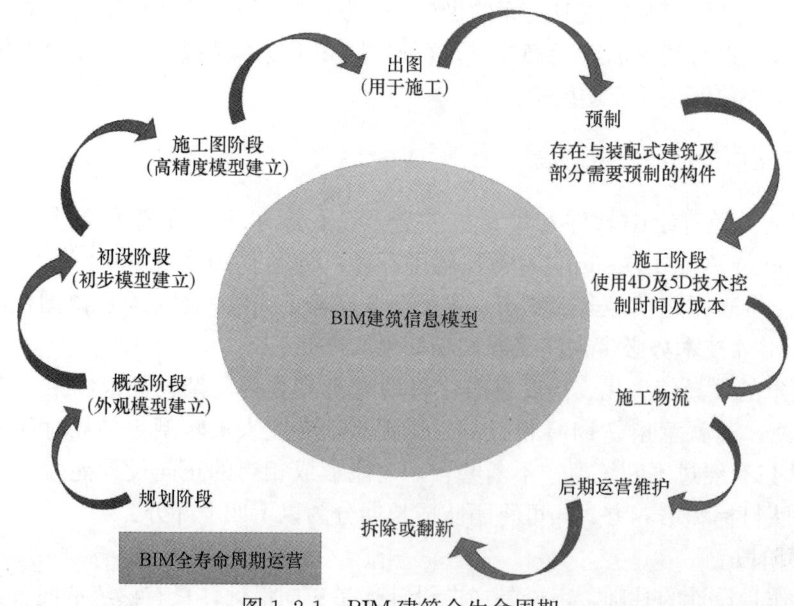

图1.2-1　BIM建筑全生命周期

等有着重要的作用，甚至可以和物联网等其他信息时代产物进行结合，促进智慧城市、生态管理的发展。

1.2.1 BIM的基本特质

BIM正向设计的实施价值在设计前期，可通过数据化分析进行方案比选；设计过程中，利用专业间协同提高设计质量；设计成果交付时，实现可视化和高度集成的交付。

1. 参数化设计

在设计方案阶段，将周边地形环境数据化，结合造型、空间数据等，进行日照分析、风环境分析、能耗分析和建造成本分析等，使得初期方案决策更具有科学性。同时，参数的建模可以模拟除几何形状以外的一些非几何属性，如材料的耐火等级、材料的传热系数、构件的造价、采购信息、重量、受力状况等，提高了建筑设计的效能，满足施工设计规范和业主的要求。

2. 可视化和联动性

可视化是BIM技术的一个重要特性。可视化交底改善了设计与甲方或者施工方的沟通环境，使得设计的意图能够更好地传递。

模型的联动性是指模型可以一处修改，相关各处同时变动，同时及时地反映在平立剖和三维视图中，解决了长期以来图纸中常见的碰缺问题。

模型的可视化和联动性也为设计过程中的多专业协同创造了便利。

3. 多专业协同

BIM技术可以通过建立基于BIM数据库的协同平台，把建筑项目各阶段、各专业间的数据信息纳入到该平台中。由于全专业的加入，各类问题在设计过程中提前暴露，并被及时解决。同时，业主、设计、施工及运维等各方可以随时从该平台上任意调取各自所需的信息，通过协同平台对项目进行设计深化、施工模拟、进度把控、成本管控等，提升项目的管理水平和设计品质。

1.2.2 BIM设计的应用价值

相比于传统二维设计的过程，BIM正向设计将大部分问题和工作集中到方案规划阶段和深化设计阶段，从而使得传统模式中的问题提前暴露，提高设计质量，减少施工现场的变更，最终达到缩短工期、降低项目成本的预期目标。在整个建筑的生命周期中，BIM正向设计营造一个平台，将设计、施工和运维连接起来，跨越时间与空间，不同专业领域的人对模型进行读写与应用。

1. 绿色建筑分析

BIM模型可以转化传递到不同分析软件中，进行设计体量分析、建筑的物理性能分析，方便决策者在规划阶段满足绿色建筑要求时选择最佳方案，使得建筑设计更为舒适、节能（图1.2-2）。

BIM技术在现阶段常见的建筑物理环境模拟分析包括：

（1）日照模拟分析；

（2）室内外光环境分析；

（3）声环境模拟分析；

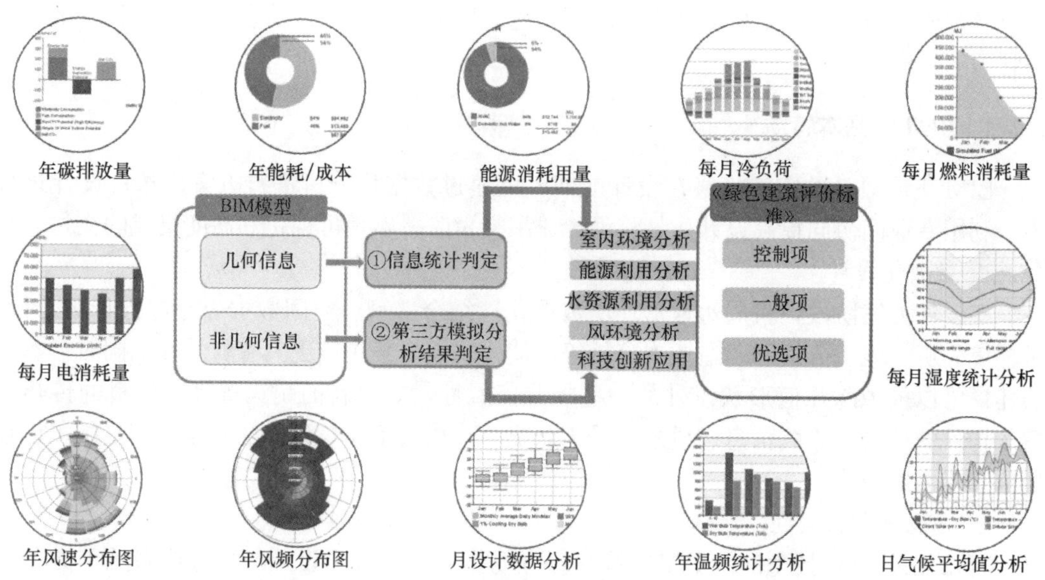

图 1.2 2　绿色建筑分析

(4) 风环境模拟分析；

(5) 气流组织模拟分析；

(6) 空调系统及控制系统仿真分析；

(7) 建筑能耗模拟分析；

(8) 室内舒适度模拟分析。

2. 漫游、动画

可视化技术与虚拟现实的结合，使得建筑模型可提供身临其境的视觉感受。在数据准确的模型中，结合真实比例的人车数据，便可以从各个角度观察建筑物内外的空间关系。在室外，可通过漫游进行人流动线模拟、车流模拟，科学直观地进行空间关系的检查校核；在室内，配合建筑物的各个专业系统，实时实景呈现人车的行走情况，不仅可以对管线碰撞、净高分析等进行检查校核，还能及时发现空间关系导致的软碰撞问题（图 1.2-3）。

3. 4D 施工模拟

在项目中，BIM 模型与进度计划进行数据集成，可实现在三维基础上增加时间维度的 4D 应用。在施工前，可通过 4D 施工模拟，对项目重难点进行可行性模拟分析，针对不同施工方案进行最优比选，科学合理地安排材料堆放、施工器械行进路线、重点部位的施工顺序等。在施工过程中，可以实时监控施工进度，遇到进度提前或滞后时可根据现场施工情况进行实时调整。

4. 5D 成本管理

BIM 5D 技术是在三维模型基础上引入进度和成本两个维度，形成与项目相关联的信息集合体，能进行施工前期成本预估和施工中的成本自动核算。基于 BIM 5D 技术的成本管理是利用 BIM 5D 信息化技术建立供工程项目各阶段、各专业信息集成和共享的平台，使得项目各方可以实时有效地预测和控制成本，从而降低成本超支的概率，甚至利用预制组装等方案来降低施工成本。

图 1.2-3　地下车库漫游

5. 安全分析及管理

安全问题分为防火防灾逃生模拟和施工安全管理两个部分。

防火防灾逃生模拟：防火设计是建筑设计不可忽视的重要环节。BIM 模型可通过构件的防火信息及空间、设备设施信息，进行排烟流动模拟、人员逃生动线及时间模拟等，进而估算逃生时间，检验建筑防火设计。

图 1.2-4　BIM 施工管理

施工安全管理（图 1.2-4）：现场施工安全通常与返工纠错和专业协调混乱有着重要

关系。现阶段可通过 BIM 技术的 4D 或 5D 施工管理，尽量地减少设计或施工方案导致的返工修改，避免因拆改导致的现场混乱。同时，结合智能安全设备，可实时监控现场安全状况和施工人员安全设备情况，及时发现安全隐患。

1.2.3　BIM 的未来发展

信息时代的各项科技日新月异，BIM 技术为信息化与建筑业的融合发展带来可能。未来的 BIM 应当集合更多应用科技，推进建筑业的全面信息化，彻底实现建筑的三维设计、施工、运维。结合现有的技术和想法，智慧城市的建立是未来建筑一大发展趋势，BIM 与 AI 技术的结合也是建筑施工的重要发展前景。

1. 智慧城市

智慧城市是指利用物联网、云计算等新技术，集成城市组成系统和服务的应用。其旨在实现信息化、工业化与城镇化深度融合，提高城镇化质量，实现精细化和动态管理，从而提升资源运用的效率，改善市民生活质量。

BIM 技术是未来城市系统一项重要组成部分。BIM 整合型智能云端平台，将建筑物内机电设备及智能化等各应用系统整合，成为一个相互关联、完整协调综合监控与管理系统，使系统信息密切共享和合理分配。它克服了以往因各应用系统独立操作、各自为政的“信息孤岛”现象，实现各应用系统的资源共享与智能化管理，同时保证各系统之间的快速响应与联动控制，以达到自动化监视与控制的目的。

2. BIM＋AI 建造

AI（人工智能）是研究、开发用于模拟、延伸和扩展人的智能技术。人工智能机器人强大的模仿能力和可塑性，同时具备机械的超高的精准度和可操作性，未来不仅能在施工中大量节约时间和人力成本，也为更复杂的建筑创作带来可能。

BIM 与 AI 的集成是两者相辅相成的过程。人类工程师将项目模型及相关 BIM 技术应用至 AI 系统中，智能机器人可自动进行每日工程施工，也可以对现场进行测量扫描，自动处理工程进度和成本预算。同时，由 AI 反馈的现场各项数据，可通过平台分享至每个项目参与者，实现项目团队实时协作。人类工程师可借助 AI 系统强大的数据分析能力进行各项方案评估、报表数据分析整理。

1.3　BIM 设计目前的问题

BIM 技术不仅仅是对设计技术的改良，也是建筑行业由二维向三维发展的一次重要改革。改革即改变旧制度、旧事物，对旧的生产关系、上层建筑做局部或根本性的调整。建筑业的第一次改革（手绘时代—CAD 制图时代）是图纸绘制方式的改变，从 20 世纪 60 年代人机交互开始，发展至 90 年代的计算机参数化、变量化设计，用了 30 年逐渐趋于成熟。而 BIM 技术的改革是彻底颠覆从古时发展至今的二维平面表达，是对从业者观念上的改变，这注定是一个艰难且漫长的过程。

正向设计作为建筑全生命周期中的第一步，在各方面、各角色面前受到的质疑和抵触尤为严重。面对 BIM 软件开发不够，国家企业标准制度的不完善，业主的质疑和自身的利益等问题，寻找合理合法合情的解决方案是我们当下的主要研究方向。

1.3.1 BIM 软件问题

1. BIM 软件接口不完善

市场上的 BIM 建模软件多种多样，目前设计院在方案阶段通常使用 Sketchup 进行造型设计，结构分析使用 PKPM、盈建科，机电分析使用 Ecotech、IES 等，大多数 BIM 软件仅仅能够满足单专业分析，无法满足高度集成化的应用。

单个软件不足以满足设计的需求，而多个软件之间如何进行数据交互就成为解决其问题的主要途径（图 1.3-1）。而统一的数据格式仍然是 BIM 技术上的一大难题。从结构软件 PKPM 导入 Revit 时经常会发生构件丢失；从市政主流软件 Civil3D 导入 Revit 中为体量模型，缺少应有的数据。

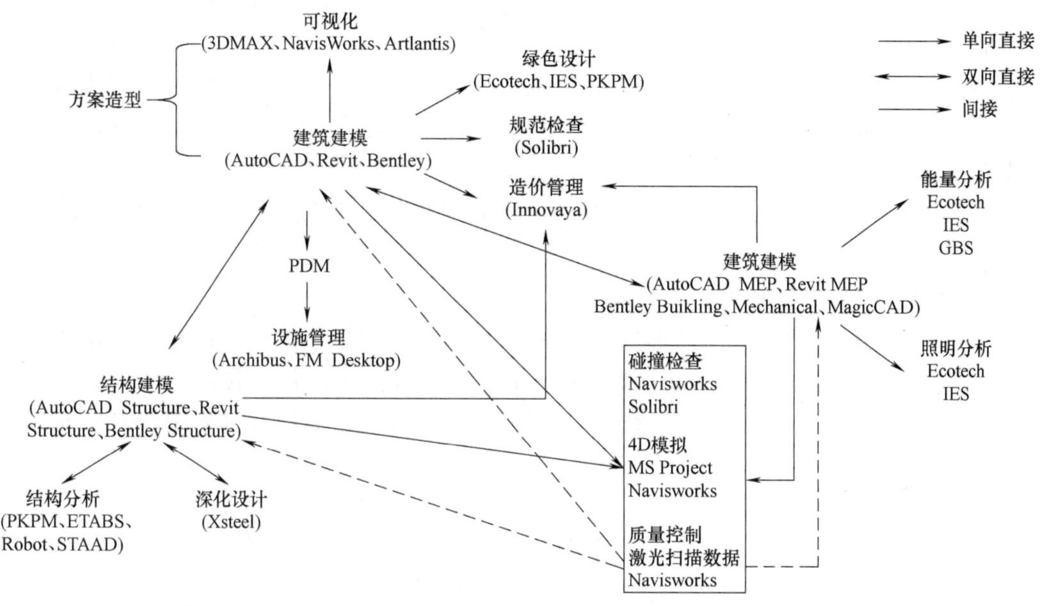

图 1.3-1 BIM 的软件和信息的互用关系

而面对全生命周期的应用，将设计成果直接应用在施工管理、协同建造、进度分析、成本管控等方面更是难上加难。如何将建模软件与管理平台结合也是目前 BIM 软件面临的一项重要挑战。

2. BIM 对硬件要求高

基于三维的 BIM 软件相比于二维设计软件，需要更多的底层数据、更细致的图像表达、更精确的分析处理，这就意味着计算机的硬件要求会更高。而正向设计是一个协作的过程，各个专业工程师同时对同一建筑进行协同设计，这不仅要求每一个计算机有着相应的硬件性能，同时还需要有更大的协同平台（如云端、服务器等）。

3. 软件本土化不够

目前市场上的主流软件都是国外的，本土化程度不够，不符合国人的思维方式和操作习惯。CAD 时代，国内浮现出一批基于 AutoCAD 的本土化插件，如天正、理正等。时下针对于 BIM 软件，诸多软件开发商也基于 Revit 做了很多本土化的研发，如鸿业 BIMSPACE、品茗等，但都还不够完善。

1.3.2　国内BIM标准规范不够完善

2007年，美国国家建筑科学研究发表了“基于IFC标准制定的BIM应用标准”(NBIMS-US)。

2010年，英国发布了“AEC（UK）BIM标准”。

2012年，JIA（日本建筑学会）发布了“BIM手册”。

在国内，2011年住房和城乡建设部发布的《2011～2014年建筑产业信息化发展纲要》明确指出：在施工阶段开展BIM技术的研究与应用，推进BIM技术从设计阶段向施工阶段的应用延伸。

此后全国各地掀起了一股“BIM热”，尤其在北上广深。各个地方标准指南争先发布，各地开始对各类建筑强制推行BIM。而此时国内建筑业缺乏统一的标准，从业人员素质能力也远未达到BIM设计的要求，市场体系逐渐转变成“设计后BIM”，即翻模。翻模主要是通过模型验证设计、指导施工，发挥了BIM技术可视化、可模拟性等优点，对BIM技术的发展起到一定的推动作用。但其将BIM与设计分离开来，无法将BIM技术各项优点充分发挥出来。

直到2017年07月01日，住房和城乡建设部才发布《建筑工程信息模型统一应用标准》。

1. BIM正向设计体系不完善

传统的二维设计发展至今已形成一套完整的体系，大部分设计院都有一套基于ISO的管理体系。BIM正向设计改变了设计协同的过程，改变了设计交付的格式，但其管理体系目前还不够完善，甚至缺乏实践经验。如何保证BIM正向设计过程中各专业各参与方的协作是设计发展的主要矛盾之一。

2. 三维出图标准不完善

三维出图标准目前仍不完善，模型构件的二维表达是使用精细的三视图，还是示意性的图例；机电专业系统图是使用空间关系明确的轴测图还是逻辑关系紧密的流程图等问题还没有明确的规范。为了满足建筑设计审查要求，三维模型只能按照二维审图标准进行出图。

由于三维与二维表达方式的差异，模型导出的图纸难以满足二维审图要求。比如，部分节点图由于示意性较强，且受制图规范的限制，难以通过BIM模型导出相应图纸；侧重于空间关系表达的Revit，无法直接导出机电专业系统流程图。

3. 三维审查规范不完善

设计模式已经逐渐向三维转变，而相应的审查方式仍停留在二维图纸审查。一是因为对审图的固有观念桎梏，二是因为目前三维审查规范不够完善。审查人员认为无法直接从三维中判断是否符合标准规范，只能通过二维的标注来审核。

1.3.3　成本问题

BIM正向设计仍处于研究发展阶段，相比于传统二维设计耗时耗力。就目前的市场条件来看，BIM正向设计的门槛太高，且投入回报周期较长。这也是各大设计院不愿大力投资研究，小设计院无力投入的主要原因。

其成本主要分为三个部分：软硬件成本、人才培养成本、项目时间成本。

1. 软硬件成本

软硬件成本包括设备成本和软件成本。BIM技术的运用离不开计算机和BIM软件和管理平台，而由于目前BIM技术还在不断完善、扩张、深化，对硬件设施要求较高。同时，要完成一个项目的BIM正向设计，需要用到多个BIM软件，而且大部分BIM软件价格不菲。

2. 人才培养成本

BIM设计人员不仅需要熟练掌握BIM的理念和实际操作的工具，还必须具备设计专业背景和工程项目设计经验。而BIM设计不仅要掌握核心的多款BIM软件，还要能够结合项目和专业实际需求制订BIM协同方案和技术标准。设计院培养自己的BIM设计人才有两种途径，一种是直接招聘，一种是企业对设计师进行二次培训。第二种方式代表着设计师需要付出更多的时间进行培训学习，企业则需要投入人才培养所必需的资源并承担相应的成本。

3. 项目时间成本

目前软件不成熟、标准不完善、缺乏BIM设计人才都是影响BIM正向设计效率的重要因素。相比传统二维设计＋设计后BIM，一个项目的正向设计时间可能是它的1.5倍，甚至2倍。对于业主，商场早一天开业，机场早一天运行，其带来的收益将远高于BIM投入的成本。因此如何权衡业主与设计的时间成本，也是目前推进BIM正向设计的重大难题之一。

第2章　BIM标准及管理

2.1　BIM标准

在BIM正向设计中，制定统一的工作标准和模板，是有效开展协同设计的前提。在设计前，为保证同一项目中不同设计师的沟通协作，需对构件与视图的命名规则、图元的显示样式、族创建等进行统一规范。在设计过程中，各设计师需要明确软件的操作规则和禁令，避免因软件误操作带来的负面影响。项目负责人可制作各专业的项目样板来有效地实现模型和出图的统一管理，保障项目设计有条不紊。

2.1.1　命名规则

BIM设计过程中各专业参与人员较多，且项目模型拆分后模型文件数量较大，清晰、规范的文件命名有助于提高项目各参与者对命名标识的理解效率和准确性。族、构件等元素的命名应直接反映图元信息，方便进行查找和筛选。

1. 文件命名原则

命名应与现行规范的对象名称统一，便于识别。其结构应合理表达文件的主要属性，尽量简洁。模型文件命名格式可参照“项目名称_子项名称_专业代码_楼层_文件描述_日期”。其命名原则如下（表2.1-1）：

① 各字段之间应以下划线“_”断开。

② 项目名称、子项名称一般采用文字描述；专业字段宜采用中（英）文专业代码描述，各专业中英文代码应按照《房屋建筑制图统一标准》GB/T 50001附录A规定。

各专业代码统一规定　　表2.1-1

专业	专业代码	英文专业代码	备注
建筑	建	A	含建筑、室内设计
结构	结	S	含结构
给水排水	水	P	含给水、排水、管道、消防
暖通空调	暖	M	含采暖、通风、空调、机械
电气	电	E	含电气(强电)、通信(弱电)、消防

③ 文字描述字段应避免与其他字段重复。

2. 工作集命名规则

工作集是对Revit中图元的特定归类，如同CAD中的图层管理器一致。在多专业协作的过程中，各专业工作集应由专业负责人进行划分，且在分配时应保障多对一的原则，避免多个设计师同时分配同一工作集。

工作集的划分建议：首先按照专业划分，再按区域、按系统、按构件或编号划分（表 2.1-2）。

工作集命名规则 **表 2.1-2**

专业	组成				示例
建筑(A)	区域	—	构件分类(可选)	编号(可选)	建筑_裙房_外墙装饰_01
结构(S)	区域	—	构件分类(可选)	编号(可选)	结构_地下车库_基础_01
暖通(M)	区域	系统	构件分类(可选)	编号(可选)	暖通_B 区_排烟系统_01
给水排水(P)	区域	系统	构件分类(可选)	编号(可选)	给水排水_塔楼_高区_02
电气(E)	区域	系统	构件分类(可选)	编号(可选)	电气_配电间_弱电桥架

3. 视图命名

视图是模型管理中的一个重要组成部分。规范的视图命名可以避免工作时各专业交织带来的干扰，同时为后期出图提供便利。根据重庆市《建筑工程信息模型设计标准》DB 150/T—280—2018，视图命名时应遵循如下原则（表 2.1-3）：

a. 若没有协同工作，工作集名称可省略，或由专业划分名称代替，或自由定义。

b. 必要时可在视图名称前加入编号。

c. 视图效果包括：三维、相机、漫游。

d. 视图功能包括：设计、导出、渲染、打印等。

视图命名规则 **表 2.1-3**

分类	组成				示例
平面视图	标高（必备）	位置/内容（可选）	工作集名称（可选）	视图功能（必选）	标高_二层卧室平面图_建筑_出图
立面视图	轴线编号（必备）	—	工作集名称（可选）	视图功能（必选）	A-F 轴 立面图_建筑_打印
剖面视图	标高/楼层（可选）	位置/内容（可选）	工作集名称（可选）	视图功能（必选）	3F-8F 标准层_通风井道_建筑_临时
图纸视图	剖切位置/区域（可选）	位置/内容（必选）	工作集名称（可选）	视图功能（必选）	1-1 轴_标准层楼梯_结构_设计
三维视图	标高/楼层（可选）	位置/内容（可选）	工作集名称（可选）	视图功能（必选）	3F-10F 标准层_通风井道_建筑_临时

4. 图元命名原则

建筑专业的主要模型元素命名按照表 2.1-4 所列规则建立。

建筑专业主要 BIM 模型元素命名原则 **表 2.1-4**

类别	命名原则	示例
墙	类型_主体材质_主体厚度 mm_(扩展描述)	内墙_页岩空心砖_200
幕墙	幕墙类型_编号	普通玻璃幕墙_01
楼、地面	使用位置_结构材质_结构厚度 mm_(扩展描述)	卫生间楼板_混凝土_200

续表

类别	命名原则	示例
门	类型_宽度(mm)×高度 mm_(扩展描述)	双开门_1200×2200_(甲)
窗	类型_宽度(mm)×高度 mm_(扩展描述)	平开窗_1500×1800
屋面	屋面_主体材质_主体厚度 mm_(扩展描述)	屋面_混凝土_200
天花板	天花板_主体材质_主体厚度 mm_(扩展描述)	天花板_石膏板_100

要求说明：

1. 如模型元素无需扩展描述相区分时，则在元素名称中不体现扩展描述字段。
2. 其他未列出的构件参照上述原则命名，且命名不应超过4个字段的长度。
3. 其他元素命名所选取的各字段应以能表达模型元素的主要特征为原则。
4. 模型元素的名称需进一步区分的，应在扩展描述字段体现。
5. 各字段之间以下划线“_”断开。

结构专业的主要模型元素命名按照表2.1-5中规则建立。

结构专业主要BIM模型元素命名原则　　表2.1-5

类别	命名原则	示例
柱	截面类型_材质_规格 mm_(扩展描述)	矩形柱_混凝土_500×500
梁	类别_截面类型_材质_规格 mm_(扩展描述)	基础梁_矩形_混凝土_300×500
楼梯	名称_材质_编号_(扩展描述)	楼梯_混凝土_03
基础承台	名称_编号_(扩展描述)	基础承台_03
基础梁、板	名称_规格_(扩展描述)	基础底板_800
剪力墙	名称_主体材质_主体厚度 mm_(扩展描述)	剪力墙_页岩空心砖_200

要求说明同建筑专业命名原则。

暖通专业的主要模型元素命名按照表2.1-6中规则建立。

暖通专业主要BIM模型元素命名原则　　表2.1-6

类别	命名原则	示例
通风管道	系统_材质_(扩展描述)	送风系统_镀锌风管
风管阀门	阀类型_外形_(扩展描述)	手动阀_矩形
管件	名称_外形_连接方式_(扩展描述)	T形三通_矩形_法兰
成品设备件	设备名称_规格型号_(扩展描述)	方形散流器_200*200
空调水管	系统_材质_连接方式_(扩展描述)	空调供水_镀锌管_焊接
水管阀门	阀类型_型号_连接方式_(扩展描述)	球阀_Q11F_螺纹
供暖器具	设备名称_材质_回水方式_(扩展描述)	散热器_铜铝复合_上进上出
其他常规构件	构件名称_材质/规格_(扩展描述)	柔性防水套管_焊接钢管

要求说明同建筑专业命名原则。

给水排水专业的主要模型元素命名按照表2.1-7中规则建立。

给水排水专业主要BIM模型元素命名原则　　表2.1-7

类别	命名原则	示例
管路	系统_管路_连接方式_(扩展描述)	循环供水_镀锌管_法兰
阀门	阀类型_型号_连接方式_(扩展描述)	球阀_Q11F_螺纹

续表

类别	命名原则	示例
管件	名称_材质_连接方式_(扩展描述)	Y形三通_灰铸铁_法兰
成品设备件	系统_设备名称_型号_(扩展描述)	给水系统_离心泵_型号
其他常规构件	构件名称_材质/规格_(扩展描述)	柔性防水套管_焊接钢管

要求说明同建筑专业命名原则。

电气专业的主要模型元素命名按照表 2.1-8 中规则建立。

电气专业主要 BIM 模型元素命名原则　　表 2.1-8

类别	命名原则	示例
桥架	形式_系统_材质_(扩展描述)	弱电系统桥架_槽式_镀锌
桥架配件	形式_名称_材质_(扩展描述)	槽式_水平三通桥架_镀锌
箱、柜	系统_设备名称_安装方式_(扩展描述)	照明系统_配电箱_暗装
电线(缆)导管	系统_材质_铺设方式_电缆规格	照明系统_金属软管_暗敷_BV-3*4
其他常规构件	系统_设备名称_(扩展描述)	照明系统_接线盒

要求说明同建筑专业命名原则。

2.1.2 交付标准

交付物是 BIM 设计成果的体现，它包含了场地模型、建筑体量模型、建筑各专业模型、各阶段图纸、施工模型、其他 BIM 成果等。具体交付物需根据项目合同及相关行业标准确定。

模型作为交付物的核心，它承载了不同设计阶段的信息，贯穿了整个设计阶段。BIM 设计随着设计内容不断深入，模型的核心数据也应随着阶段不断地进行广度和深度的完善。传统的二维设计将整个设计阶段分为了方案设计、初步设计、施工图设计三个阶段。同样，在 BIM 设计的过程中，模型应引入相应的等级划分制度。在 BIM 应用中，每个专业 BIM 模型都应具有一个模型深度等级编号，以表达该模型所具有的信息详细程度。

根据《重庆市建筑工程初步设计文件技术审查要点》(2018 版) 中建筑信息模型专篇审查要点，重庆市设计院在《BIM 设计流程》(2018) 中明确了各设计阶段模型应包含的元素 (表 2.1-9)。

设计各阶段 BIM 模型应包含的元素　　表 2.1-9

专业类别	子类别	包含元素	重要性		
			方案设计阶段(LOD200)	初步设计阶段(LOD300)	施工图设计阶段(LOD400)
建筑	场地	用地红线	▲	▲	▲
		现状地形	▲	▲	▲
		现状道路、广场	▲	▲	▲
		现状景观绿化/水体	▲	▲	▲
		现状市政管线	—	△	▲
		新(改)建地形	△	▲	▲

续表

专业类别	子类别	包含元素	重要性		
			方案设计阶段(LOD200)	初步设计阶段(LOD300)	施工图设计阶段(LOD400)
建筑	场地	新(改)建道路	△	▲	▲
		新(改)建绿化/水体	—	△	▲
		新(改)建室外管线	—	△	▲
		现状建筑物	▲	△	△
		新(改)建建筑物	▲	—	—
		散水/明沟、盖板	—	△	▲
		停车场	▲	△	▲
		停车场设施	—	△	▲
		室外消防设备	—	△	▲
		室外附属设施	△	△	▲
	墙体/柱	基层/面层	—	△	▲
		保温层	—	△	▲
		防水层	—	△	▲
		安装构件	—	—	△
	幕墙	支撑体系	—	△	▲
		嵌板体系	—	▲	▲
		安装构件	—	—	▲
	门窗	框材/嵌板	—	△	▲
		填充构造	—	△	▲
		安装构件	—	—	△
	屋面	基层/面层	—	△	▲
		保温层	—	△	▲
		防水层	—	△	▲
		安装构件	—	—	△
	楼/地面	基层/面层	—	△	▲
		保温层	—	△	▲
		防水层	—	△	▲
		安装构件	—	—	△
	楼梯	基层/面层	—	△	▲
		栏杆/栏板	—	△	▲
		防滑条	—	△	△
		安装构件	—	△	▲
	内墙/柱	基层/面层	—	△	▲
		防水层	—	—	△
		安装构件	—	—	△

续表

专业类别	子类别	包含元素	重要性		
			方案设计阶段(LOD200)	初步设计阶段(LOD300)	施工图设计阶段(LOD400)
建筑	内门窗	框材/嵌板	—	△	▲
		填充构造	—	△	▲
		安装构件	—	—	△
	建筑装修	室内构造	—	△	▲
		地板	—	△	▲
		吊顶	—	△	▲
		墙饰面	—	△	▲
		梁柱饰面	—	△	▲
		天花饰面	—	△	▲
		楼梯饰面	—	△	▲
		指示标志	—	—	△
		家具	—	△	△
		设备	—	△	▲
	运输设备	主要设备	—	△	▲
		附件	—	△	▲
结构	—	混凝土结构柱	—	△	▲
		混凝土结构梁	—	△	▲
		预留洞	—	△	▲
		剪力墙	—	△	▲
		楼梯	—	△	▲
		楼板	—	△	▲
		钢节点连接样式	—	△	▲
		基坑	△	▲	▲
给水排水	消防水	管道、阀门及附件	—	△	▲
		管道支架	—	△	△
		水泵	—	△	▲
		水表或流量表	—	△	▲
		消防专用设备	—	▲	▲
		水塔、水箱、水罐或水池	—	△	▲
	给水系统	管道、阀门及附件	—	△	▲
		管道支架	—	△	△
		水泵	—	△	▲
		水表或流量表	—	△	▲
		水塔、水箱、水罐或水池	—	△	▲
		水处理装置	—	△	▲
		卫生器具的出水设备(龙头、花洒等)	—	▲	▲

续表

专业类别	子类别	包含元素	重要性		
			方案设计阶段(LOD200)	初步设计阶段(LOD300)	施工图设计阶段(LOD400)
给水排水	排水系统	卫生器具、雨水口及存水弯	—	△	△
		管道、闸门及附件	—	△	▲
		管道支架	—	△	△
		检查井、溢流井、跌水井等	—	△	▲
		水泵	—	△	▲
		水池、水处理装置、水处理构筑物	—	△	▲
暖通	暖通风	风管	—	△	▲
		管件	—	△	▲
		附件	—	△	△
		风口	—	△	▲
		末端	—	△	▲
		阀门	—	△	▲
		风机	—	△	▲
		空调箱	—	△	▲
	暖通水	暖通水管道	—	△	▲
		管件	—	—	△
		附件	—	—	△
		阀门	—	△	▲
		仪表	—	—	△
		冷热水机组	—	△	▲
		水泵	—	△	▲
		锅炉	—	△	▲
		冷却塔	—	△	▲
		板式热交换器	—	△	▲
		风机盘管	—	△	▲
电气	动力	桥架	—	△	▲
		桥架配件	—	△	▲
		柴油发电机	—	△	▲
		柴油罐	—	△	▲
		变压器	—	△	▲
	照明	开关柜	—	△	▲
		灯具	—	△	▲
		母线	—	△	▲
		开关插座	—	△	▲

续表

专业类别	子类别	包含元素	重要性		
			方案设计阶段(LOD200)	初步设计阶段(LOD300)	施工图设计阶段(LOD400)
电气	消防	消防设备	—	△	▲
		灭火器	—	△	▲
		报警装置	—	△	▲
		安装附件	—	△	△
	安防	监测设备	—	△	▲
		终端设备	—	△	▲
	防雷	接地装置	—	△	▲
		测试点	—	△	▲
		断接卡	—	△	▲
	通信	通信设备机柜	—	△	▲
		监控设备机柜	—	△	▲
		通信设备工作台	—	△	▲
	自动化	路闸	—	△	▲
		智能设备	—	△	▲

注：项目实施深度在符合相关文件规定的前提下，可按照项目实际需求设定，以上表格内容可供参照。

2.2　BIM设计管理体系

2.2.1　BIM设计的分类

现阶段，从介入设计的时间来分，BIM设计分为以下三类：

（1）设计后BIM

设计后BIM（翻模）指在施工图设计完成后介入，主要目的是校核二维设计。这是目前建筑业中应用最普遍的一种模式，但严格意义上它已经脱离了BIM设计的范畴。由于设计后BIM没有在设计阶段对项目方案决策、施工设计有效地辅助，只是以“亡羊补牢”的方式来校核设计、指导施工，它无法充分发挥BIM技术应用的价值。

近几年，国内市场因BIM技术的推广，涌现了一大批建模公司、咨询公司，也培养了一部分BIM技术人员。但由于相关人员技术能力参差不齐，无法理解设计意图，所建立的模型质量良莠不齐。这种模式是建筑设计信息化发展中的一种过渡形式，随着正向设计研究的深入会逐渐消失。

（2）施工图BIM设计

施工图BIM设计是指从施工图设计阶段介入，运用BIM辅助二维设计。这种模式是设计由翻模向正向设计发展的一种过渡状态，其实施关键在于如何解决BIM和二维设计的协调配合问题。现阶段在缺乏 BIM 设计人员的情况下，施工图 BIM 设计也是培养人才，锻炼团队的主要方式之一。

（3）BIM 正向设计

BIM 正向设计指从方案阶段介入，全程使用 BIM 技术进行设计。正向设计是建筑设计行业未来发展的趋势。本书将从标准规范、前期准备、设计流程、设计成果等多个方面阐述现阶段 BIM 正向设计如何开展。

2.2.2　组织架构

BIM 设计的实施离不开一套合适于 BIM 团队运行的统一标准和流程。企业可组建 BIM 团队，负责 BIM 发展策略和企业相关标准的制定，企业内部平台的建设和维护等。BIM 团队的组成可分为两个部分：第一部分是 BIM 设计团队，主要负责项目方案、初设和施工图的设计；第二部分是设计校审团队，主要是对各阶段 BIM 实施成果的校正审核。

1. BIM 设计团队

在企业 BIM 部门的基础上，项目需要建立项目 BIM 设计团队（图 2.2-1）。

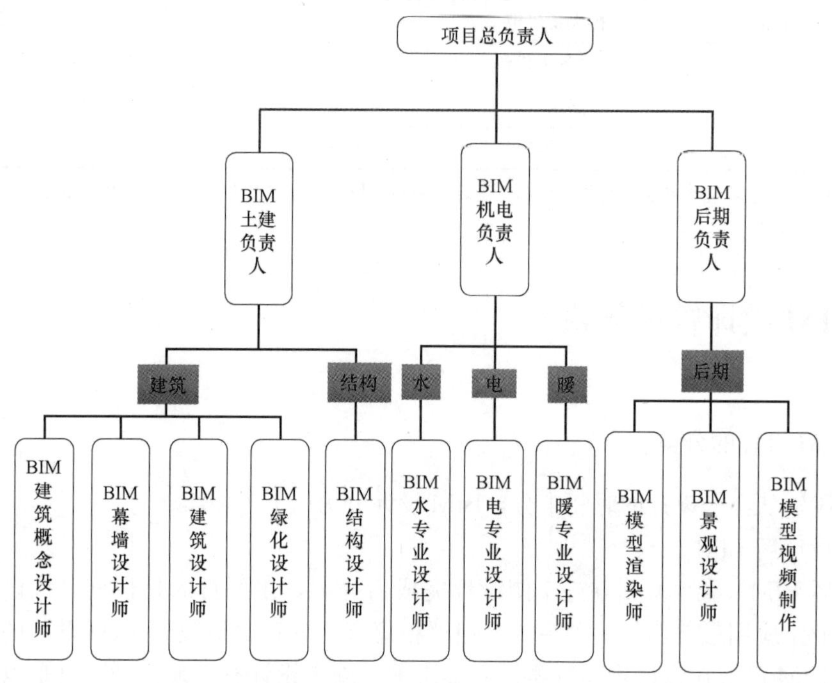

图 2.2-1　BIM 人员组织架构

对于从方案阶段介入，全过程使用 BIM 技术的设计形式，团队架构应设置 BIM 项目负责人、BIM 专业负责人和 BIM 设计师。

（1）BIM 项目负责人

BIM 项目负责人应同时肩负 BIM 协调人和设计负责人的职责，BIM 负责人的主要职责是制定项目 BIM 实施方案，拟定专业协同方式流程。在设计过程中，BIM 协调人应定期进行 BIM 项目会审，解决 BIM 技术问题，控制设计质量，审核 BIM 模型，确保 BIM 和设计的相互协同以维护项目工作流。

（2）BIM 专业负责人（土建、机电）

专业负责人需协助项目负责人控制各专业设计进度。以机电为例，在协调统筹给水排水、暖通、电气三专业设计工作的同时，应做好与土建专业的沟通与配合。在 BIM 实施前期应确定好项目样板文件，建立中心文件。实施过程中应把控各阶段进度，控制关键层设计，协调各专业管线综合。

（3）BIM 设计师

按照本专业国家、地方、企业相关规范、标准、规程做好工程设计，做到设计计算文件依据正确，参数合理。在模型方面，负责好本专业模型的建立，做好与专业负责人的沟通，按照相关 BIM 规范和指南完成模型。同时，应与校审团队交底清楚并配合核查模型、图纸，保证设计成果质量。

2. 设计校审团队

三维设计与传统二维设计一致，在设计完成后需要进行内审再提交给审查机构。设计校审团队包括校正人、审核人。

（1）校正人

在内审阶段校正模型构件深度，查看模型命名规则、颜色规则等是否符合 BIM 标准和指南，复查各专业提资内容，校核模型中是否存在错、漏、碰、缺等情况。在出图时，校正图纸中标注、索引、图纸等，使之表达完整、正确，保证导出的图纸质量。校正人需要填写《校审记录单》。

（2）审核人

内审阶段，依照设计规范核查设计模型深度和质量，避免发生违反强条或违背原则性等问题。同时应审核项目方案及经济指标等是否符合相关规定，保证设计模型准确合理。在出图时，应审核图纸质量，图纸说明、计算书等内容齐全且计算参数选用合理。审核人需要填写《校审记录单》。

2.2.3 协同架构

1. 模型数据的协同方式

Revit 提供了“链接模型”和“工作共享”两种方式来完成专业间或专业内部的协同。“工作共享”即常用的中心文件形式，一般用于专业内部的协同。专业间的协同一般采用“链接模型”的方式。

（1）“链接模型”

链接模型是打开现有模型，并将其他模型链接至该模型，相当于 CAD 中的外部参照。如建筑设计师可以采用“链接”方式将结构模型导入建筑模型，进行便捷明了的参照和调用。链接的模型文件只能“读”而不能“改”，同一模型只能被一人打开并进行编辑。当链接文件发生改变时，可以运用“协调查阅”和“协调主体”工具及时发现更改的部分。同样在土建、机电的提资过程中，链接也为专业间的相互提资提供了更加直观、准确的信息。

（2）“工作共享”

“工作共享”即中心文件，它通过工作集的形式来划分不同专业或分区。在协作中，工作集相比于链接文件模式有着独特的优势，可实时将修改内容显示在文件中并反馈给相关人员。

工作集由于其相对复杂的管理权限，其启用和使用都应遵循一定步骤和原则。启用工作集步骤如下：

① 划分工作集：在协作菜单下新建工作集，定义每个工作集名称。工作集的划分原则是按专业或按区域、图元划分。如建筑专业，可按照外立面、裙楼、塔楼划分工作集。结构专业可按楼层划分，再按梁、柱、板等构件进行划分；机电专业可先按给水排水、暖通、电气划分，再按子系统划分工作集（图 2.2-2）。

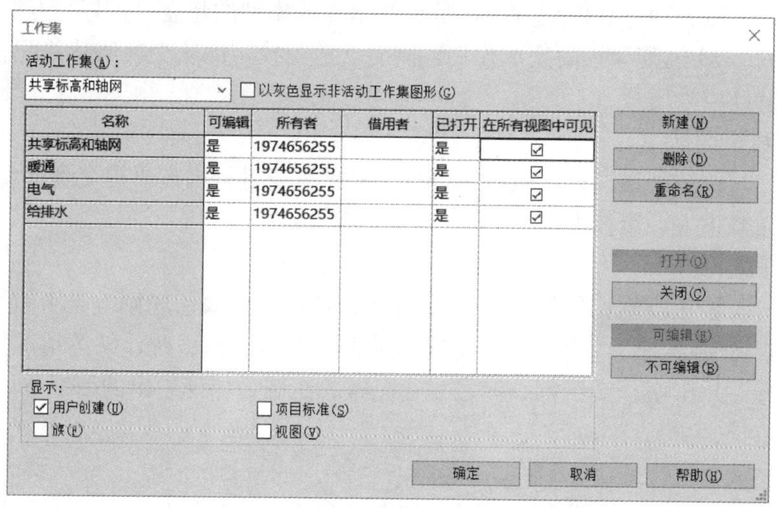

图 2.2-2　机电专业工作集划分

② 为现有图元分配工作集：打开工作集选项，选择相应的工作集名称，软件会自动将绘制的图元划分至该工作集。已绘制的图元可以手动分配到相应工作集。

③ 管理工作集编辑权限：修改每个工作集的编辑权限，将所有者赋予该工作集的负责人。

④ 保存并关闭中心文件：工作集划分之后，在网络路径上保存后即可生成中心文件（图 2.2-3）。

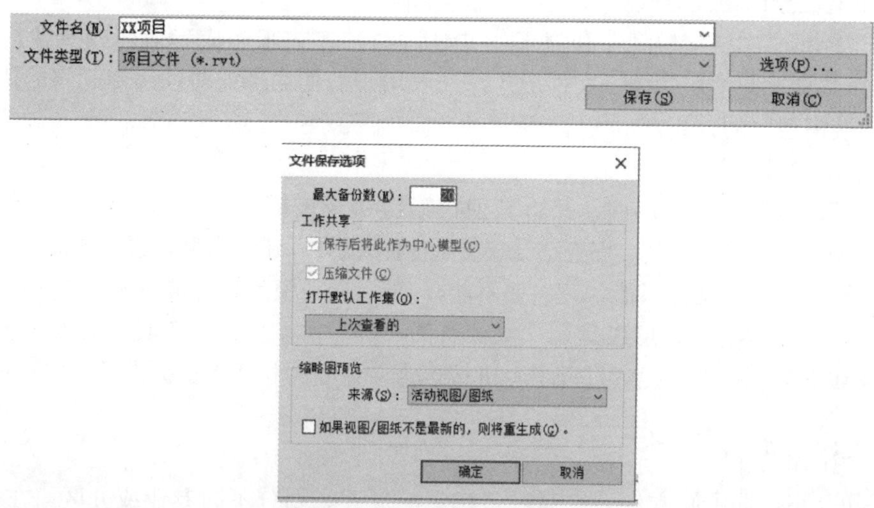

图 2.2-3　中心文件保存

使用工作集的步骤（图 2.2-4）：

① 创建本地文件：在本地连接共享区的中心文件，创建本地的工作文件副本。应采用复制“中心文件”方式在本地硬盘中创建模型“副本”，不得采用“另存为”方式创建模型“副本”。原则上不允许本地直接操作中心文件。

② 编辑自己权限下的工作集：管理员将工作集所有者分配给设计师后，设计师可重新定义自己的工作集的可编辑性、可见性等参数。其他设计师可以通过借用工作集的形式获得临时的编辑权限。

③ 同步数据：在设计工作过程中，应定期进行更新同步至中心文件。同步时可以选择单向或者双向同步更新。

④ 关闭本地文件：工作结束时应同步并关闭本地文件。关闭时可以选择保留或放弃工作集的编辑权限。

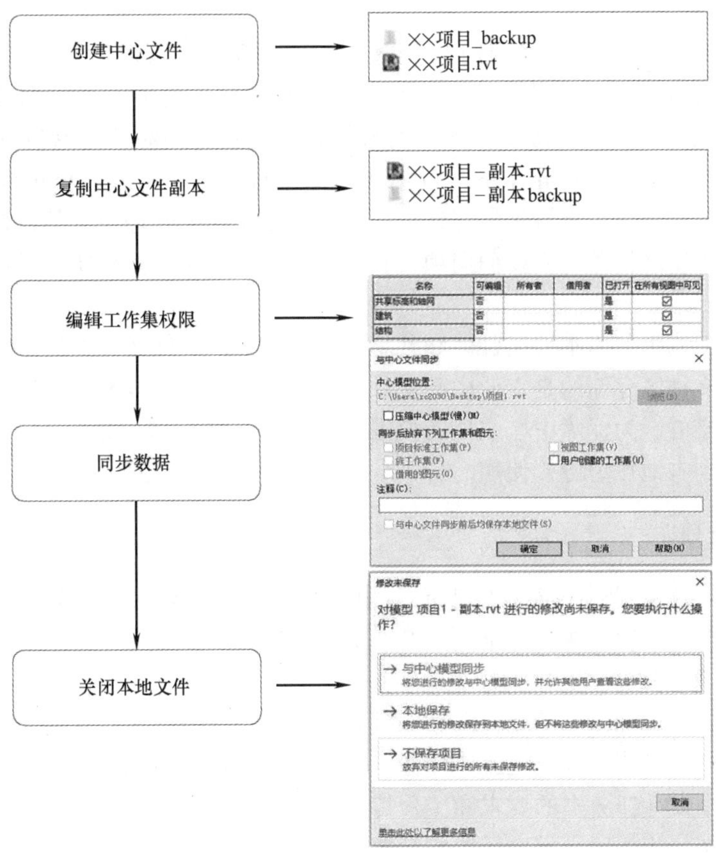

图 2.2-4　工作集使用步骤

2. 协同平台

BIM 项目的协同是跨领域、跨企业、跨专业的交流合作的过程。模型是 BIM 协作过程中的数据流，就数据流的各协作单元可将协同平台分为外部和内部。外部协同平台一般由业主进行搭建，也是项目的整体协同平台，旨在保障项目各参与方之间的实时信息互通。

内部协同平台一般基于院内的局域网搭建，它的主要功能和目的分为两部，其一是实现内部的数据信息交流，其二是与外部信息互通，可选择性地将信息发布到整体协同平台上。在此目的上，企业可建立 BIM 网站和云平台两部分协同平台。

(1) BIM 资源网站

BIM 资源网站是为企业 BIM 系统平台所建立的网站，它是企业 BIM 文化的凝聚和体现。BIM 资源网站可包括族库、智库、BIM 学院、资讯等。族库由若干个族文件组成，可供设计师即时调用。智库包含院内所参与的项目案例，和各设计师分享的大量 BIM 软件操作技巧和经验，是企业内部学习交流的主要平台。BIM 学院是企业 BIM 技术的培训基地，它包含 BIM 软件相关书籍、教学视频等，可供设计师们在线学习。资讯版块中主要是最新的 BIM 相关资讯，包括全国 BIM 项目案例、国家地方的最新政策以及 BIM 相关交流会议等，是企业与外部实时分享讯息的窗口。

(2) 云平台

云平台是在企业高性能服务器上，通过虚拟机创建多个可供设计师调用的虚拟桌面。它利用高强度的数据传输支持远程 BIM 软件的操作，保证院内计算机设备较落后情况下 BIM 项目的正常运转，也支持复杂项目的海量数据运算。同时云平台协同设计系统也可以与企业内 OA、ERP、BI 等体系进行相互协作，布置多层站点，可供外网直接连接系统，保证设计师在外也可进行远端操作。协同设计系统作为管理系统的目标落地，承担了核心的生产过程管理任务，主要面向项目日常设计管理工作，保障所有设计师都实时在线工作。

云平台的架构可分为本地文件区和共享文件区。本地文件区存储的是工作正在进行中的文件，共享文件区存储的是专业中心文件，是本专业内各个本地文件的组合，可供其他专业读取和链接的。为保障中心文件的权限管理，共享区模型原则上不允许被直接打开，只允许被复制到本地作为链接使用。

2.2.4 管理流程

本设计管理及控制程序描述了建筑工程项目 BIM 设计全过程的质量控制，确保设计成品质量符合规定和满足顾客要求（图 2.2-5、表 2.2-1）。

1. 项目管理程序

承担 BIM 设计项目后，由项目所属部门编制《工程 BIM 设计任务通知单》，经部门领导批准后，向项目统筹人下达工作任务。对承接的 BIM 设计项目，项目统筹人（项目负责人）应根据设计任务书的要求和工程特点，组织编制《工程 BIM 设计计划大纲》，经技术负责人审核、相关领导批准后印发给各专业负责人。

《工程 BIM 设计计划大纲》内容包括：

(1) 工程概况（工程名称及编号、项目统筹人/项目负责人、专业负责人）；

(2) 设计输入评审结果；

(3) 质量目标；

(4) 各设计阶段工期安排；

(5) 其他安排与说明。

BIM 设计计划应根据工程项目设计的进展变化情况适时修改。当涉及设计原则需要修改《工程BIM设计计划大纲》时，由项目统筹人负责主持召开相关会议后将修改内容填入《工程会议记录单》，经相关领导审批后组织实施。

由项目统筹人组织相关部门和各专业设计人员参加BIM设计准备会议，并形成《工程会议记录单》。

项目统筹人应明确专业间技术分工，负责工程项目的统一协调：

(1) 项目统筹人应根据工程特点，组织各专业间互提设计条件。各专业负责人应根据商定的时间，按时提供相关专业所需的设计资料，如有延误需及时说明情况。项目统筹人对专业间设计接口进行归口管理。

(2) 专业间需互提资料等技术协调时，由专业负责人负责协调，相关专业人员应对协调资料进行确认。

(3) 当设计过程中需要会议协调时，由项目统筹人召集有关人员开会研究确定。为确保内部接口有效的沟通和会议决定的有效性，协调后应写入《工程会议记录单》，完工时随工程归档。

项目统筹人与外单位的沟通协调管理内容应注意如下几个方面：

(1) 顾客提供的资料有不适宜和不明确之处进行确认和协调。

(2) 设计与勘察的接口，对勘察资料有不同意见时，有关专业负责人应及时与勘察单位协商并予以记录。

(3) 项目统筹人负责对外来文件和资料进行验证，并对外来文件归口管理。

BIM设计输入资料是工程设计重要的依据和基础，必须严格控制。项目统筹人和专业负责人应负责组织研究和确定设计输入要求，在《工程BIM设计计划大纲》中注明设计输入评审结果并签字确认。

2. 合同及合同评审结果

依据合同/委托书及其评审结果，明确合同要求的设计范围、工期、顾客提供的资料及合同对工程设计的特殊要求。须明确项目BIM设计依据：

(1) 依据工程实际和现行的法律、法规、标准和规范。

(2) 政府主管部门批文。

(3) 委托单位的委托书及有关的合同、协议等。

(4) 原始资料：原始资料在使用前应由项目统筹人或专业负责人评审其充分性与适宜性，对不完善的、含糊的或矛盾的要求，应会同提出方协商解决。原始资料主要包括：

① 红线图；

② 工程地质及水文地质资料；

③ 改建或扩建项目的原有工程有关资料；

④ 地下管线资料；

⑤ 动力负荷；

⑥ 设备资料；

⑦ 环保资料；

⑧ 有关协议文件。

(5) 上一过程的输出：经确认的前阶段设计资料如项目立项书、可行性研究报告、方案设计、初步设计以及环境影响评价报告等。

对顾客提供资料的完整性、正确性要求，应在工程项目合同中明确，由项目统筹人组织进行验证交接，并做好记录，顾客提供资料使用完后连同工程设计资料一并存档备查。

3. BIM 设计校审控制

各专业设计人员在完成本人/专业设计工作之后，应认真对自己设计的过程成果或最终成果进行自校，以发现设计过程中产生的错误和缺陷。

校对人应按国家相关设计标准进行校对，填写校对记录，设计人员根据校对意见进行修改，修改情况由校对人检查，并在设计文件上签名确认。

BIM 施工图设计经校对人确认后的设计文件才能送交审查、核定。审查人按照国家相关设计标准进行审查，填写审查记录。设计人员根据审查记录进行修改，修改后经审查人确认后，审查人和核定人在设计文件上签署。审查人负责对专业设计质量进行评定。《工程项目 BIM 设计质量评定卡》和《专业 BIM 设计质量评定卡》由项目统筹人随工程项目设计其他资料一并归档。

4. BIM 设计输出控制

BIM 设计输出成品（包括过程成品和最终成果）应满足设计输入、法律、法规及有关设计深度规定的要求。BIM 设计输出成品主要有：

（1）可行性研究文件、BIM 方案设计文件；

（2）BIM 初步设计文件；

（3）BIM 施工图设计文件；

（4）合同要求的其他 BIM 文件。

BIM 设计输出成品应按《BIM 设计成品验证规定》进行逐级校审签署，按《BIM 设计成品质量评定标准》评定成品质量，按《BIM 设计资料会签规定》进行会签，做出标识。BIM 设计输出文件必须由相关责任人签署齐全，并满足设计输入要求、相关技术标准及法规要求后，才能交付给顾客。各阶段设计深度按《重庆市建设工程初步设计审查要点》和住房和城乡建设部适时颁发的《建筑工程设计文件编制深度规定》的规定执行。

5. BIM 设计变更控制

工程变更包括 BIM 技术变更核定（洽商）、BIM 设计修改和 BIM 设计更改。

BIM 技术变更核定（洽商）是由施工单位根据现场施工实际情况，不涉及规模、标准、功能等方面，并经顾客认可提出的工程变更，以《BIM 技术变更核定（洽商）单》予以记录。

BIM 设计修改是由于设计的错漏、设计与工程实际差异或施工等原因而对已交付的设计文件所作小的局部改动，设计修改不需事先办理审批手续，以《工程 BIM 设计变更通知单》予以记录。

BIM 设计更改是由于顾客对项目的规模、标准、功能调整等要求而对设计文件所作的更改。设计更改须办理审批手续，若涉及合同条款的更改应进行评审。

6. 产品的防护/归档

工程 BIM 设计过程中各专业设计中间产品的交接应做好交接签字标识，由接收人员妥善保护、转递。工程项目阶段设计完成后，项目统筹人应及时进行基础资料、计算书及其他技术文件、电子文档的整理归档工作。

BIM设计最终成果产品（设计报告、图件等）由项目统筹人组织完善标识，填写《BIM设计资料归档目录单》，送有关部门审核签章发放。模型、图纸及全套工程资料（含电子文档）交院档案部门按《工程图档管理规定》进行归档保存。

ISO质量管理模式对比表 **表2.2-1**

序号	传统项目ISO流程	BIM正向设计ISO流程	不同之处
1	设计项目质量记录册	BIM设计项目质量记录册	补充BIM正向设计所需要的清单
2	工程设计任务通知单	工程BIM设计任务通知单	明确采用BIM正向设计
3	工程设计项目组人员表	工程BIM设计项目组人员表	增加BIM的相关设计人员
4	设计进度计划表	BIM设计进度计划表	需针对BIM正向设计的情况来制定与之对应的时间进度计划
5	工程设计计划大纲	工程BIM设计计划大纲	增加BIM专项部分及BIM负责人签名
6	项目各专业互提技术资料书	BIM设计项目各专业互提技术资料书	增加过程互提资料，以及三维协同的配合清单，形式更加多样化
7	项目设计评审表	BIM项目设计评审表	增加BIM专项评审
8	校审意见书	BIM校审意见书	增加BIM的专项校审意见，此类校审更多采用电子化的形式呈现。
9	设计验证评审表	BIM设计验证评审表	增加BIM设计模型验证评审表
10	工程项目设计质量评定卡	工程项目BIM设计质量评定卡	增加BIM设计质量评定清单
11	设计成品验证规定	BIM设计成品验证规定	增加BIM设计成品清单
12	技术变更核定(洽商)单	BIM技术变更核定(洽商)单	增加BIM技术变更内容
13	服务报告表	BIM服务报告表	涉及与施工配合、运维管理相关内容的，需要增加BIM专项服务内容
14	纠正/预防措施与验证记录表	纠正/预防措施与验证记录表	增加BIM模型的修改和验证记录
15	内(外)部沟通会议记录	内(外)部沟通会议记录	无
16	建设单位或上级部门来文登记表	建设单位或上级部门来文登记表	无
17	设计资料归档目录单	BIM设计资料归档目录单	增加BIM模型归档的相关标准及记录表

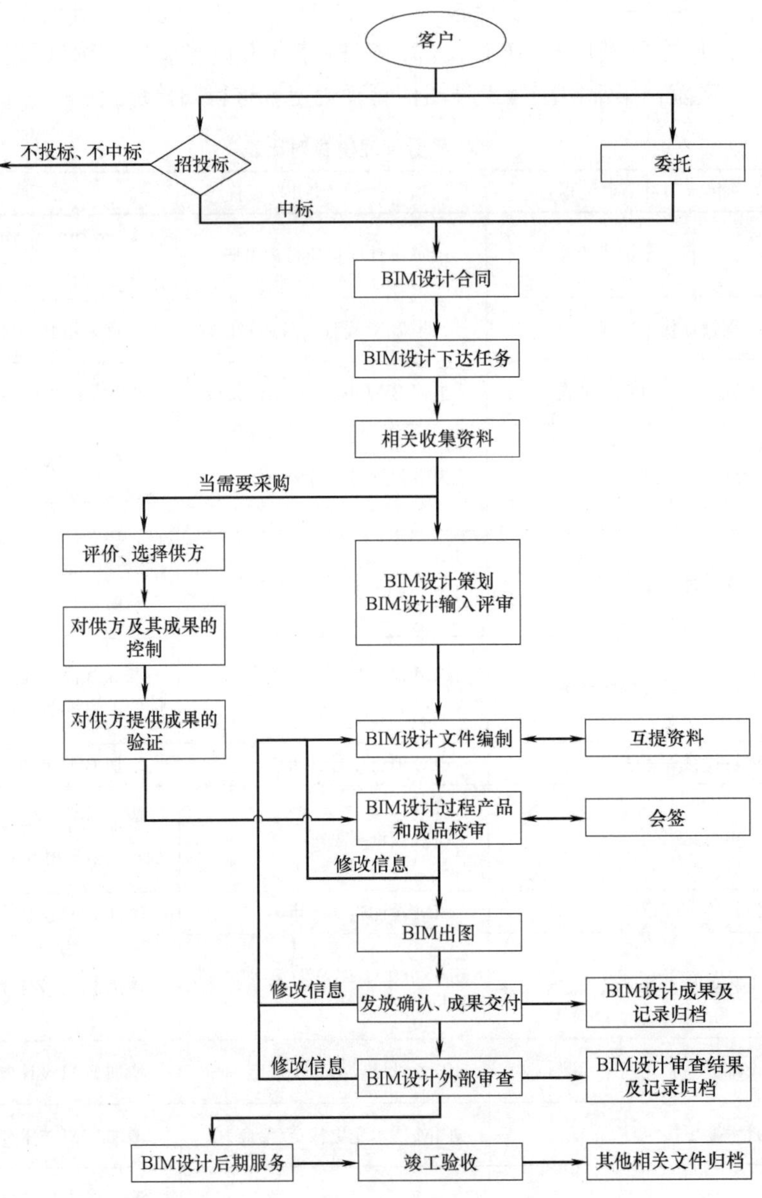

图 2.2-5　BIM 正向设计管理及控制流程图

第3章　BIM资源库

3.1　项目样板

在Revit中，项目样板是项目文件的基础。统一标准的项目样板可以减少过程中的重复劳动，提高设计效率，帮助项目设计更快、更有效地完成。

BIM项目实施前，应针对项目BIM交付要求，选择适合的项目样板，满足项目需求。Revit软件提供了4种基本的项目样板，但由于不同国家、不同地区、不同企业的标准和内容都不一样，每个企业都应该制定一套适合设计人员习惯的项目样板文件。

3.1.1　项目样板的管理

本节主要介绍项目样板的创建设置办法和规则。对于项目样板的制作、管理及日常维护需要有专职人员负责。项目样板负责人的职责包括：

(1) 负责项目样板的制作。在制作项目样板的过程中需严格遵循相应的BIM规范中的命名规则。

(2) 对不同版本的项目样板需要严格管理并做好使用记录。严禁各设计人员随意修改项目样板中设定的内容。

(3) 对各专业、各设计阶段的不同项目样板进行分类整理。根据项目实际需求，如有新样板，需由项目样板，负责人进行审核检查。

项目样板是对项目文件的填充样式、线宽、单位、视图比例等基本元素进行设置，主要包括基础设置、项目设置、浏览组织、预置族、视图样板五大功能版块，如表3.1-1所示。

项目样板　　　　表3.1-1

功能板块	功能说明
基础设置	对视图中线型样式、填充样式等进行设置
项目设置	模型整体设置,包括项目的人员参数、单位设置等
浏览组织	主要用于管理项目浏览器中的视图目录和图纸列表
预置族	模型建立的基本族,便于快速开展工作和统一建模标准
视图样板	对每个视图进行显示内容和样式的控制

3.1.2　基础设置

Revit二维视图的基本元素有线宽、线型图案、填充样式。图形配置原则包括线样式和对象样式，这两者都是基于线宽、线型图案和填充样式确定的。线样式和对象样式作为项目样板中的基础配置，被各类别的模型元素调用，如墙体的二维显示线条、注释线、填充图案等。在项目样板设置等过程中，视图的三个基本元素设置会直接影响到线样式和对象样式的设置。

1. 视图基本元素

(1) 线宽

线宽表示在所有视图中出现的所有构件的轮廓线宽度。由于不同构件的轮廓在施工图中呈现的精细程度会根据出图需求而有所不同，线宽应根据图样的复杂程度和比例，按照现行国家标准《房屋建筑制图统一标准》GB/T 50001—2010 中规定进行设置（图 3.1-1）。

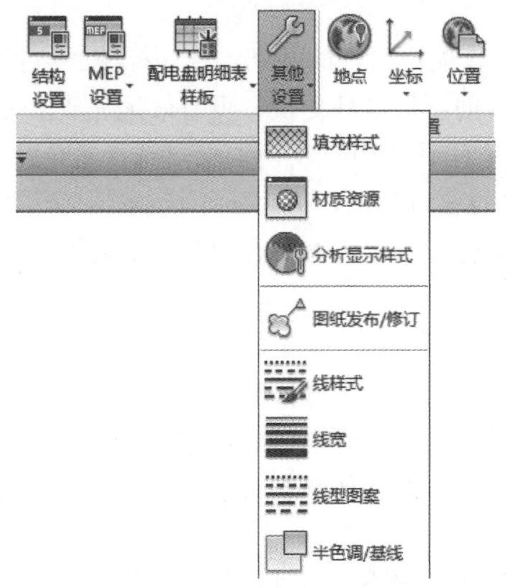

图 3.1-1 其他设置-线宽

在设置线宽时，需要选择线宽中的线宽号进行设置，而非直接输入线宽尺寸。所以需先设置好线宽表。根据上述国家标注的规定：图线的线宽 b，宜从 1.4mm、1.0mm、0.7mm、0.5mm、0.35mm、0.25mm、0.18mm、0.13mm 线宽系列中选取，图线宽度不应小于 0.1 mm。确定好基础线宽 b 后，即可根据线宽比确定相应的线宽表。

在 Revit 中可设置模型线宽、透视视图线宽和注释线宽三种（图 3.1-2）。本节以模型线宽为例，根据不同比例视图的需求单独设置对应的线宽，可设置 16 种线宽，不可添加或删除。而表中的比例（1∶10、1∶100）可进行添加或删除。

(2) 线型图案

线型图案表示在所有视图中线条的形式，如实线、虚线、点划线等（图 3.1-3）。线样式的设置是保证图线图元外观样式的关键。Revit 基础样板中包含了多种线样式，用户也可根据需求新建线型图案。

新建线型图案可通过设置划线、空间和点的组合方式生成。在新建时的“线型图案属性”对话框中，名称下方的表格定义线型的次序和长度。表格中奇数行可设置划线或圆点，划线需要在“值”一栏中输入需要的长度，如图 3.1-4 所示。圆点的长度则是固定为 0.5292mm。偶数行仅可设置空间，即前后两个划线或圆点间的距离，其长度需要输入“值”来定义。

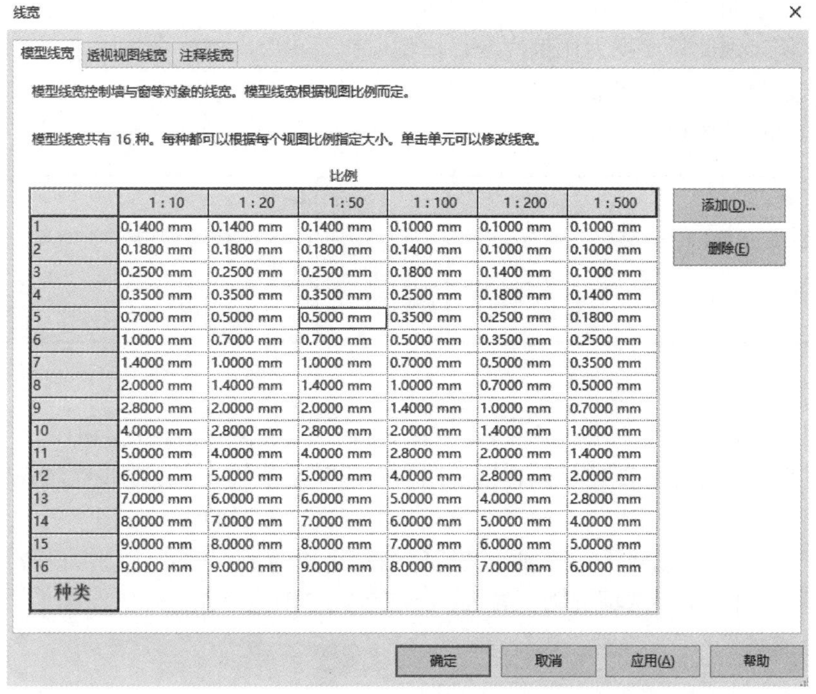

	1:10	1:20	1:50	1:100	1:200	1:500
1	0.1400 mm	0.1400 mm	0.1400 mm	0.1000 mm	0.1000 mm	0.1000 mm
2	0.1800 mm	0.1800 mm	0.1800 mm	0.1400 mm	0.1000 mm	0.1000 mm
3	0.2500 mm	0.2500 mm	0.2500 mm	0.1800 mm	0.1400 mm	0.1000 mm
4	0.3500 mm	0.3500 mm	0.3500 mm	0.2500 mm	0.1800 mm	0.1400 mm
5	0.7000 mm	0.5000 mm	0.5000 mm	0.3500 mm	0.2500 mm	0.1800 mm
6	1.0000 mm	0.7000 mm	0.7000 mm	0.5000 mm	0.3500 mm	0.2500 mm
7	1.4000 mm	1.0000 mm	1.0000 mm	0.7000 mm	0.5000 mm	0.3500 mm
8	2.0000 mm	1.4000 mm	1.4000 mm	1.0000 mm	0.7000 mm	0.5000 mm
9	2.8000 mm	2.0000 mm	2.0000 mm	1.4000 mm	1.0000 mm	0.7000 mm
10	4.0000 mm	2.8000 mm	2.8000 mm	2.0000 mm	1.4000 mm	1.0000 mm
11	5.0000 mm	4.0000 mm	4.0000 mm	2.8000 mm	2.0000 mm	1.4000 mm
12	6.0000 mm	5.0000 mm	5.0000 mm	4.0000 mm	2.8000 mm	2.0000 mm
13	7.0000 mm	6.0000 mm	6.0000 mm	5.0000 mm	4.0000 mm	2.8000 mm
14	8.0000 mm	7.0000 mm	7.0000 mm	6.0000 mm	5.0000 mm	4.0000 mm
15	9.0000 mm	8.0000 mm	8.0000 mm	7.0000 mm	6.0000 mm	5.0000 mm
16	9.0000 mm	9.0000 mm	9.0000 mm	8.0000 mm	7.0000 mm	6.0000 mm
种类						

图 3.1-2 线宽设置

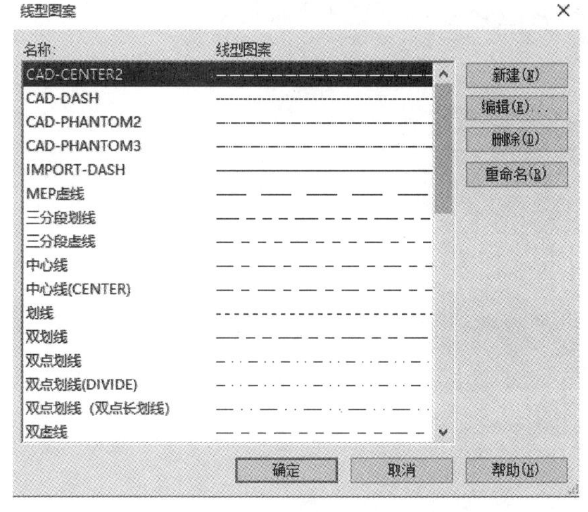

图 3.1-3 线型图案属性

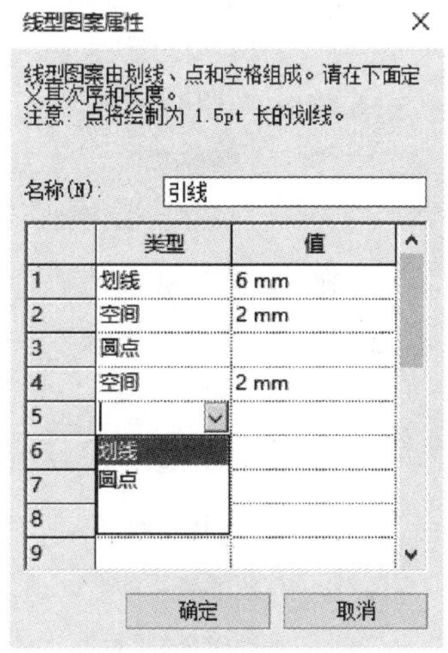

图 3.1-4 线型图案

在“线型图案”对话框中，除了新建，我们还可以对现有的线型图案进行编辑、删除和重命名。编辑即是对线型图案的组合方式进行修改，其设置方法与新建线型图案相同。在定义线型图案属性时，需要注意两点：

① 划线或圆点之后必须设置“空间”，如图 3.1-5 所示；

② 空间的长度必须大于圆点的长度（0.5292mm），如图 3.1-6 所示。

（3）填充样式

Revit 内填充样式是通过图案填充以符号的形式表示材质，控制所有构件的三维外观显示，同时也控制构件被剖切处的二维表达。填充图案的密度和视图密切相关，将随模型一同缩放比例。因此只要视图比例改变，模型填充图案的比例就会相应改变。族也可以应用填充样式，但只能在族编辑器中进行修改。族完成后在项目视图中放置了族的实例之后，就不能再修改该填充样式。

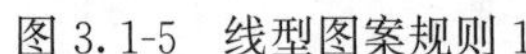
图 3.1-5　线型图案规则 1

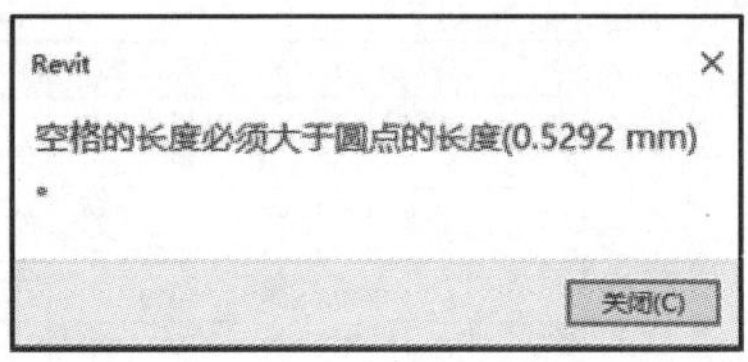

图 3.1-6　线型图案规则 2

填充样式可以在项目标准中被传递，Revit 内的填充样式与线型相同，可以进行新建、编辑和删除等操作。新建可以直接使用“新建”按钮，或者复制现有填充图案进行编辑。新建时，在“主体层中的方向”下拉菜单中可进行不同的设置使图案的方向与视图相关。“简单”选项框可创建平行线或交叉填充两种简单的填充样式，且可设置填充线的角度和线间距。“自定义”选项框则是导入“.pat”文件创建填充样式（图 3.1-7）。

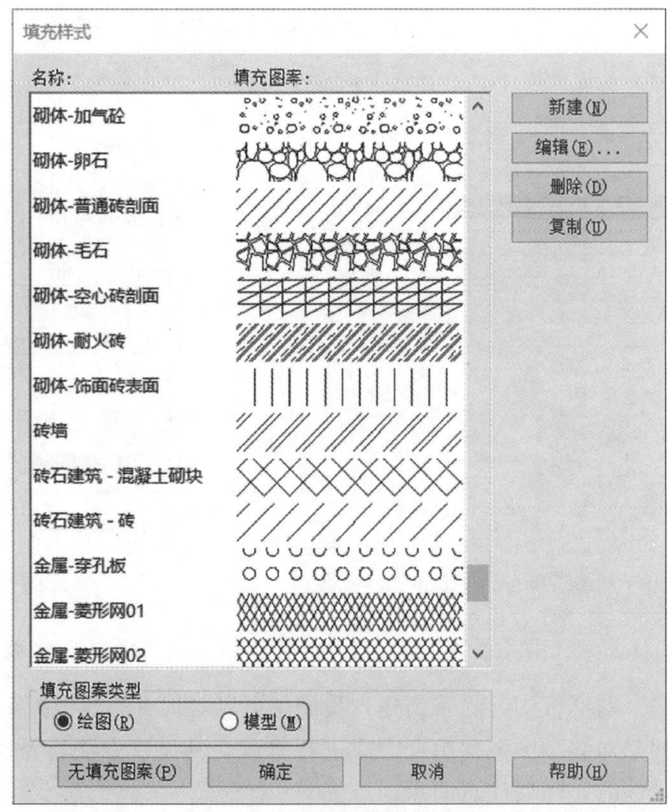

图 3.1-7　填充样式图例

Revit 中提供了“绘图”和“模型”两种填充图案类型。绘图类填充图案的密度与视图比例相关；模型类填充图案一般用于表示图元的真实纹理，与模型中图元相关，可随着模型进行移动、旋转等操作，图案中的线条还可以作为尺寸标注的参照。

2. 图形配置原则

(1) 线样式

在创建线样式时，可通过导入CAD底图，导入图纸中的图层作为线样式。此方法在删除导入的底图图元时，不会影响已经导入的CAD图层同名的线样式，为各设计院将原二维图纸标准沿用到三维设计中提供了便利。具体操作如下：

① 导入一个包含常用图层的CAD文件，图层选项为“全部”，以保证能将所有图层导入到Revit中。

② 选中底图，在功能区选择“分解”→“完全分解”，将CAD中所有内容转换为Revit可识别的图元。

③ 打开“线样式”对话框，CAD底图中的图层同名的线样式会直接出现在列表中，可对其进行校准修改。

根据专业的不同，所需线样式类型也有所不同。设计过程中全专业通用的线样式如图3.1-8所示。

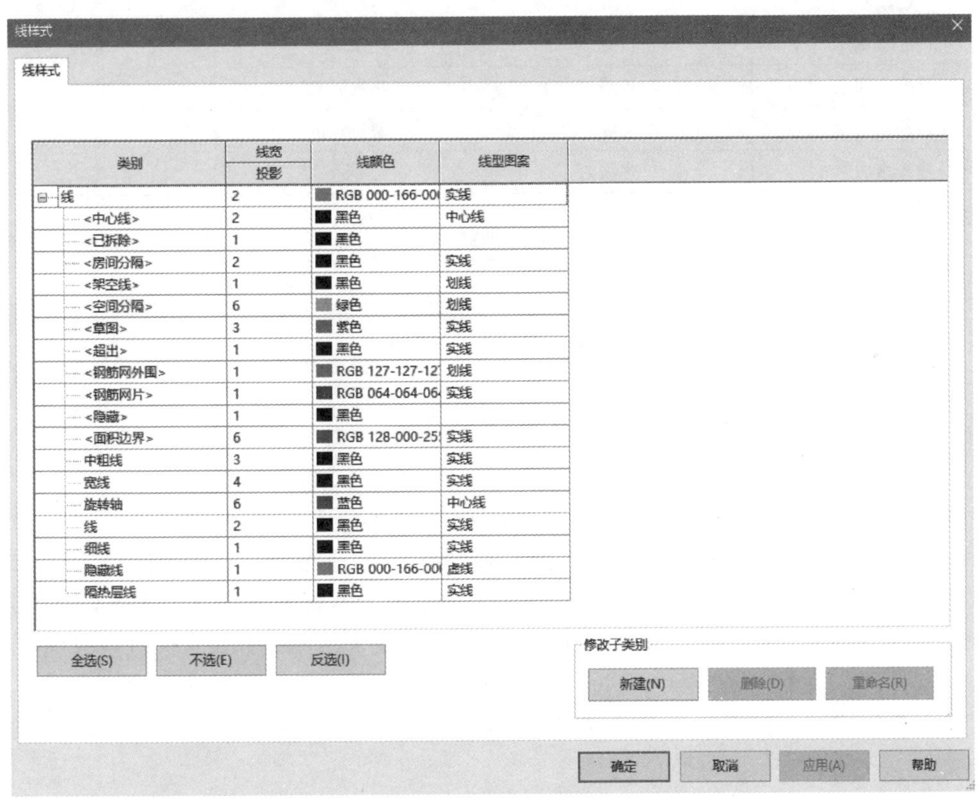

图3.1-8 线样式图例

机电专业应根据出图标准设置特定的线样式，如表3.1-2～表3.1-4所示。

(2) 对象样式

对象样式是在模型中所有构件对象的表达形式，规定了所有三维构件所对应的投影线、线型图案和剖切面的二维表达。对象样式工具可为项目中不同类别和子类别的模型对象、注释对象和导入对象指定线宽、线颜色、线型图案和材质。

电气专业线样式要求 表 3.1-2

系统	线样式	系统	线样式
强电	实线	信号	细线
弱电	实线	网络	细线
普通照明	细线	安防	细线
插座	点划线	广播	细线
应急照明和疏散指示	虚线	电话	细线
动力	细线	综合布线	细线
通信	细线	普通消防	细线
电视	细线	消防动力控制	双点划

暖通专业线样式要求 表 3.1-3

系统	线样式	系统	线样式
冷凝水	点划线	冷媒	实线
冷冻水供水	实线	热水供水	实线
冷冻水回水	虚线	热水回水	虚线
冷却水供水	实线	溢流管道	实线
冷却水回水	虚线	补水	实线

给水排水专业线样式要求 表 3.1-4

系统	线样式	系统	线样式
污水	虚线	给水	实线
排水	虚线	回水	实线
雨水	点划线	喷淋给水	实线
消防废水	虚线	消火栓	实线
循环水给水	实线	循环水回水	实线

对象样式是 Revit 中最基础的设置，对显示的控制权限最低，适用范围最广。在对象样式中设置好的线型、线宽都可以应用到整个项目中，但其他高层次的设置，如系统设置、视图设置都可以覆盖对象样式中设定好的线型线宽。视图设置通常仅对当前视图或特定系统起作用，每个视图都可以通过“视图可见性设置”来单独设置构件的显示，未指定替代的对象样式时会使用全局对象样式。具体的项目设置、视图设置会在后面章节进行介绍。

对象样式对话框中，包含“模型对象”“注释对象”“分析模型对象”“导入对象”共四个部分（图 3.1-9）。模型对象主要用于设置各种构件图元的样式，如墙、楼板、门窗等；注释对象主要用于设置注释图元的样式，如剖面或构件标记等；分析模型对象用于设置各专业中分析模型的样式；导入对象用于设置导入文件的图元样式，如导入的 CAD 底图等。

在“修改子类别”中可对对象样式进行新建、删除和重命名等操作。操作方式与设置线样式相同。

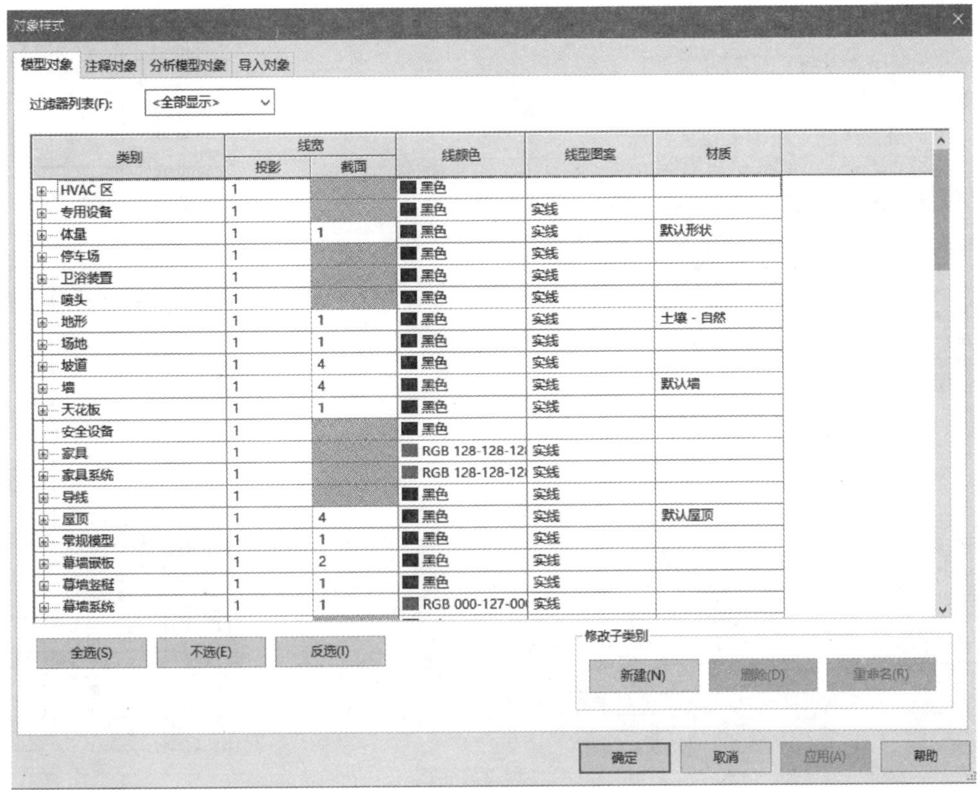

图 3.1-9 对象样式图例

3.1.3 项目设置

项目设置主要包括项目信息、项目参数、项目单位三个部分，需要针对特定项目进行设置（图 3.1-10）。本样板中仅对常用的一个信息、参数进行了设置。其中项目信息主要反映项目全局的信息参数，主要用于与图纸的标题栏进行联动；项目参数是图元的信息库，用于定义图元的各类特性；项目单位是规定项目中使用统一的计量单位。

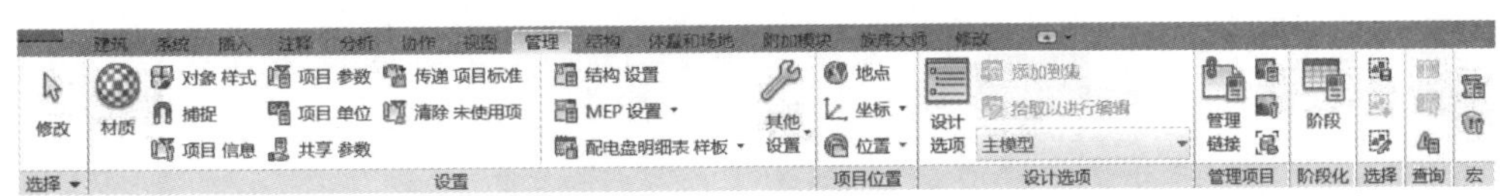

图 3.1-10 工具面板-项目设置

1. 项目信息

项目信息是关于项目全局的信息参数，主要包括项目建设单位、设计单位、图纸日期、设计人、校对、图号等。项目信息可与图纸中参数进行联动，通过修改项目信息中项目名称、项目地址、工程编号、图号等参数，图签中的信息会随之改变（图 3.1-11）。

2. 项目参数

项目参数是定义图元的各项特性，可以应用于图纸图框的联动以及项目浏览器的组织。定义项目参数可以使用户按照自己的计划对视图、图纸等图元进行管理，增加项目管

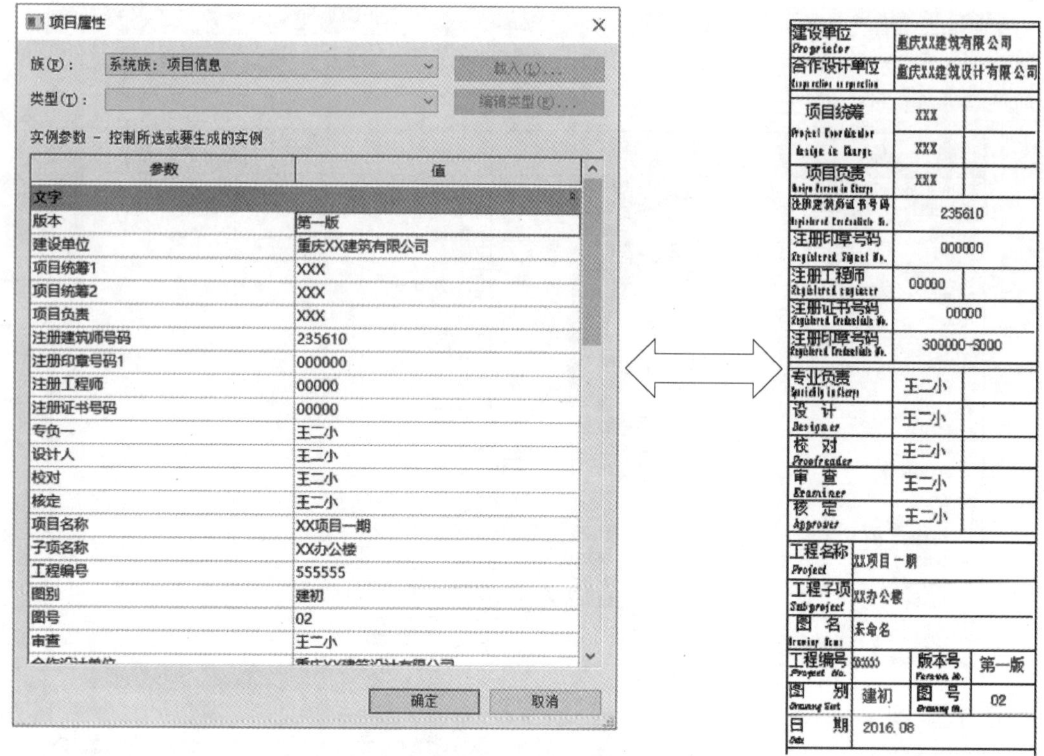

图 3.1-11　项目信息图

理的灵活性，提高项目管理的效率（图 3.1-12）。

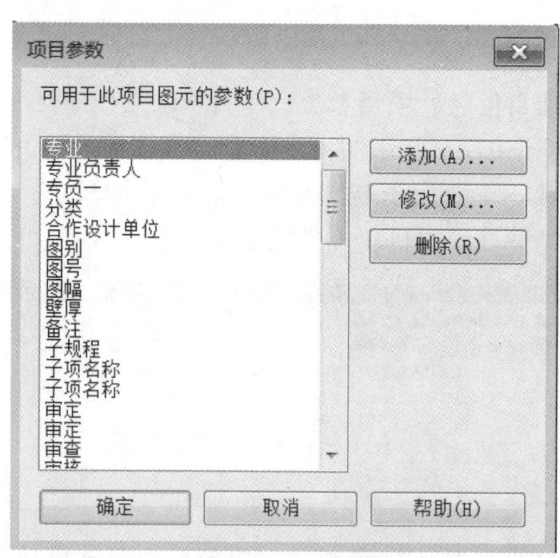

图 3.1-12　项目参数

项目参数只能应用于项目内部，且可以出现在明细表中，但是不能出现在标记中。若想将参数应用于多个项目或族中，可将参数定义为共享参数，在导出到 ODBC 并进行自定义，实现参数的共享。同时共享参数可以出现在明细表和标记中。

创建项目参数时，需要设置参数的数据和类别。参数数据包括参数名称、规程、类型、分组方式；类别是指项目参数限制的图元的类别，设置时可以选择多个类别（图 3.1-13）。

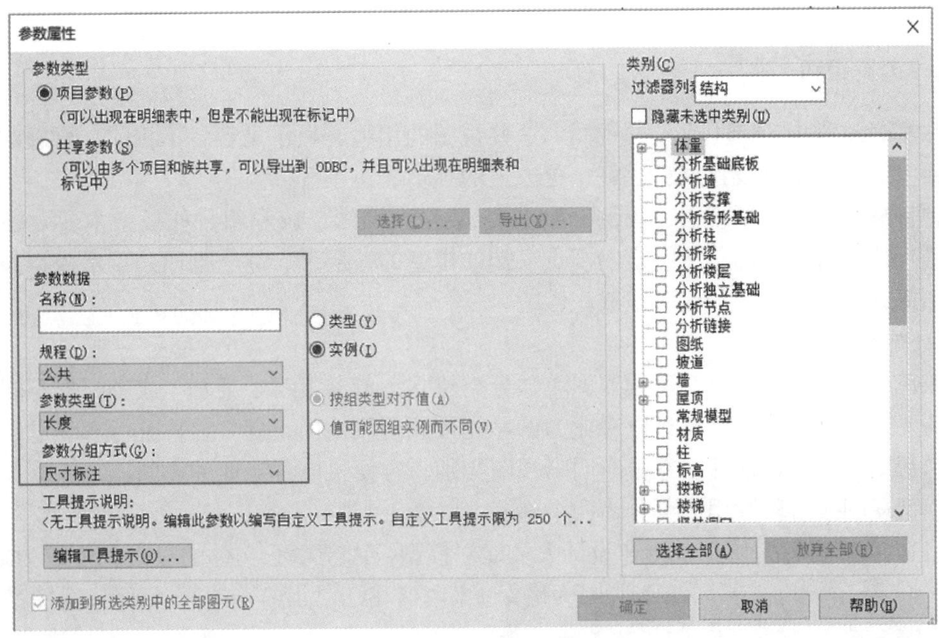

图 3.1-13　创建项目参数

3. 项目单位

项目单位是规定项目中使用统一的单位（图 3.1-14）。公制单位有米、厘米、毫米；英制单位有英寸、英尺等。在设置项目单位时，需首先指定单位所适用的规程，规程包括“公共”“结构”“HVAC”“电气”“管道”“能量”六种分组。设置好适用规程后，需要定义项目中各种数量的显示格式。

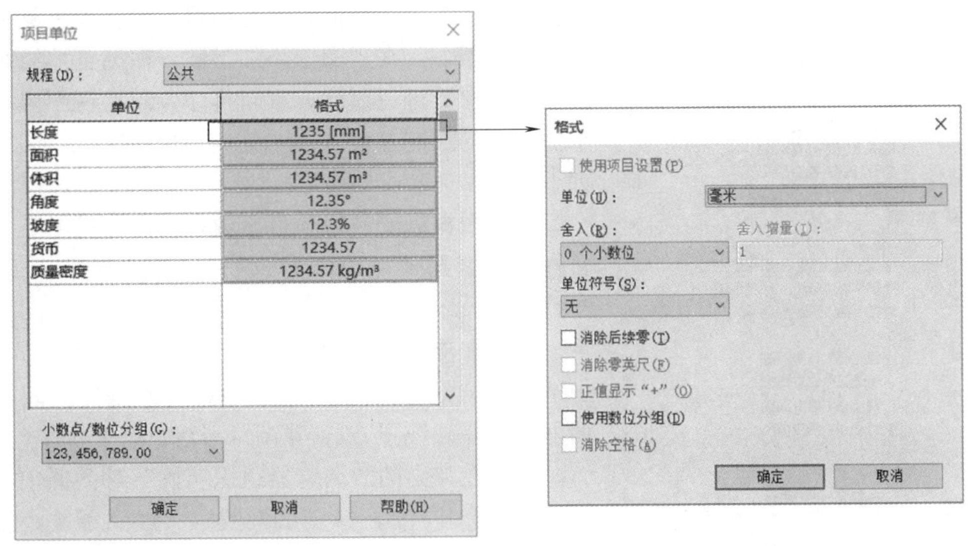

图 3.1-14　项目单位-规程

在“项目单位”对话框中，可以直接预览各单位使用的格式。如需修改，直接点击需要修改的格式，即会弹出“格式”对话框，用户可以对单位、舍入和单位符号进行设置。

3.1.4　浏览组织

在实际过程中会产生大量的视图，这些视图的用途、显示内容各不相同，合理的项目浏览器组织能够帮助设计人员更好、更方便的提资、出图等。

项目浏览器中包括视图、图例、明细表/数量、图纸、族和组。样板中主要对视图和图纸进行预设置。视图是从特定的视点（例如模型的楼层平、立、剖面）显示模型。图纸是由图框族和插入其中的视图组成。

1. 视图组织

在模型搭建时，需要对建模视图单独分类建立浏览器组织子类别，或者根据不同专业建立需要的浏览器组织。以机电专业为例，先按照阶段性用途划分，再进行水暖电的专业划分，帮助各专业设计师在建模时明晰视图类别，方便机电各专业的协同。

模型视图按阶段性用途可分为四个部分（图 3.1-15）：

（1）“01 建模”：用于各专业设计人员建立模型。由于中心文件的权限管理较为复杂，为确保工作中不相互占用工作集，此部分视图禁止非本人访问。

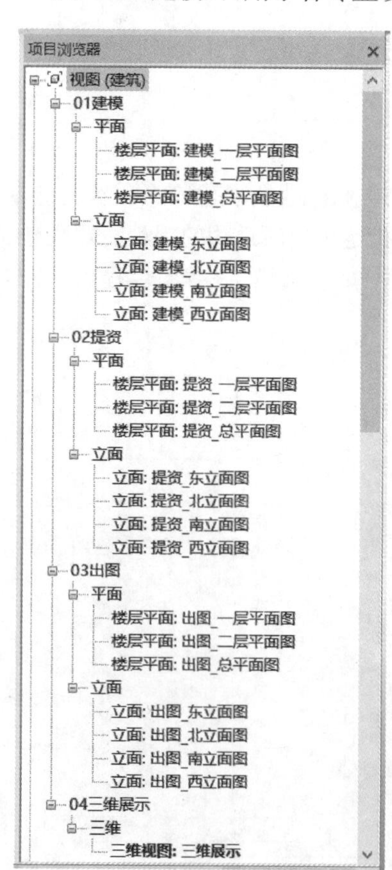

图 3.1-15　模型视图阶段性用途分类

（2）“02 提资”：用于存放各专业设计人员及校审人员查看的视图。

（3）“03 出图”：用于存放各专业已整合完成，进行标注、注释等工作的视图。

（4）“04 三维展示”：用于存放重点区域模型展示的三维视图，以供校审人员和业主查看。

控制视图目录树的关键是项目参数。项目参数相当于过滤条件，在视图中添加参数，在浏览器组织属性中通过参数进行过滤，重新排序，满足视图组织要求。常用的控制参数有视图分类、规程等。具体操作如下：

（1）根据需要新建项目参数，例如在机电专业项目样板中新建“视图分类-父”、“视图分类-子”等参数。

（2）在功能区“视图”选项卡中，“用户界面”中选择“浏览器组织”，在弹出的“浏览器组织”对话框中选择“视图”，新建浏览器组织规则名称。

（3）在弹出的“浏览器组织属性”对话框中，点击“成组和排序”，最多可设置六个过滤条件，且从上至下有先后关系。以机电专业项目样板为例，可先按照“视图分类”的参数进行分类，再按照“视图分类-父”进行分类，最后在此基础上按“视图分类-子”，最后附加“子规程”参数进行分类。如图 3.1-16 所示。

(4) 以上视图目录树包括所有专业的各阶段图纸，如需只看本专业或某一阶段的图纸，需要在“浏览器组织属性”对话框中的“过滤”选项卡下添加过滤条件（图 3.1-17）。

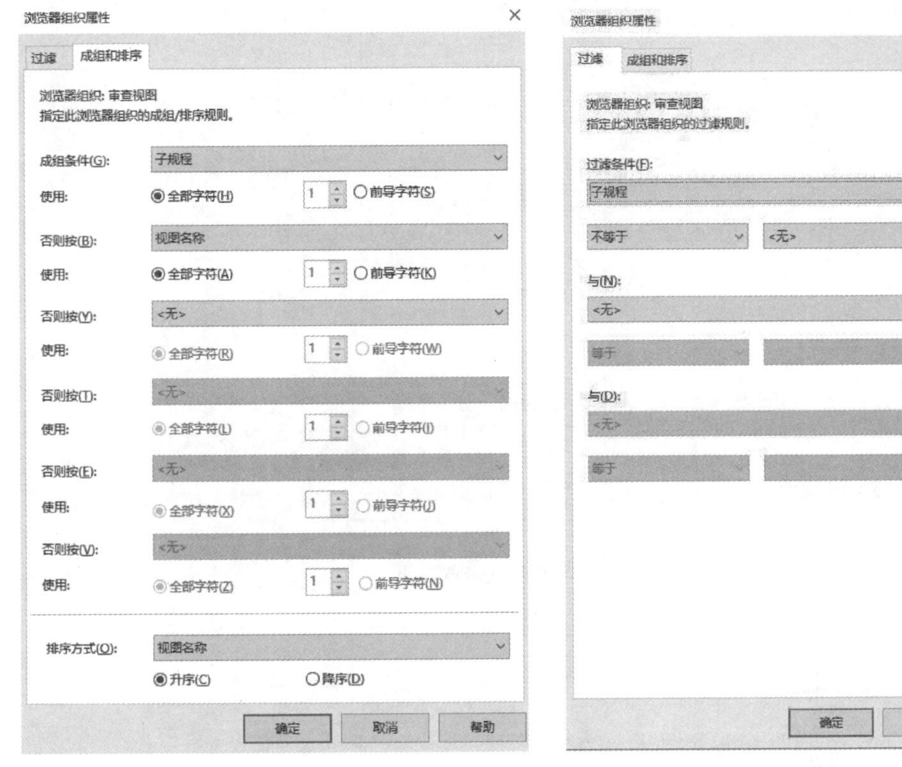

图 3.1-16 视图成组和排序设置　　　　图 3.1-17 视图过滤设置

2. 图纸组织

目前三维审图机制不够完善，且模型包含的数据信息量较大，为将设计内容更加直观准确地展示出来，出图成为 BIM 设计中不可缺少的一环。出图时由于各类图元显示在一起会显冗杂，需对视图过滤进行处理，并在视图中添加标注、注释，甚至局部放样以清晰准确地表达各类信息，具体详见“第 5 章 BIM 出图研究”。

图纸作为一种嵌套族，是由图框族和插入其中的视图组成的。图框族中的信息载体是“标签”。标签的内容可进行手动输入，也可与 3.1.3 节介绍的“项目信息”进行联动。

图纸目录树的创建与视图目录树的方法一致，需要用到浏览器组织及过滤器。由于图纸通常使用图纸编号进行排序，所以统一的命名规则（参见 2.1.1 节）是实现图纸管理的必要条件

(1) 图纸通常使用图纸编号来进行划分，在“项目参数”添加“图纸编号”参数，如图 3.1-18 所示。

(2) 选择“浏览器组织”，在弹出的对话框中选择“图纸”，点击“新建”对图纸目录树的规则进行命名，如图 3.1-19 所示。

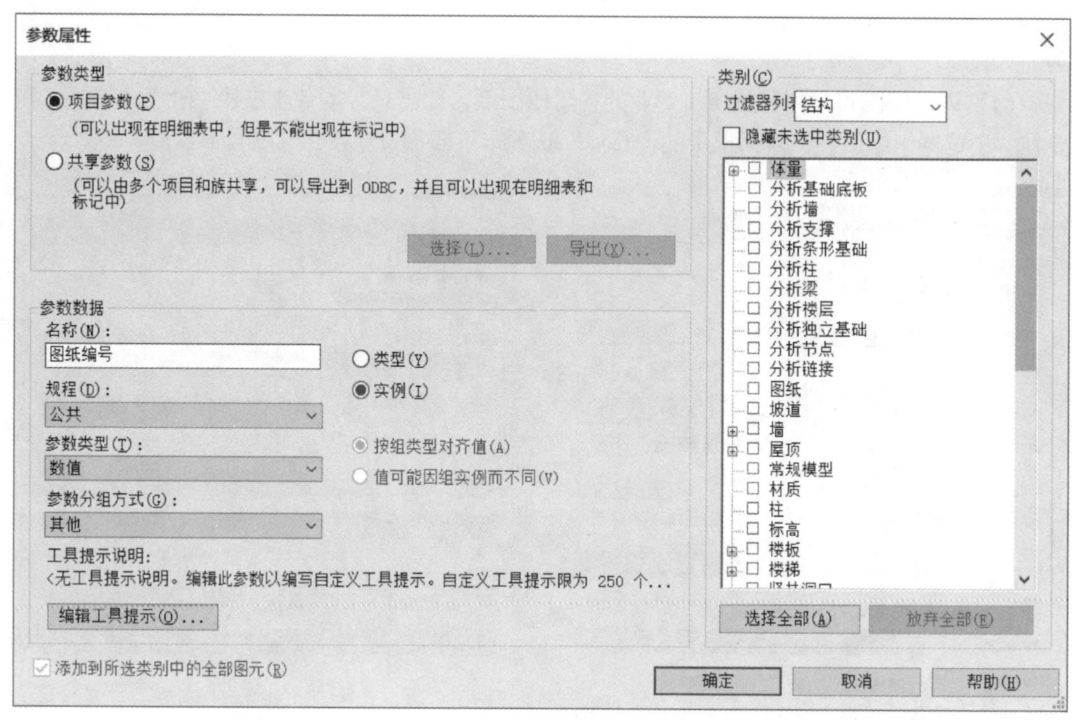

图 3.1-18　图纸编号参数设置

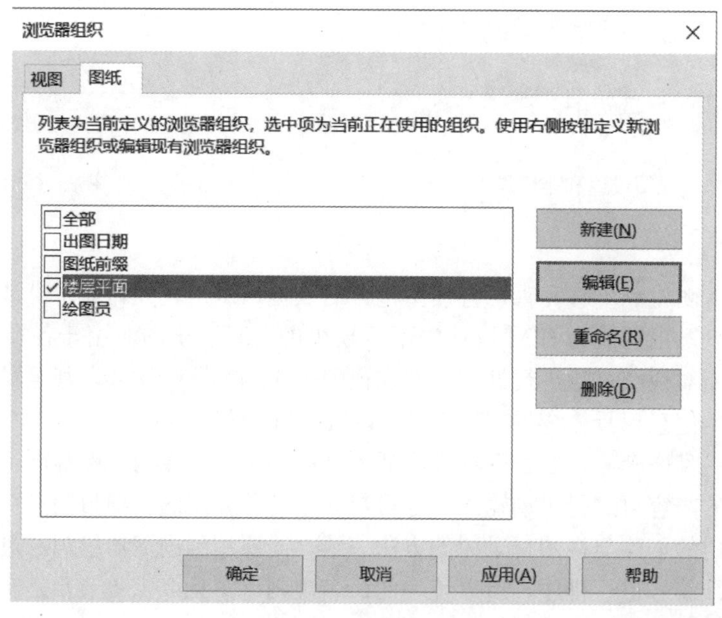

图 3.1-19　新建图纸目录树

(3) 在“成组和排序”中，先按照“图纸编号的”前两个字符进行成组，再在此基础上按前五个字符进行排序。成组排序的原理是通过设置逐层变细的筛选条件，使图纸按照编号的层级进行排序（图 3.1-20）。

设置好图纸目录树后，新建图纸时只需修改其属性中的“图纸编号”，图纸将自动归类并排序。

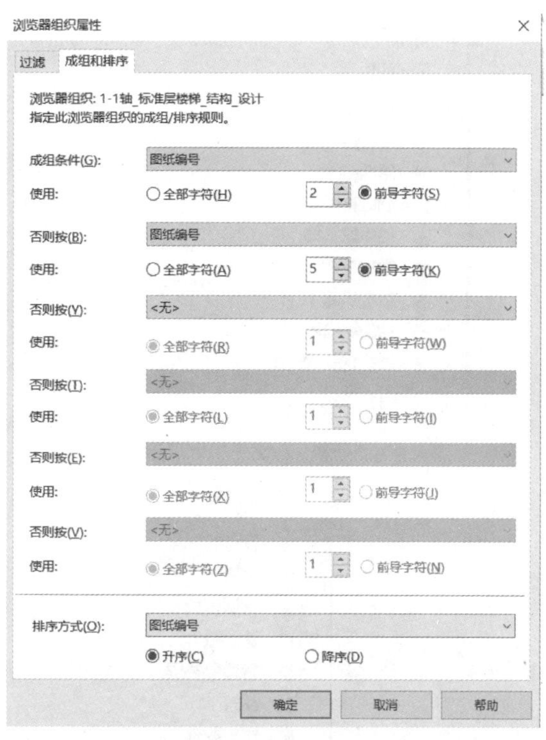

图 3.1-20 浏览器组织属性-图纸成组和排序设置

3.1.5 预置族

Revit 族是建模工作的基本要素，建筑门窗、结构柱梁、机电管道、设备都是由族作为载体，承载和传递构件信息的。由于不同地域使用的构件尺寸、外观、材质和用途都各不相同，默认样板中的构件族不能满足项目的实际需求，需要针对性地在样板中预置构件族，减少设计时创建族的工作量，提高设计效率。

在建筑专业中，构件类型主要包括常用的墙体、门、窗、柱子、楼板、天花板、楼梯、坡道等。以墙体类型为例，样板中需要预置项目中常用的建筑外墙、内墙、保温隔热墙、隔声墙等构件族（图 3.1-21、图 3.1-22）。

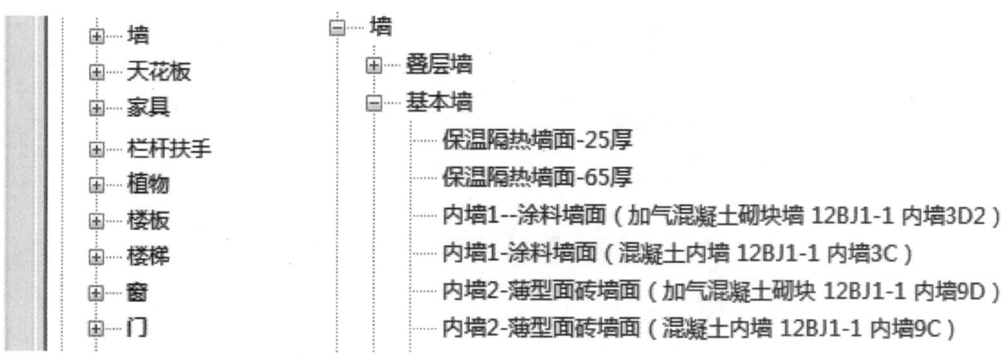

图 3.1-21 建筑常用族

图 3.1-22 建筑墙常用类型

在结构专业中，构件类型主要包括常用的剪力墙体、结构柱、框架梁、结构楼板、基础等。以结构柱类型为例，结构样板中需要预置项目中常用的混凝土柱、钢柱等构件族（图 3.1-23、图 3.1-24）。

在机电专业中，构件类型主要包括常用的管道、管件、管道附件、末端装置、设备等（图 3.1-25）。以给水排水管道类型为例，机电样板中需要预置 PVC 管、不锈钢管、PP-R 管、铸铁管等构件族。除去需要预置的构件族外，机电样板中还需要对管道系统进行设置。明确的系统分类有助于在模型中识别以及不同系统的正确连接（图 3.1-26、图 3.1-27）。

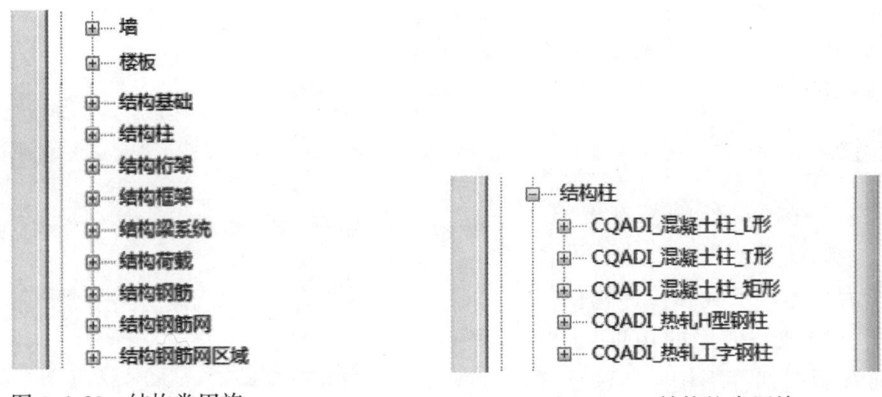

图 3.1-23　结构常用族

图 3.1-24　结构柱常用族

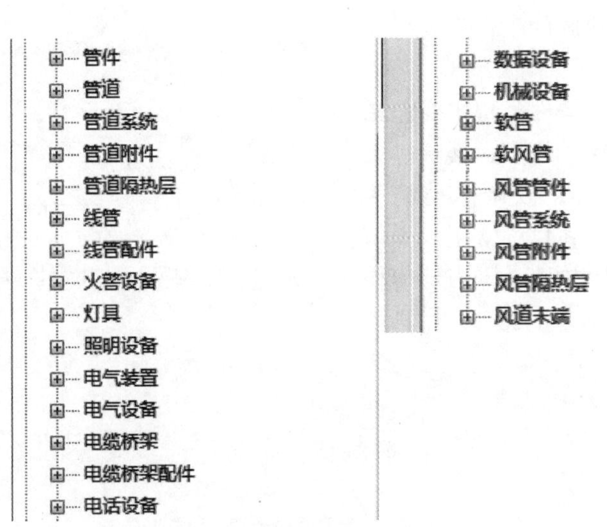

图 3.1-25　机电构件类型

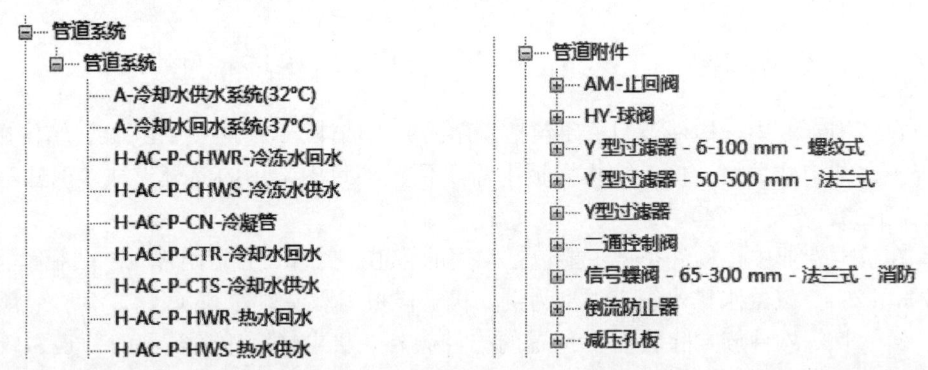

图 3.1-26　管道系统

图 3.1-27　管道附件

1. 管道系统

在 Revit 中绘制管道需要调用两种类型族：管道构件族和管道系统族。管道构件族主要包括管道、管件、管道附件等，用于控制管道尺寸、材质、管件阀门选用等。管道系统族用于控制管道在模型中的表现形式和特征。两个族需配合使用才能绘制出外观和类型参数统一的管道。

管道系统族中默认的有十一种系统：“其他”“其他消防系统”“卫生设备”“家用冷水”“家用热水”“干式消防系统”“循环供水”“循环回水”“湿式消防系统”“给水系统”“通气管系统”“预作用消防系统”。在创建给排水专业系统时，可根据其用途、特征从这 11 种中选出相符的系统，复制修改而成，如图 3.1-28 所示。例如“市政给水”是复制“给水系统”而成，再修改其系统名称、系统缩写、图形替换和材质，如图 3.1-29 所示。

图 3.1-28　复制管道系统

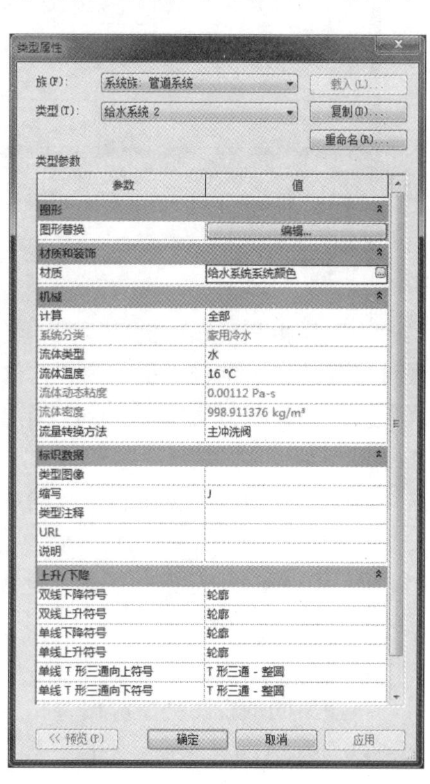

图 3.1-29　修改管道系统

2. 风管系统

在 Revit 中绘制风管需要调用两种类型的族：风管构件族和风管系统族。风管构件族主要包括风管、风管管件、风管附件等，用于控制风管尺寸、材质、管件阀门选型等。风管系统用于控制在各类风管在模型中的表现形式和特征。

风管系统族中默认有三种系统：“送风”“回风”“排风”。创建系统时，要根据系统内流体方向从这三种系统中复制修改。例如：“新风”是使用“送风”系统复制后，修改其系统名称、系统缩写、图形替换以及材质；“排烟”是利用“排风”复制而成，“加压送风”是基于“送风”复制而成。常用的风管系统族如图 3.1-30 所示。

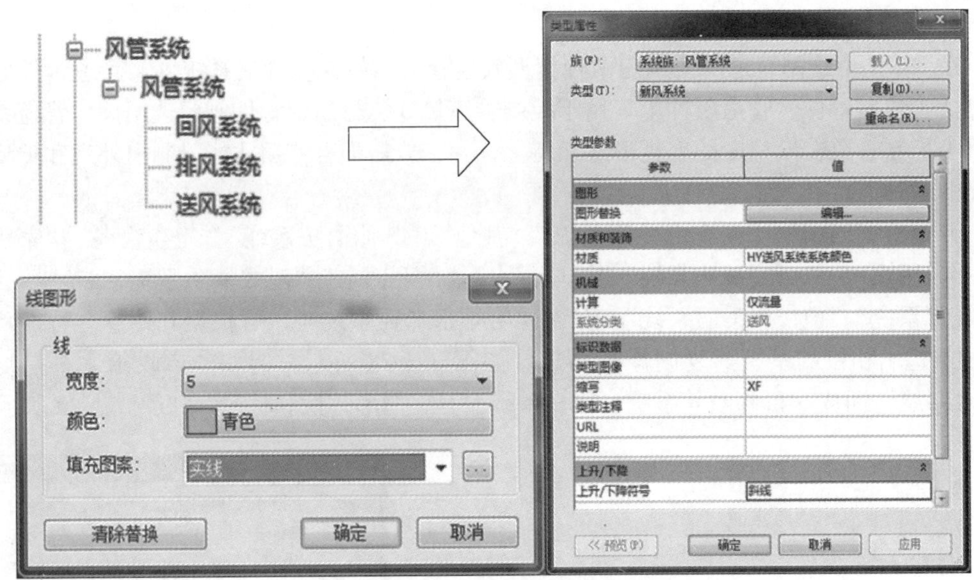

图 3.1-30 修改风管系统

3.1.6 视图样板

视图样板是视图比例、规程、详细程度、可见性设置等一系列视图属性的集合。二维设计中对建筑、结构、机电的各构件图形表达要求不一致，因此各专业应使用不用的视图样板。同时，从方案阶段到施工图出图，由于模型深度不一致，不同阶段应使用不同的视图样板。

为方便管理，减少内容重复的视图样板，应对样板进行统一、明确的视图命名。根据 2.1.1 节中介绍的相关命名规则，视图样板应按"企业缩写—专业—视图类型—阶段"命名。如：CQADI—建筑—平面—建模；CQADI—给排水—剖面—出图。

1）建筑专业视图样板

建筑专业的视图类型主要有平面图、立面图、剖面图、大样图、分区示意、三维视图等，按照不同的视图类型应设置相应的视图样板。

以"CQADI—建筑—平面—建模"为例，具体设置如下：

(1) 视图比例："1∶100"。

(2) 显示模型："标准"。

(3) 详细程度："粗略"。

(4) 零件可见性："显示两者"。

(5) V/G 替换模型：勾选建筑专业所需图元的可见性，并根据要求设置图元的显示样式，具体如图 3.1-31 所示。

(6) V/G 替换注释：设置建模平面图所需注释的可见性和线型，具体如图 3.1-32 所示。

(7) V/G 替换分析模型：设置全部不可见，具体如图 3.1-33 所示。

(8) V/G 替换导入：设置全部可见，具体如图 3.1-34 所示。

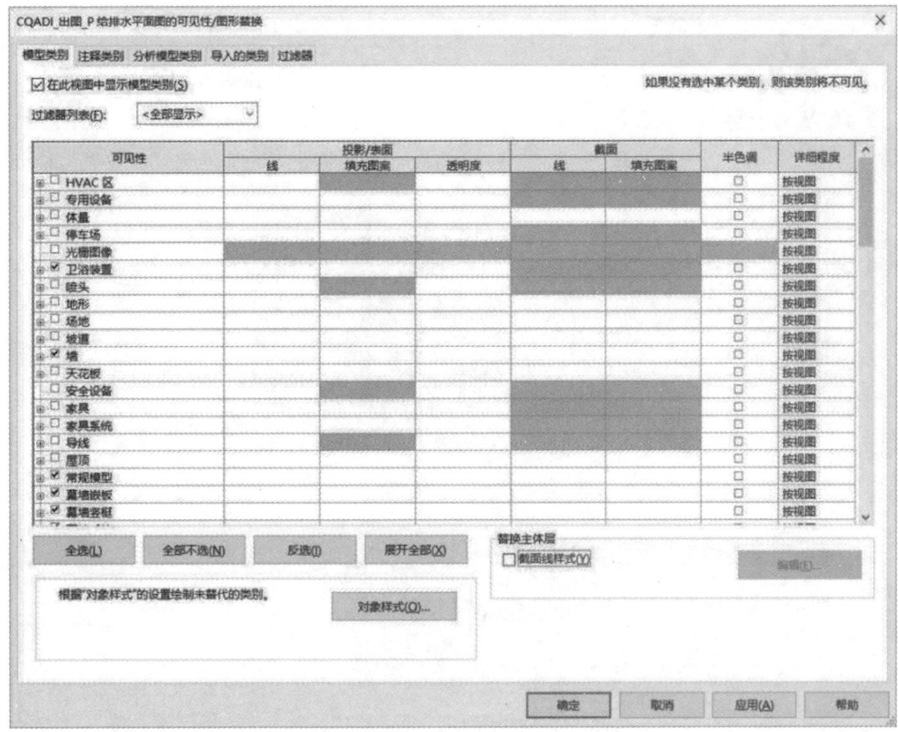

图 3.1-31 替换模型

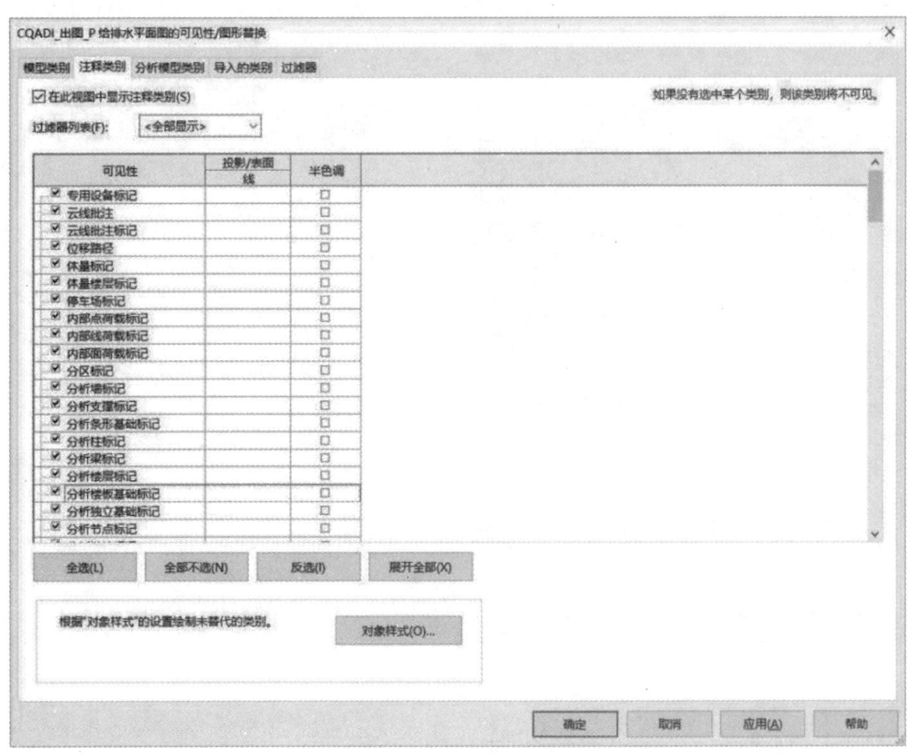

图 3.1-32 替换注释

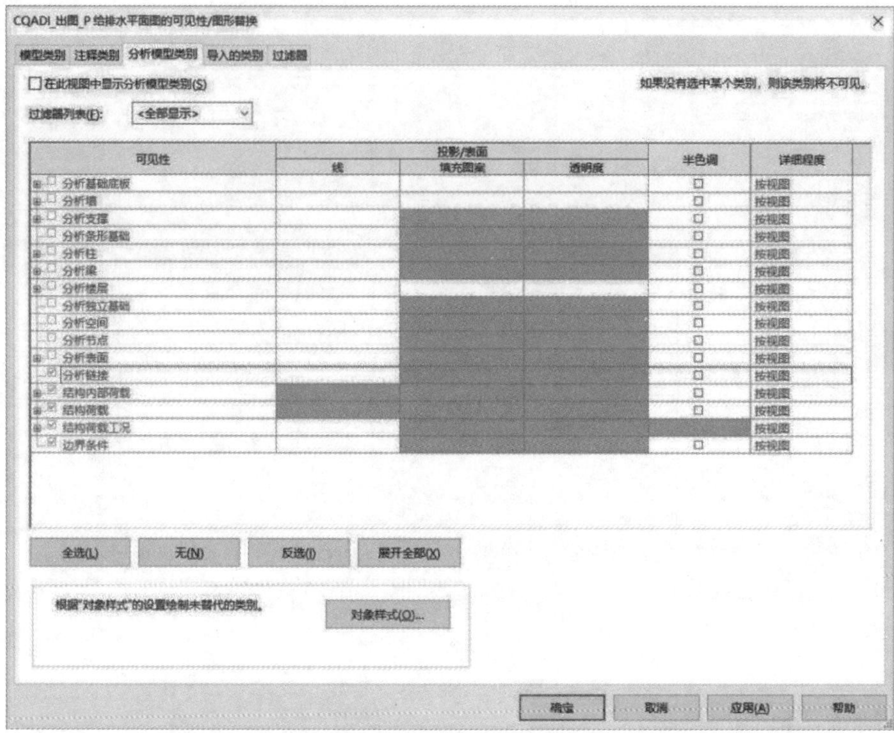

图 3.1-33　替换分析模型

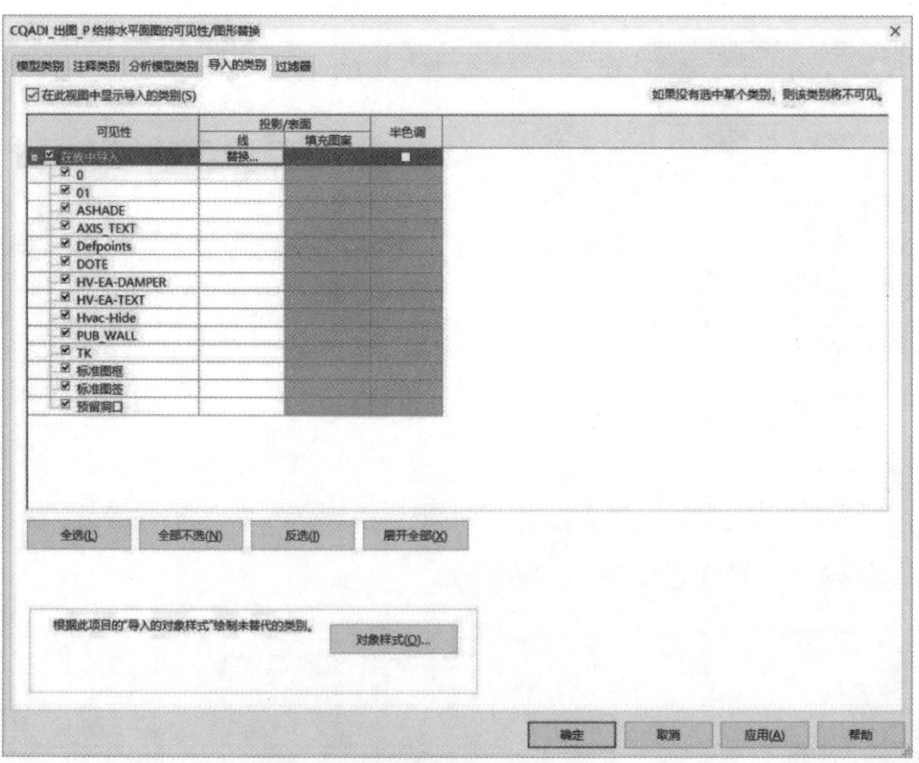

图 3.1-34　替换导入

（9）V/G 替换过滤器：未添加过滤器设置，可按照具体项目要求进行添加，如图 3.1-35所示。

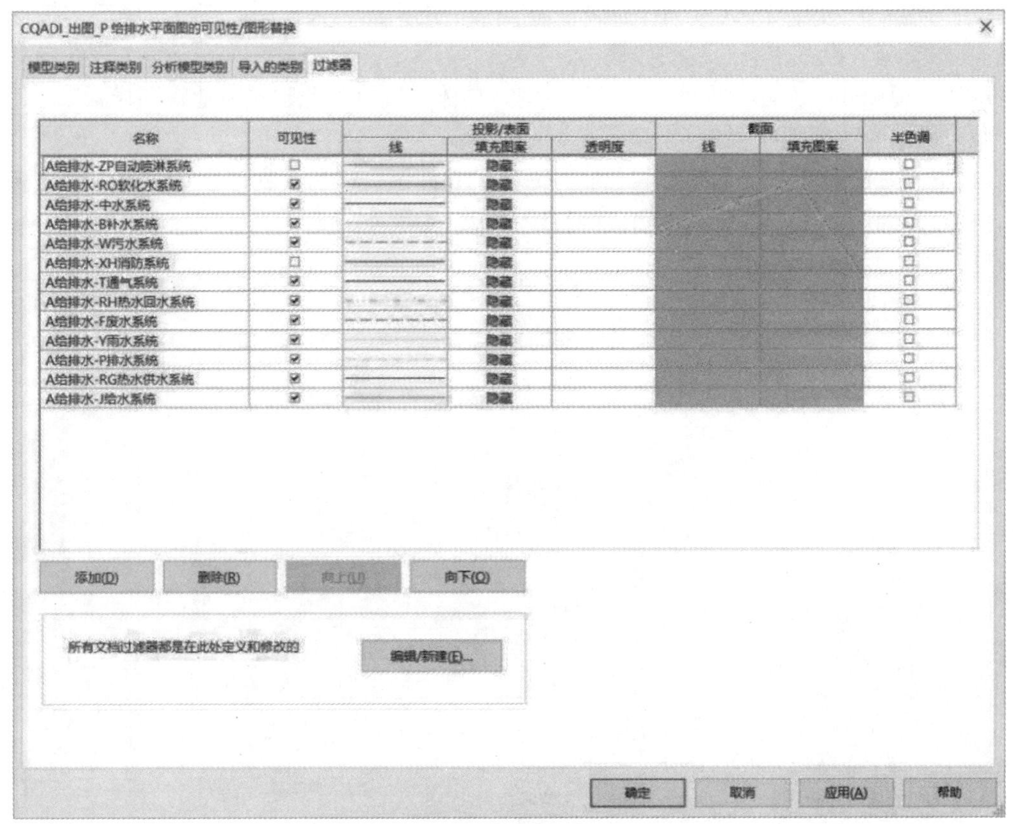

图 3.1-35　替换过滤器

（10）图形显示选项：模型显示设置为“隐藏线”，且勾选“显示边”；阴影、勾绘线、摄影曝光均不勾选；照明设置方案为“室外，仅日光”。

（11）基线方向：“平面”。

（12）视图范围：“顶：3200mm”“剖切面：2000mm”“底：0mm”“视图深度：0mm”。

（13）方向：“项目北”。

（14）阶段过滤器：“全部显示”，可按照项目具体需求设置。

（15）规程：“结构”。

（16）颜色方案位置：“背景”。

（17）颜色方案：“无”。如有相关颜色方案，可自行添加。

（18）子规程：“平面”。

（19）视图分类：“提资”。

子规程和试图分类与 3.4 节中的浏览组织有关，此部分设置应与浏览组织设置一致。当平面视图应用了相应的视图样板后，当前视图的属性中“视图范围”“子规程”“详细程度”“视觉样式”等均变为不可改。若需要修改，则应先将当前视图的视图样板设置为

"无"。

2）结构专业视图样板

结构专业的视图类型主要有平面图、立面图、剖面图、大样图、三维视图等，按照不同的视图类型应设置相应的视图样板。

以"CQADI—结构—平面—提资"为例，具体设置可参照建筑专业视图样板。

3）机电专业视图样板

机电专业的视图类型主要有各专业平面图、立面图、机房大样图、系统图、三维视图等，按照不同的视图类型应设置相应的视图样板（图3.1-36）。

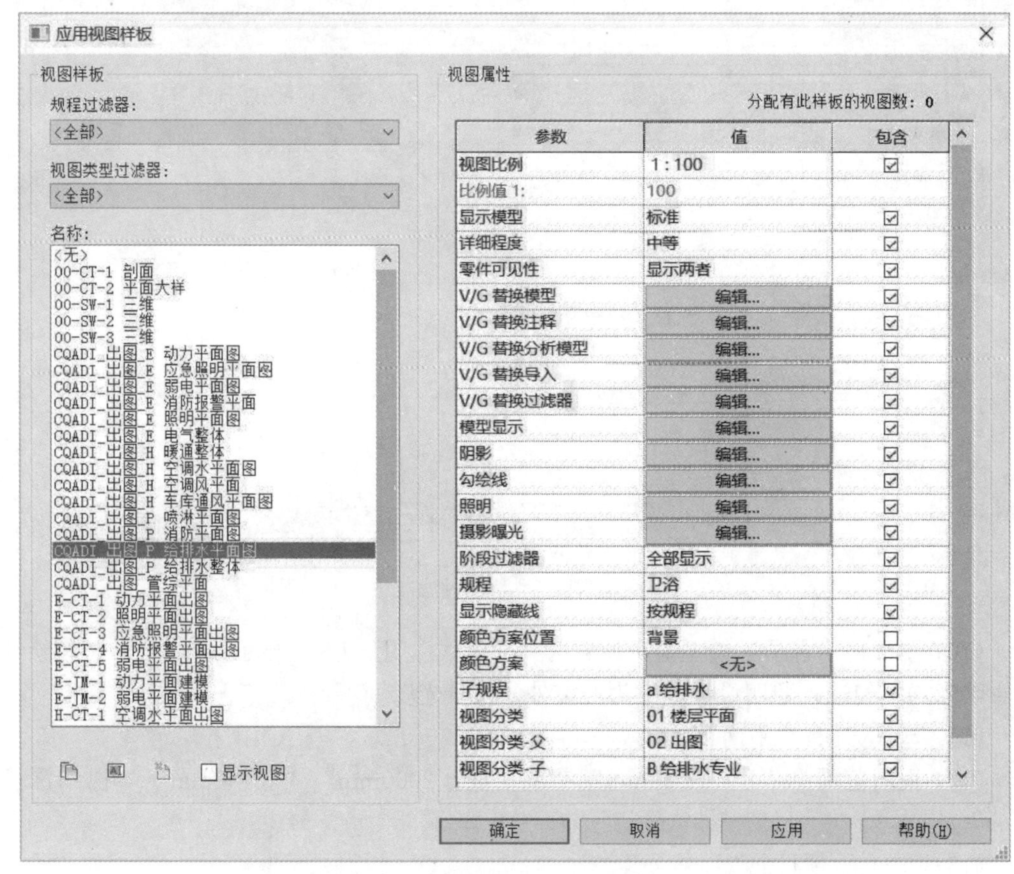

图3.1-36 "CQADI—给排水—平面—出图"视图样板

以"CQADI—给排水—平面—出图"为例，具体设置如下：

（1）视图比例："1∶100"。

（2）显示模型："标准"。

（3）详细程度："粗略"。

（4）零件可见性："显示两者"。

（5）V/G替换模型：勾选机电各专业所需图元的可见性，并根据要求设置图元的显示样式（图3.1-37）。

（6）V/G替换注释：设置建模平面图所需注释的可见性和线型（图3.1-38）。

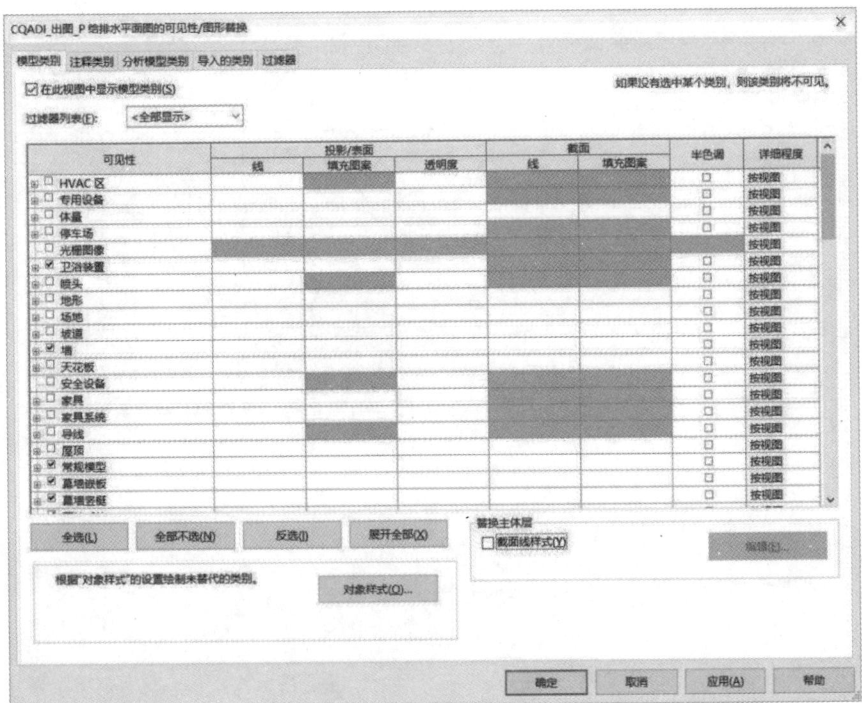

图 3.1-37　替换模型

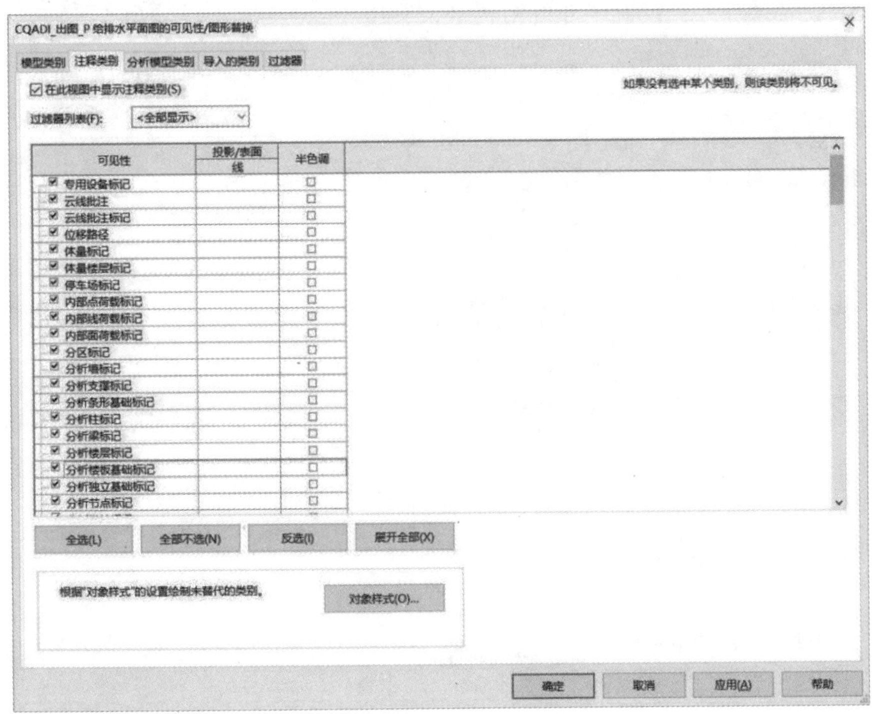

图 3.1-38　替换注释

(7) V/G 替换分析模型：设置全部不可见（图 3.1-39）。

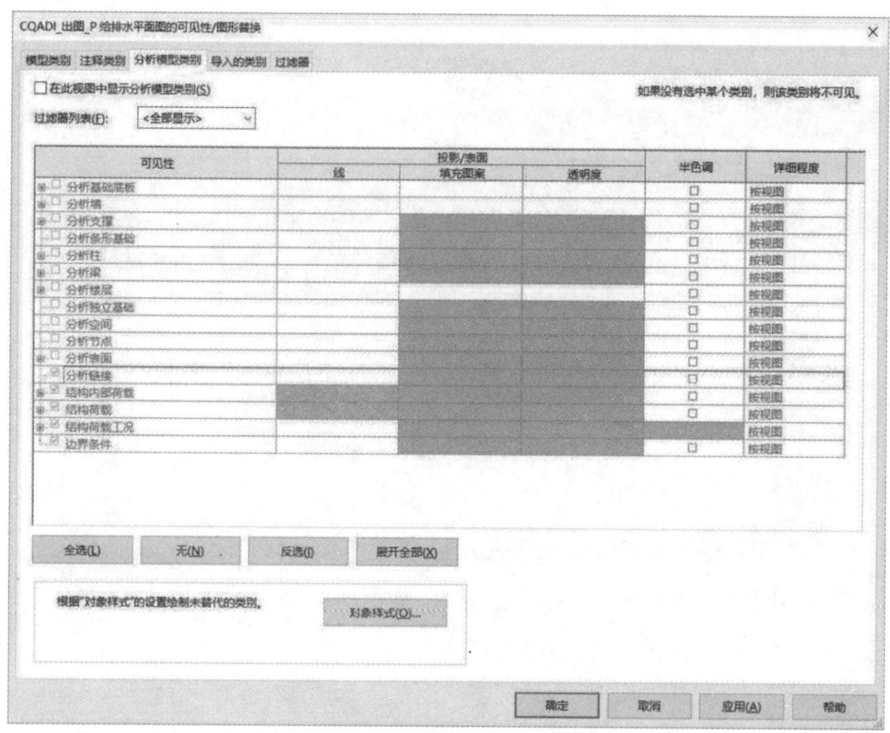

图 3.1-39 替换分析模型

(8) V/G 替换导入：设置全部可见（图 3.1-40）。

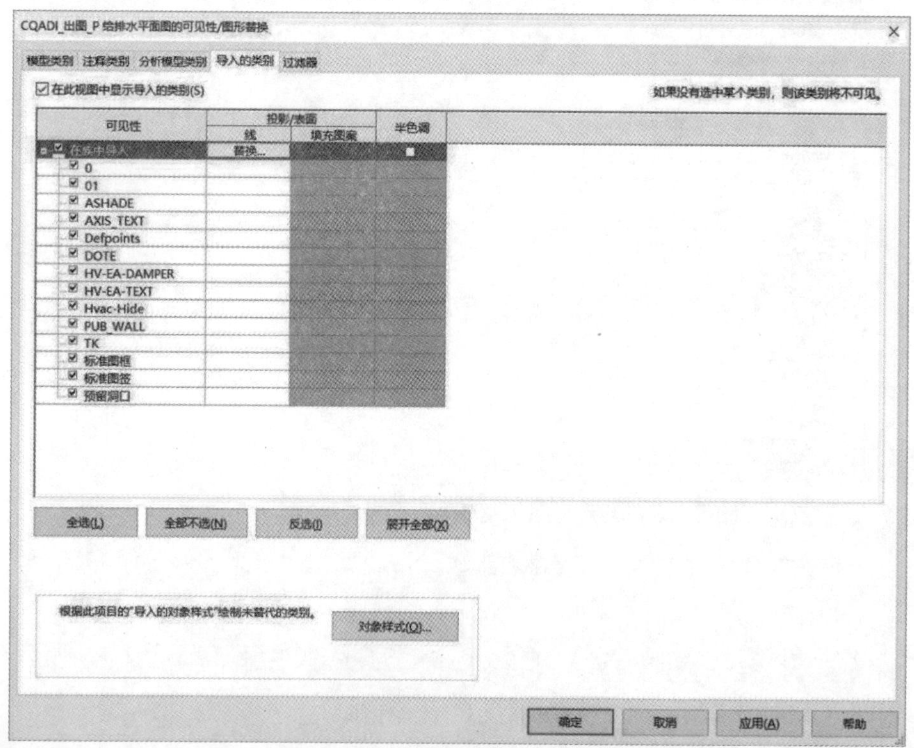

图 3.1-40 替换导入

（9）V/G 替换过滤器：未添加过滤器设置，可按照具体项目要求进行添加（图 3.1-41）。

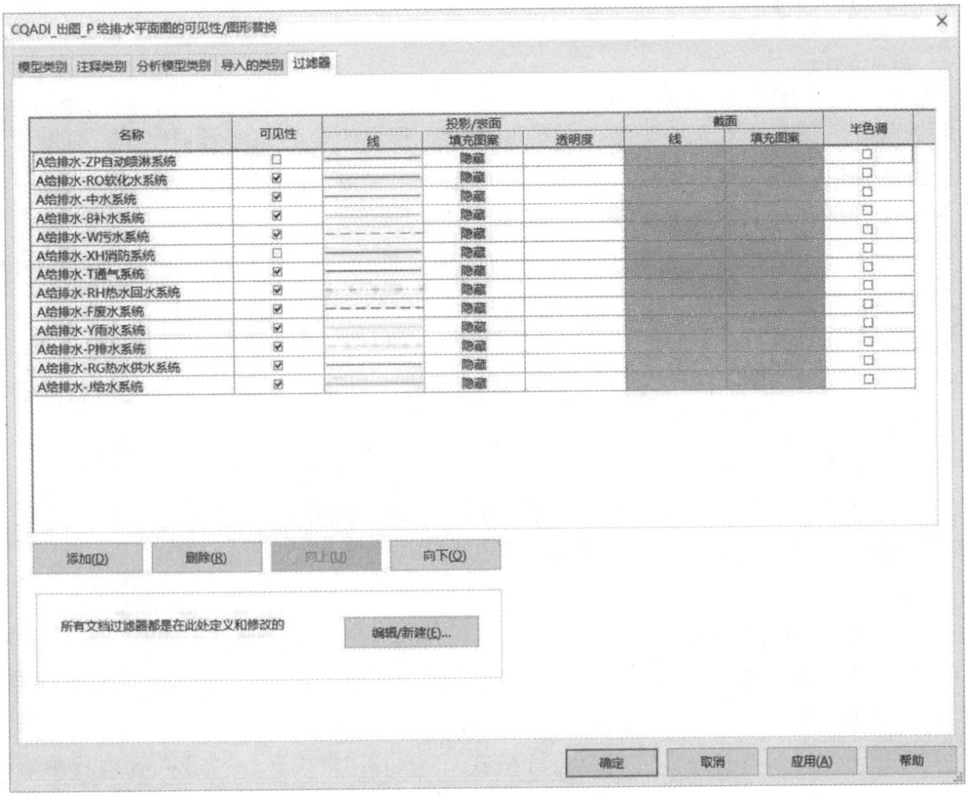

图 3.1-41　替换过滤器

（10）图形显示选项：模型显示设置为“隐藏线”，且勾选“显示边”；阴影、勾绘线、摄影曝光均不勾选；照明设置方案为“室外，仅日光”。

（11）基线方向：“平面”。

（12）视图范围：“顶：3000mm”“剖切面：2000mm”“底：0mm”“视图深度：0mm”。

（13）方向：“项目北”。

（14）阶段过滤器：“全部显示”，可按照项目具体需求设置。

（15）规程：“卫浴”。

（16）颜色方案位置：“背景”。

（17）颜色方案：“无”。如有相关颜色方案，可自行添加。

（18）子规程：“平面”。

（19）视图分类：“出图”。

3.2　族库

族是组成项目的构件，同时是参数信息的载体。Revit 软件中族包含可载入族、系统族、内建族三大类。对于内建族，较少使用且缺少可传递性，除非特别指明，后面所提到族的概念不包含内建族。系统族指系统自带的常用族，如墙、柱等。

3.2.1 族库管理

族的管理关键在于对于族类型的分类和存储，建立规范的族库管理体系，有助于对族进行快捷地调取，提高项目的设计效率。族库是一个企业 BIM 项目的累积和经验的沉淀，严格的族库管理有利于项目 BIM 设计的管理。

对于企业，BIM 部门应制定规范完善的族库文件结构，同时设置相应的族库管理员进行族库的日常管理。

族库管理员职责：

① 负责在族库文件结构基础上，建立详细的族库目录。目录要求分类细致明确，便于筛选查找。

② 负责对新入库的族文件进行审查，是否满足当前分类的要求。

③ 建立族库更新日志，记录族库中的上传、修改和删除。

④ 严格管理族库使用权，避免因他人的误操导致的族库故障。

1. 族的载入

Revit 中载入族的方式有三种：

① 打开项目后，点击“插入” ➛ “载入族”，在弹出的对话框中选择所需要的族，点击“打开”即可载入。

② 打开项目后，再打开族文件（.rfa 格式），单击“常规” → “载入到项目中”即可载入。

③ 打开项目后，直接将族文件拖拽至 Revit 项目绘图区即可载入。

2. 族保存

族在创建完成后，应将视图状态调整为：三维视图_精细_着色后再进行保存，便于在缩略图中直观展现。

族文件（ * rfa）应按照“专业_族分类”划分方法放置在对应的文件夹系统中，文件夹名称可直接按照“专业_族分类”的内容填写。

系统族为软件默认的常用族，无法由用户自行创建。内建族则无法单独保存为（.rfa）的族文件格式，只能用于当前创建的项目中。

3. 族库文件目录

族库文件目录如图 3.2-1 所示。

3.2.2 族展示

（1）建筑专业族

建筑专业包括墙、门、窗、建筑柱、屋顶、天花板、建筑楼板、幕墙等构件，其中墙、楼板、天花板属于系统族，不能作为外部文件载入和创建。本节主要以门、窗等载入族为例，展示分类细致、种类齐全的企业族库。

门主要分为单开门、双开门（子母门）、旋转门、推拉门、卷帘门等。

窗主要分为平开窗、推拉窗、折叠窗、组合窗等（表 3.2-1）。

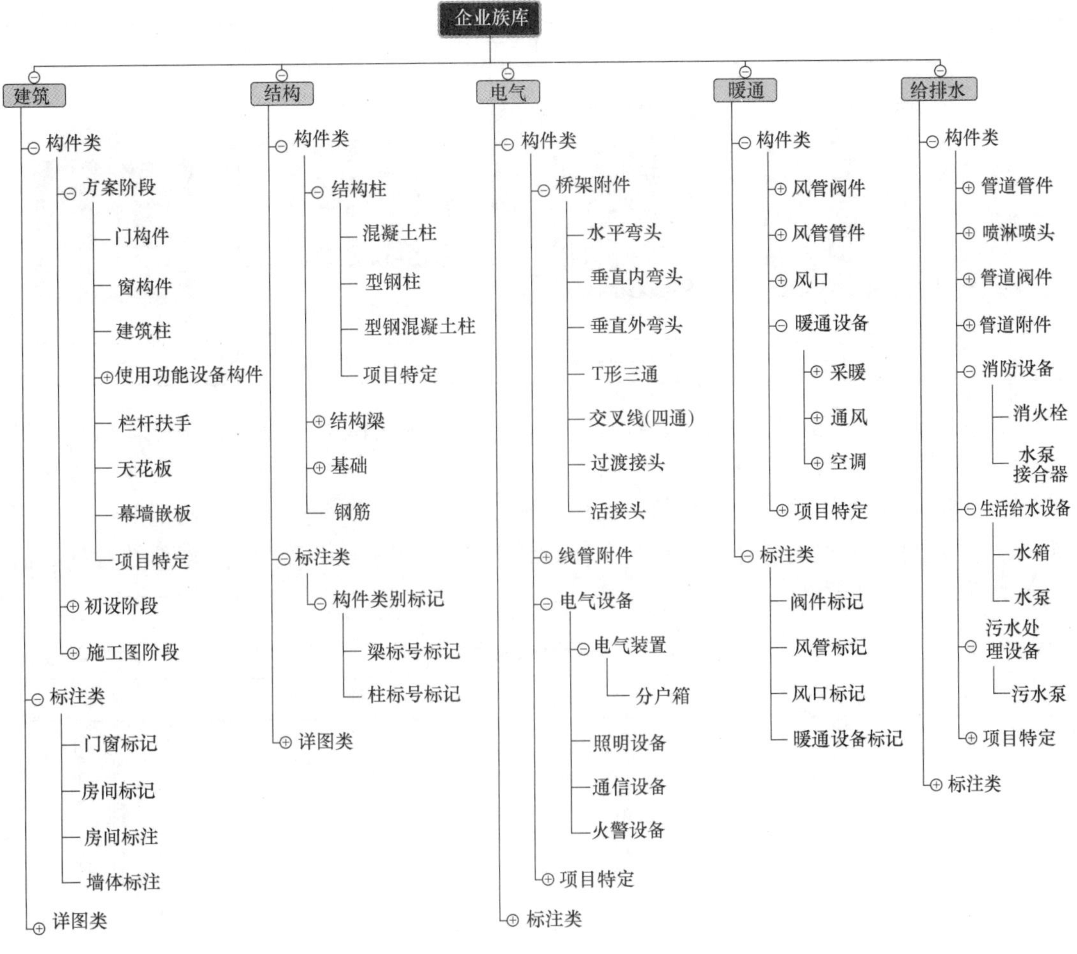

图 3.2-1 族库文件目录

族分类展示 **表 3.2-1**

	主要分类展示			
门	单开门	子母门	旋转门	卷帘门

续表

	主要分类展示			
窗	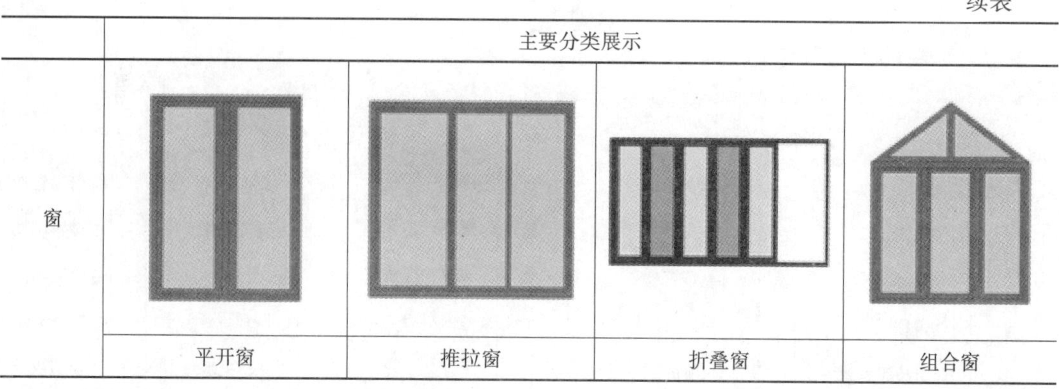			
	平开窗	推拉窗	折叠窗	组合窗

在设计流程中，族的设计遵循着由浅入深，逐步细化的原则。例如，方案阶段仅需确定门/窗洞位置、尺寸以及开门/开窗方向。在初设阶段确定门/窗的形式、用途，深化其门框/窗框尺寸、把手形式和位置等。在施工图阶段再确定其主体和附属构造的材质、门框/窗框、把手等构造的具体样式。为方便设计时快速读写，避免产生过多无效数据，需将族按阶段进行分类（表3.2-2）。

族分阶段展示　　**表3.2-2**

		防盗门	玻璃推拉门	平开窗	推拉窗
方案阶段	模型				
	内容	位置、尺寸、开门方向			
初设阶段	模型				
	内容	位置、尺寸、形式、用途、构造			
施工图阶段	模型				
	内容	位置、尺寸、形式、用途、材质、细部构造			

在 Revit 中，族在平面中显示为其真实样式，与二维图纸中的图例不一致。为满足图纸审查规范，需创建族在二维视图中的表达样式，控制其显示特性，保证其在平面、立面、剖面中的表达符合二维设计规范（表 3.2-3）。

族平面展示 **表 3.2-3**

建筑专业族	平面	三维
门	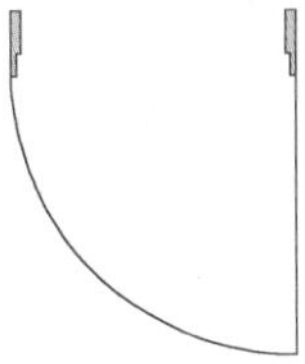	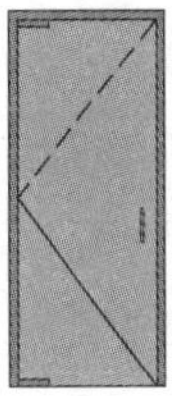
窗	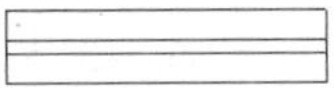	

（2）结构专业族

结构专业族主要包括：条形基础、独立基础、桩基础、结构柱、异形结构柱、结构梁、桁架、结构板、结构墙、钢筋形状等。本节以结构柱、桩基础、桁架为例进行细致分类讲解（表 3.2-4）。

结构柱主要包括：钢筋混凝土矩形柱、钢筋混凝土圆形柱、钢筋混凝土异形柱、H 型钢柱、T 型钢柱等。

桩基础主要包含：灌注桩、扩孔灌注桩、阶型独立桩基础承台、坡型独立桩基础承台、杯口独立桩基础承台等。

桁架主要包括：平行弦桁架、三角形桁架、抛物线桁架、梯形桁架等。

族分类展示 **表 3.2-4**

主要分类展示				
结构柱				
	混凝土矩形柱	混凝土圆形柱	H 型钢柱	T 型钢柱

续表

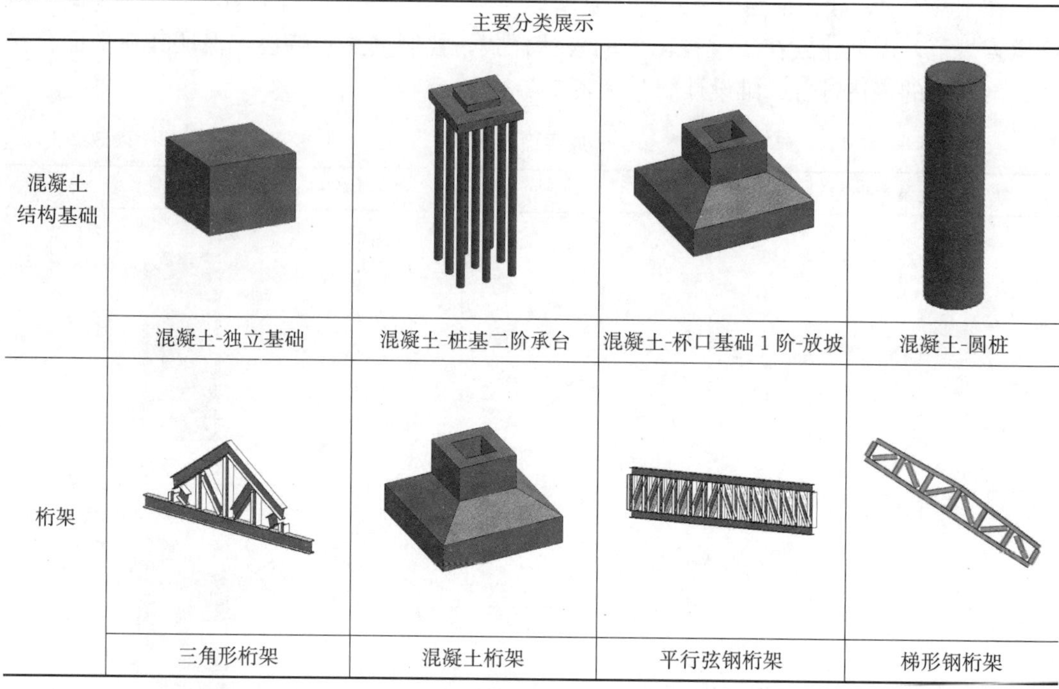

	主要分类展示			
混凝土结构基础	混凝土-独立基础	混凝土-桩基二阶承台	混凝土-杯口基础 1 阶-放坡	混凝土-圆桩
桁架	三角形桁架	混凝土桁架	平行弦钢桁架	梯形钢桁架

结构族在初设阶段与施工图阶段的模型形状、尺寸均保持一致，区别在于初设阶段结构族中缺少配筋等信息参数，施工图阶段深化设计，添加配筋等信息。

表 3.2-5 举例介绍设备族在初设与施工图阶段的参数信息差异化表达。

族分阶段参数信息化表达　　　　**表 3.2-5**

		初设阶段	施工图阶段
结构梁	几何尺寸	√	√
	混凝土强度	√	√
	材质		√
	配筋信息		√
结构柱	几何尺寸	√	√
	定位信息	√	√
	混凝土强度	√	√
	材质		√
	配筋信息		√
混凝土桩基础	几何信息	√	√
	定位信息	√	√
	嵌岩深度	√	√
	混凝土强度	√	√
	材质		√
	配筋信息		√

结构族的二维表达需要根据制图规范进行平面表达。目前三维审图规范还有待完善，只能将三维模型出具平面表达图纸，并且满足现阶段二维审图要求，故需要在做族时将满足二维平面表达的信息表达在族中，以达到快速出具规范图纸的要求（表 3.2-6）。

集中在常用族的二维表达与三维表达展示 **表 3.2-6**

结构专业族	平面	三维
九桩基二阶承台	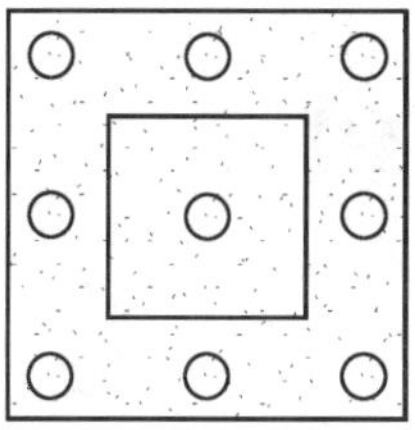	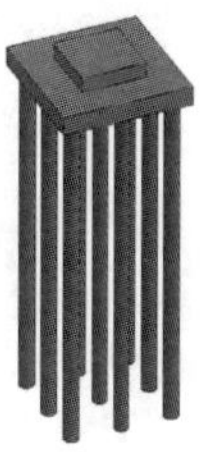
杯口基础 1 阶-放坡	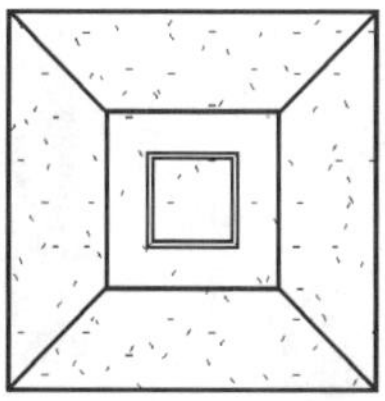	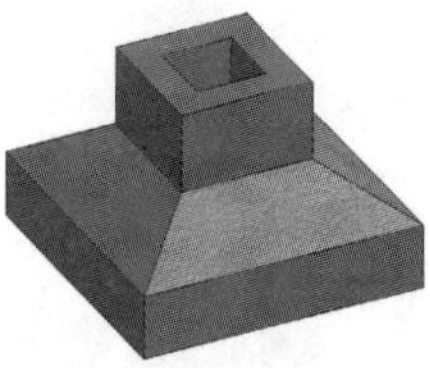
混凝土矩形结构柱	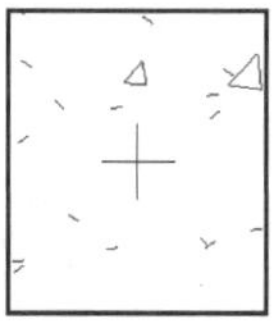	
H 型钢梁	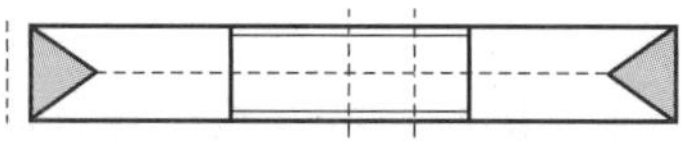	

（3）机电专业族

机电专业族主要包括风管、水管、桥架、风管附件、风道末端、水管附件、卫浴装置、电气设备、照明设备等。本节以风管调节阀、管道电磁阀、冷水机组为例进行细致分类讲解（表 3.2-7）。

风管调节阀主要包括矩形手动式蝶阀、矩形手柄式蝶阀、圆形拉链式蝶阀、圆形手柄式蝶阀等。

管道电磁阀主要包括电磁阀-大通径膜片式-法兰式、电磁阀-50～150mm-法兰式、电磁阀-15～80mm、电磁阀-大通径膜片式-螺纹、电磁阀-活塞式-螺纹等。

空调冷水机组主要包括回转式冷水机组、螺杆式冷水机组、离心式冷水机组、吸收式冷水机组、活塞式冷水机组、涡旋式冷水机组等。

族分类展示 表3.2-7

	主要分类展示			
蝶阀				
	手动式蝶阀	矩形手柄式蝶阀	圆形拉链式蝶阀	圆形手柄式蝶阀
电磁阀				
	电磁阀-大通径膜片式-法兰式	电磁阀-大通径膜片式-螺纹	电磁阀-活塞式-螺纹	电磁-50～150mm-法兰式
冷水机组				
	回转式冷水机组	离心式冷水机组	活塞式冷水机组	涡旋式冷水机组

机电专业族在初设阶段与施工图阶段的模型形状、尺寸都是一致，区别在于初设阶段族里没有设备的性能参数，施工图阶段需深化设计，添加设备性能参数信息。

表3.2-8举例介绍设备族在初设与施工图阶段的参数信息差异化表达。

族分阶段参数信息化表达 表3.2-8

		初设阶段	施工图阶段
分体式室外机	长、宽、高	√	√
	系统类型	√	√
	材质		√
	能效等级		√
	风机类型		√
	风压		√
	效率		√

续表

		初设阶段	施工图阶段
卧式端吸离心泵	长、宽、高	√	√
	系统类型	√	√
	材质		√
	流量		√
	扬程		√
	效率		√
高、低压配电柜	长、宽、高	√	√
	配电系统	√	√
	材质		√
	主电压		√
	主级数		√
	负荷分类		√
	设备型号		√
	编号		√
	容量		√

机电族的二维表达需根据二维设计规范进行平面表达。目前三维审图规范还没有明确，需要把三维模型进行二维表达，并且满足现阶段二维审图要求，固需在做族时把二维平面所表达信息输入进族中，来满足二维出图要求。

表 3.2-9 展示几种常用族的二维表达与三维展示。

族平面与三维展示 **表 3.2-9**

机电专业族	平面	三维
风管蝶阀		
双层百叶回风口		

续表

机电专业族	平面	三维
闸阀	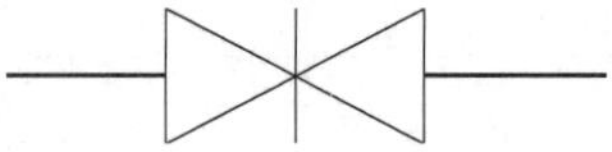	
vavbox 箱多风道	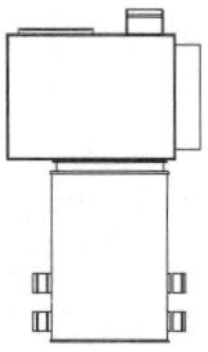	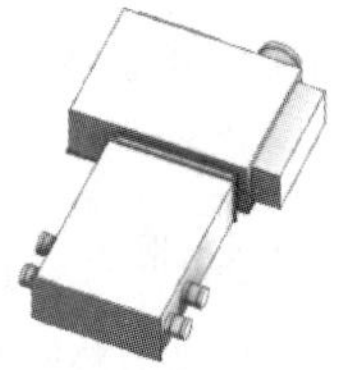
板式换热器	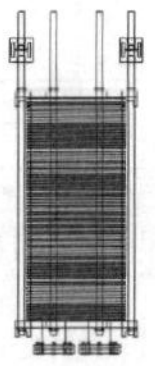	
低压配电柜		

第 4 章　正向设计过程

目前建筑设计还处于二维设计为主、三维建模为辅的阶段，BIM 技术主要应用于曲面分析、碰撞检查、管线综合、净高分析、工程量统计等。现阶段主要矛盾是信息流通性不足，建模人员如果未理解设计师意图会导致错误建模、返工频繁等问题。正向设计是从概念设计开始到后期运维，全过程应用 BIM 技术，实现工程项目信息化设计、数字化管理、智能化运维。本章节正向设计过程分三个阶段进行介绍：方案设计阶段、初步设计阶段、施工图设计阶段。

4.1　方案设计阶段

方案设计是在建筑项目实施初期，根据项目要求和所给定的条件确立项目设计主题、项目构成、内容和形式的过程。从设计内容上可分为三个阶段——概念阶段、方案推敲阶段、方案深化阶段。概念阶段注重的是依据项目要求和条件的思维创造；方案推敲阶段注重的是场地分析和总图布局；方案深化阶段则是在推敲阶段的基础上进行生态模拟分析，进一步细化建筑功能和形体。

4.1.1　概念阶段

在建筑设计最初的概念阶段，重点在于设计师的思维创意，主要设计要点包括设计任务书、设计条件分析、概念草图绘制，其目的是确定建筑设计的主题和概念。具体步骤是解读设计任务书，对项目设计条件进行收集分析，明确建筑的功能要求、空间特点、环境特点、经济因素等，结合各项数据进行创意设计。

本阶段的成果主要是建筑设计草图，其实质是一种图示语言和图示思维，将不确定的、模糊的意象变为可视的图形。对于设计工具的选择讲求方便顺手，不干扰和束缚思维创意的表达。传统手绘方式可根据设计意图快速形成方案概念雏形，再进行逐步修正和细化，其对于设计灵感的捕捉是目前数字化设计工具难以企及的。因此，手绘草图仍是概念阶段首选的设计方式之一。

4.1.2　方案推敲阶段

确定建筑设计主题和概念后，进入方案推敲阶段，BIM 技术的可视化表现、性能分析等方面的优越性得以发挥。本阶段重点是对方案进行总图的分析布局和功能体块的组合，其目的是从整体环境上考虑确定建筑形式。具体步骤是获取地形数据，建立场地模型，进行场地分析，建立建筑体量模型，设计总图布局并对不同布局方式进行分析比选，获得最佳建筑布局和建筑设计方案。

本阶段的成果主要是场地地形和建筑体量模型。传统的二维设计中，总平面图通过CAD绘制，建筑设计则是通过平面进行拉伸和扩展完成立面模型。建筑造型和总平面表达相对孤立，且无法有效地将信息传递至下一阶段设计。而BIM设计中，可以利用Infraworks建立大范围的地形，对场地进行分析和交通模拟；利用Civil 3D结合相关地形数据，建立当前场地模型，进行地形分析和土方分析，指导总图竖向设计；利用Revit直接绘制主要功能体块，Civil 3D可直接将地形模型导入至Revit中，与建筑体量形成整体。同时Revit可以通过导出至相关软件进行模拟分析，更快捷有效地反映方案优劣，保证方案设计的科学和效率。

1. 场地地形

Infraworks适用于市政、路桥等基础设施的方案设计。其模型生成器可以在世界范围内的地图上选择项目所在地，通过软件下载该区域地形并自动生成地表附属构筑物，极大地减少了设计师建立地形模型的工作量，帮助设计师从宏观角度分析区域地形、道路交通等情况。具体操作步骤如下：

打开Infraworks，选取模型生成器，如图4.1-1所示。选择项目地理位置，设定项目名称，生成该区域地形模型（图4.1-2、图4.1-3）。

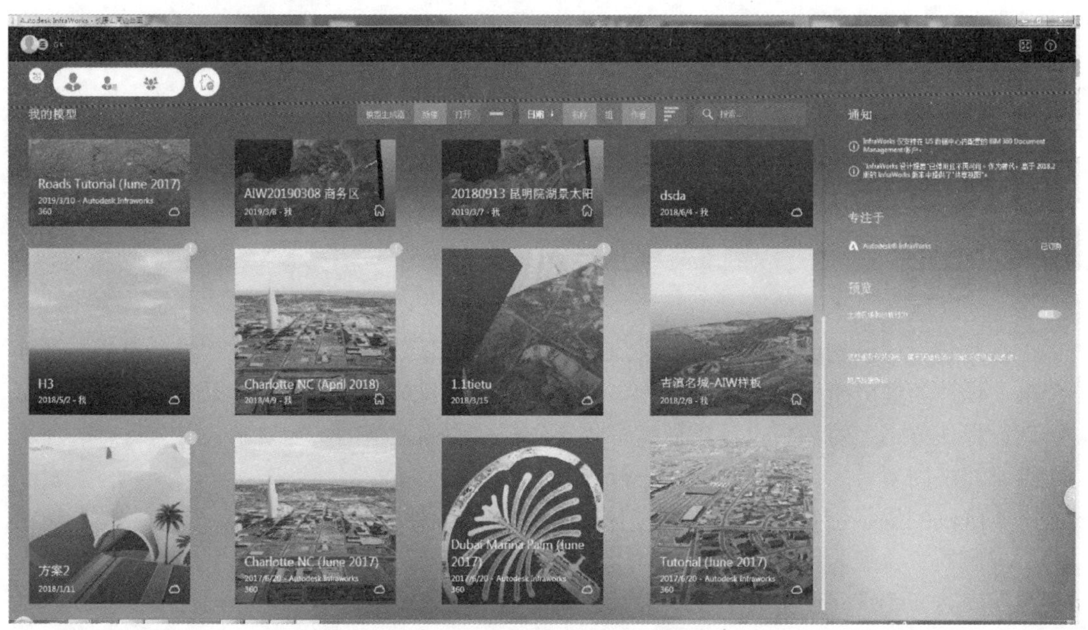

图4.1-1　Infraworks启动界面

Civil 3D可以通过实地勘测的原始数据，生成地形模型，创建曲面、放坡，进行有效的地形分析、土方计算等，指导设计师进行总平面设计。

Civil 3D中地形是依靠高程点生成的，设计师可以通过点工具自行创建高程点，从而生成原始场地的地形模型，具体操作如下：

新建文件，在“工具空间”浏览器中右键单击“曲面”，新建曲面文件并命名，打开该曲面的“定义”下拉栏，右键单击“点文件”并进行添加，即可生成地形模型。

同时由于Civil 3D的基本文件格式是.dwg，可以与CAD进行无缝对接，设计师可以

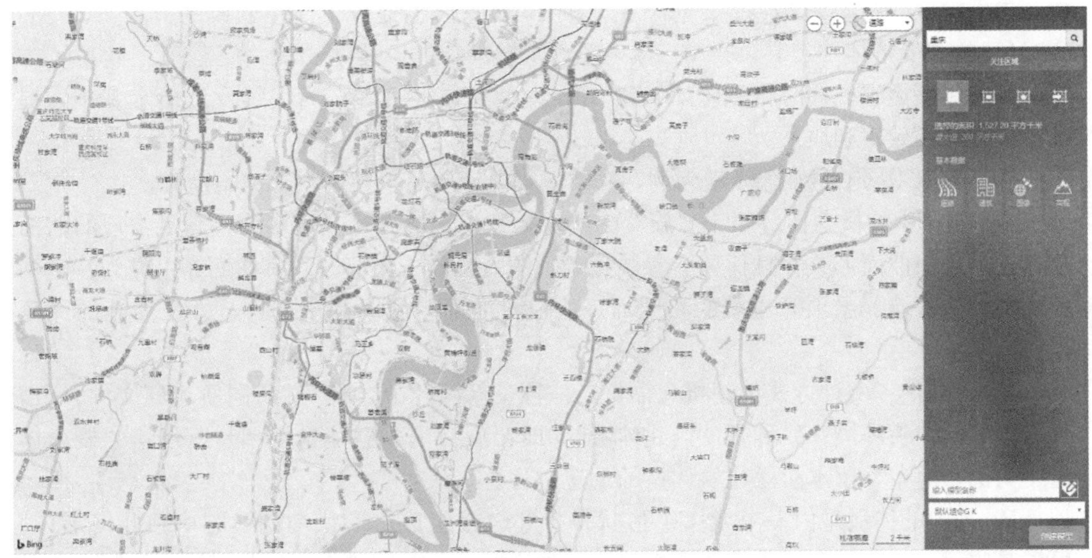

图 4.1-2 模型生成器-重庆

图 4.1-3 项目全景图

直接打开 CAD 地形文件，读取高程点数据创建原始地形。其具体步骤如下：使用 Civil 3D 打开 CAD 地形文件，在“工具空间”浏览器中右键单击“曲面”，新建曲面文件后打开“定义”下拉菜单，选择“图形对象”并在弹出的对话框中进行选取，框选对象后点击确定即可自动生成地形模型。

2. 建筑体量模型

方案初期，设计者的构思还只是比较粗略的几何体块和平面关系，尚未达到构件集的精细程度。传统设计中，设计师通过 Sktech up 从概念体块进行建模，逐步细化，推敲体型，再用构件、材质完善造型。时下主流的 BIM 软件也提供了体量建模的方式，如 ArchiCAD 的“变形体”工具，Revit 的“概念体量”功能。这些功能一定程度上满足了方案阶段的建模需求，同时将概念体量和 BIM 模型集成在一起，为后续设计奠定基础，提高整体设计的效率和质量。

本小节以 Revit 的概念体量为例，介绍方案设计中体量建模的方法与流程。

在 Revit 中的概念体量属于“族”的特殊类别，建模方式灵活多样，满足常规的曲面建模甚至自由曲面形式，且保留有参数化调整的特性，方便修改。其曲面亦可作为特定构件类型，如幕墙、屋顶等建模的参照面，快速将曲面转换为常规构件，方便后续的深化设计。

Revit 提供了两种方式创建概念体量，一种是新建“概念体量”，同新建族文件一致，具有独立的建模环境；一种是“内建体量”，即在项目内建立体量模型。以创建“概念体量”为例，简单介绍本阶段建筑体量的创建过程。

Revit 中的体量是由一个或多个形状拼接和链接组成，形状是创建的单独几何形体，可以是曲面、立方体、球体，或者由放样、放样融合、旋转等得到的几何体。绘制形状时需满足一定的几何条件，才能正确完成创建，比如未闭合时无法创建、发生自相交时无法创建等。

形状创建完成后，可通过三维控件对其进行点、线、面的调整。三维控件是创建形状的局部坐标系，可捕捉到 X、Y、Z 轴方向或者 XY、XZ、YZ 平面进行操作。可直接拉动变换，也可输入尺寸进行精确控制。在调整形状时可以添加轮廓，通过调整轮廓来控制形体，如在沿路径放样的形体中，添加中间轮廓并编辑来影响放样，保证体块更加精细化的修改。

建筑体量创建完成后可直接使用 Autodesk Project Vasari 打开，进行绿色性能化分析。同时，可将 Civil 3D 地形模型导入 Revit 中整合总平面布局。将总图模型导入 CFD 软件中做风环境分析，根据气流组织分析来比选优化布局方案（图 4.1-4）。

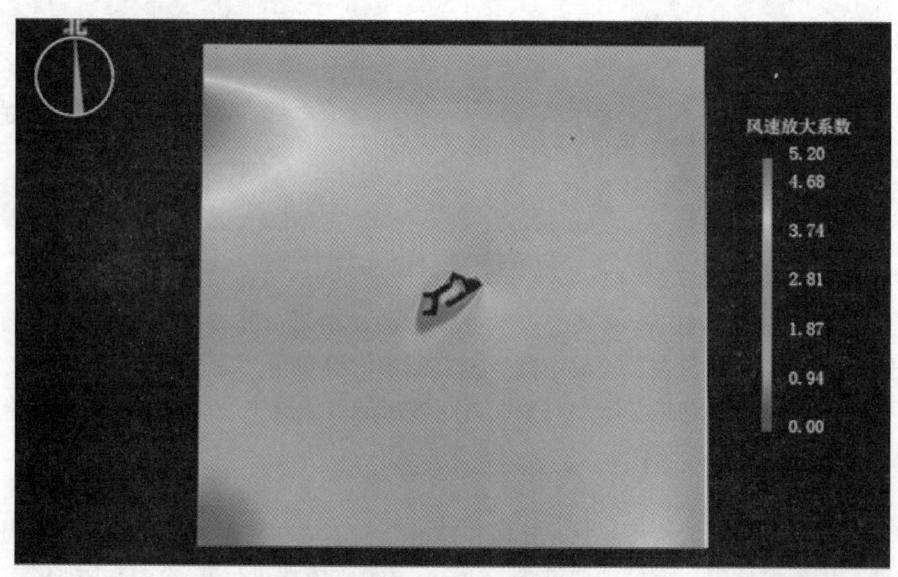

图 4.1-4　风环境分析

4.1.3 方案深化阶段

方案深化阶段，BIM软件的可视化、参数化、联动性等方面优越性得到更大的体现。本阶段主要是对方案进行空间细化，目的是对建筑的平面、立面、剖面进行综合设计。具体步骤是推敲室内空间关系，拟定房间布局方案，建立墙、门窗、屋顶等基础构件。再利用Simulation、IES、Ecotect等分析软件进行分析模拟，优化方案设计。

本阶段的成果包括总平面图、主体建筑平面图。在BIM设计中，我们通过Revit整合主体建筑、周边建筑的体量模型和场地模型，利用Revit的三维可视化手段，根据项目需求和空间、视线关系，推敲室内房间布局。建立好墙体、楼板、屋顶、门窗后，设计师可以通过漫游直观感受建筑空间，结合平面功能进一步优化房间布局。

将Revit模型转换为gbxlm格式，导入IES，进行室内采光分析。根据项目当地的日照情况、不同窗墙比的室内采光能力，确定各房间开窗位置、面积及形式。如图4.1-5和图4.1-6的分析结果对比发现，有遮阳的异形窗能有效避免夏季正午的暴晒，同时也能得

图4.1-5 外窗太阳辐射的热模拟（无遮阳）

图4.1-6 外窗太阳辐射的热模拟（有遮阳）

到良好的采光效果。

将 Revit 模型转换为 xtl 格式，导入 Star-ccm＋，进行室内风环境分析，根据室内气流方向及流速，进一步优化门窗位置及面积，保证夏季室内通风良好。同时暖通专业可据其预估暖通通风方案（图 4.1-7）。

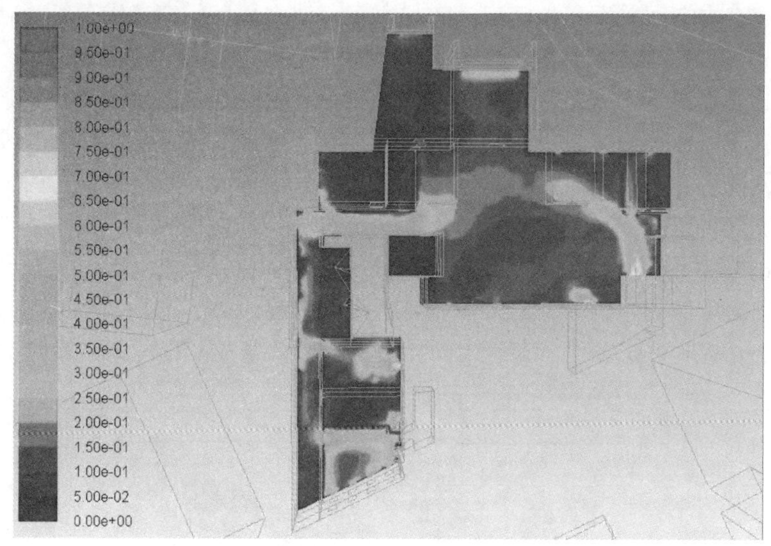

图 4.1-7　室内风速模拟计算

4.2　初步设计阶段

此阶段基于方案设计进行深化。在正向设计过程中，施工图阶段部分工作前置至初步设计阶段，故需合理分配人员在初步设计阶段的工作内容。本阶段主要工作内容包括：创建建筑中心文件，优化建筑布局等功能和形体设计细节，完善关键层模型设计，结构和机电专业链接建筑专业模型创建各专业中心文件，并确定结构体系、机电系统方案细节，协调专业设备间的空间关系。

4.2.1　建筑专业

1. 协作流程

（1）初设阶段项目启动会

在方案阶段的模型基础上，项目负责人需根据方案阶段项目情况以及项目需求，明确本阶段的设计参数和要求，对楼层层高和防火分区、房间的净高和功能、外立面做法、屋面做法等进行确认。

（2）初设阶段项目协调会

初步设计准备阶段，项目负责人应召集建筑、结构、机电各专业人员进行项目协调会，介绍该项目的建筑概况、项目需求、设计重难点等内容。协调会上需通过各专业综合讨论，明确关键楼层，相互协调提资的内容及精细程度；确定各专业 Revit 中心文件的组织管理方式，保证文件管理工作有条不紊。

（3）扩初设计

a. 建筑专业确定水暖电管井，并提资给设备专业。

b. 房间功能面积划分，设备机房、强弱电间等房间信息提资机电专业。

c. 建筑各层标高、主要功能房间的名称和面积创建。

d. 布置水池，卫生洁具，保证能与设备专业管件连接。

e. 确定顶棚位置和高度，保证机电专业控制净高。

f. 建立体量模型，向结构和设备专业提资防火分区。

（4）初设阶段成果协调会

对扩初设计的内容进行多专业协调总结，建筑专业应完成平面布置、防火分区划分、房间分割，确定各层层高和净高，作为给结构和机电专业的提资依据。

（5）初设阶段成果验收会

解决成果协调会中的问题，完善初步设计阶段成果。建筑专业需对成果模型进行复核和完善，对导出图纸进行内部校审和修正。

2. 设计要点

建筑专业负责人可继承或参照方案阶段模型，根据设计要点深化，建立建筑初步设计阶段中心文件，重新创建初设模型。

本例参照方案设计阶段模型，重新搭建初步设计阶段建筑模型，使用工作集进行专业内部协同设计，以链接模型方式与其他专业进行交互。

（1）建立建筑中心文件

1）新建项目并创建工作集

选择建筑样板创建项目文件，在协作命令栏下点击“协作”命令，激活工作集协同模式。单击“工作集”按钮，弹出“工作共享”对话框，如图 4.2-1 所示。在对话框中输入默认工作集名称，点击“确定”启动工作集。

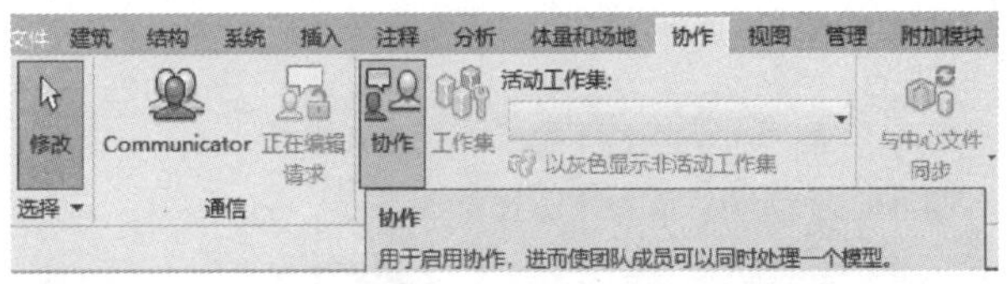

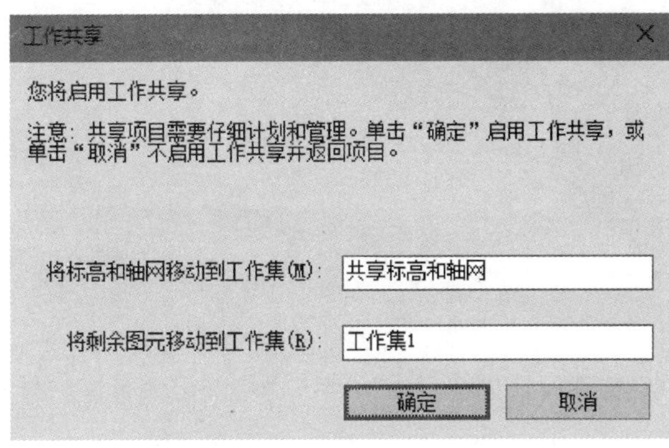

图 4.2-1 创建中心文件

单击“新建”按钮，输入新工作集名称。工作集的划分方式取决于项目的大小和特点，例如可按照楼层划分，可按照地上-地下区域划分。划分时应保证协作的每位设计师至少有一个工作集（图 4.2-2）。

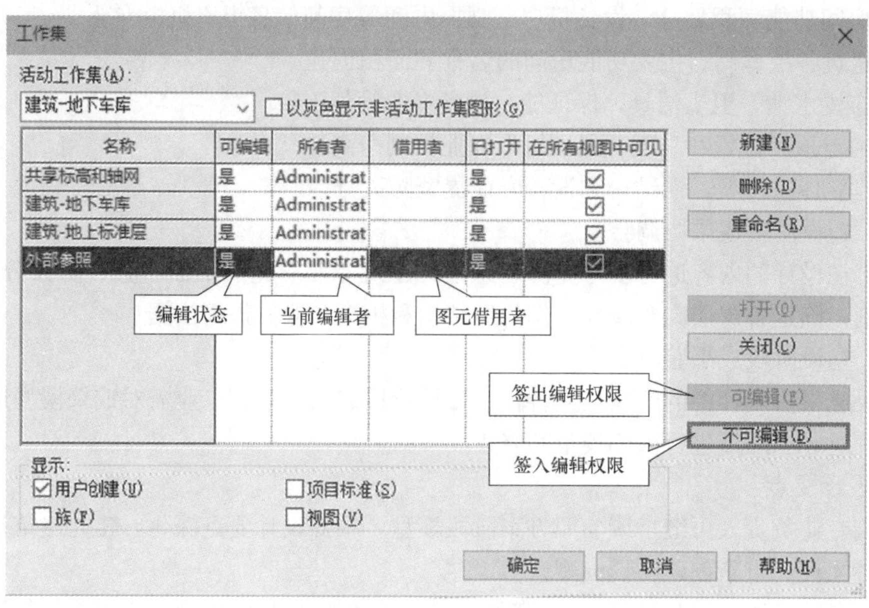

图 4.2-2 新建工作集

创建完所有工作集后，单击“确定”按钮并保存项目文件。保存时点击“选项”，在弹出的“文件保存选项”对话框中输入最大备份数，指定打开默认工作集和缩略图预览，并确认“保存后将此作为中心模型”已勾选（图 4.2-3）。

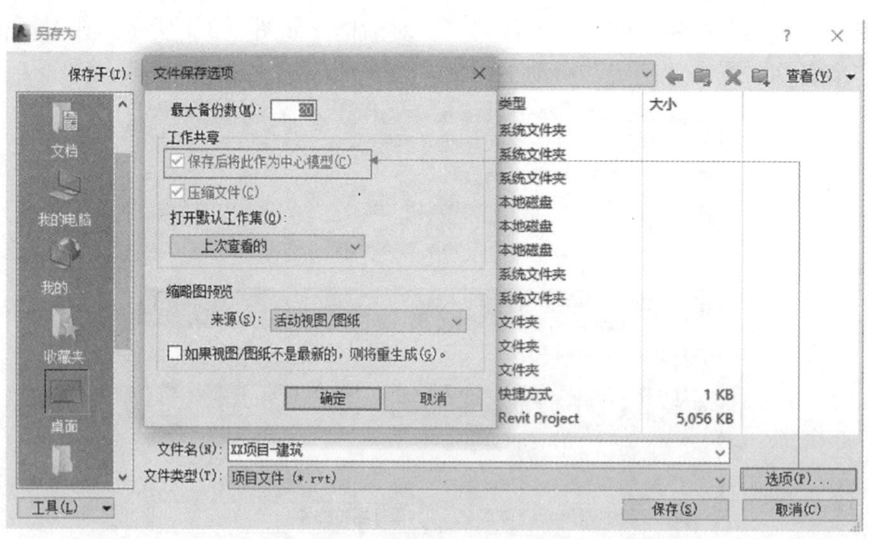

图 4.2-3 保存为中心模型

注意：保存为中心文件后，创建者需放弃工作集的可编辑性，释放权限，以便其他用户访问并编辑工作集。

单击“工作集”按钮，选择所有工作集，勾选显示选项区域的“用户创建”复选框，在对话框的右侧单击“不可编辑”按钮。工作集中“可编辑”一栏显示“否”，单击确定即可释放编辑权限（图 4.2-4）。

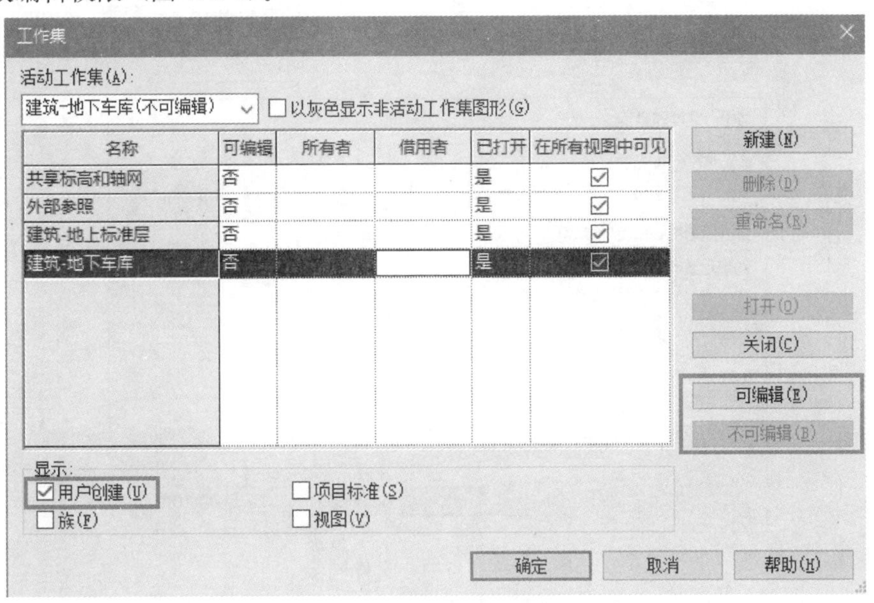

图 4.2-4　释放编辑权限

“工作集”对话框提供如表 4.2-1 所示信息。

工作集可见性设置　　**表 4.2-1**

名称	说明
活动工作集	表示可以向其中添加新图元的工作集。活动工作集是一个可由当前用户编辑的工作集或者是其他团队成员所拥有的工作集。用户可向不属于自己的工作集添加图元
以灰色显示非活动工作集图形	将绘图区域中不属于活动工作集的所有图元以灰色显示。这对打印没有任何影响
名称	指示工作集的名称。可以重命名所有用户创建的工作集
可编辑	指示工作集的可编辑状态。与中心文件同步前，不能修改可编辑状态
所有者	指示工作集的所有者。如果工作集的“可编辑”状态为“是”，或者将工作集的“可编辑”状态修改为“是”，即可成为该工作集的所有者
借用者	列出了当前从工作集借用图元的用户。如果存在多个借用者，可从下拉列表中查看借用者列表
已打开	指示工作集是处于打开状态（是）还是关闭状态（否）。打开的工作集中的图元在项目中是可见的，而关闭的工作集中的图元是不可见的
显示	允许显示或隐藏“名称”列表中显示的不同类型的项目工作集（用户创建、族、项目标准、视图）

本地文件修改后，与“中心文件”进行同步，注意：“与中心文件同步”命令操作过程中会自动载入最新工作集（图 4.2-5）。

(2) 创建标高及轴网

标高是定义楼层层高及生成楼层平面，控制 Z 轴方向；轴网用于平面定位，控制 X

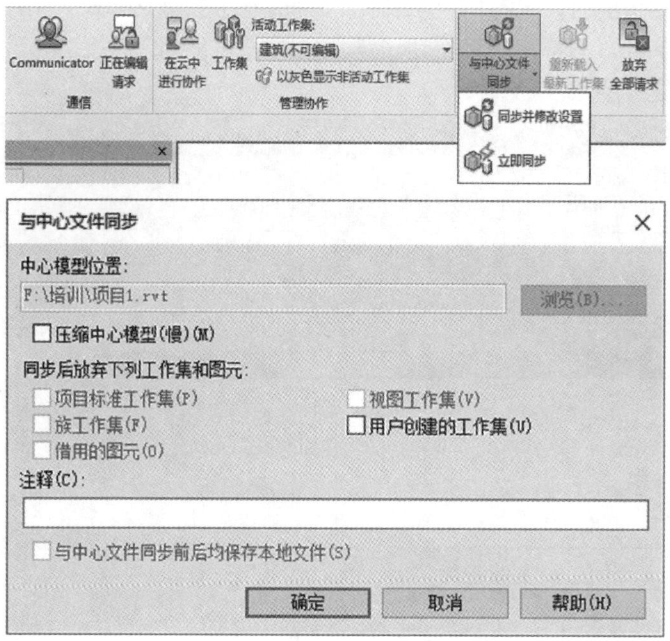

图 4.2-5　与中心文件同步

和 Y 轴方向，两者共同组成并完整表达了三维空间的坐标系。在模型绘制前期，应由项目负责人在中心文件中建立初始轴网和标高，统一项目的定位位置。

1）创建标高，生成楼层平面

打开“立面视图”，选定“基准”选项卡中的“标高”命令，在视图中进行绘制。绘制面板中，可勾选“创建平面视图”，点击“平面视图类型”即可选择自动创建的平面视图类型，如图 4.2-6 所示。

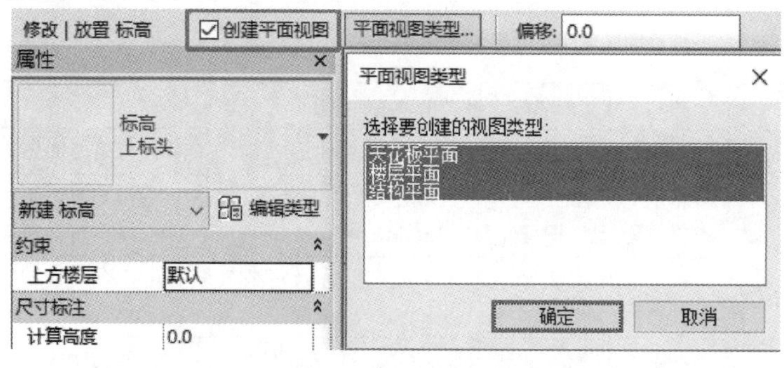

图 4.2-6　创建标高

创建初始标高后，可点击标高标头，即“标高 1”文字部分，进入文本编辑状态，将文字修改为“一层平面图 0.00”。然后单击视图空白处，将会弹出“是否希望重命名相应视图?”对话框，单击“是”即可修改标高名称及相应视图名称。采用同样方法将其余视图名称修改，如图 4.2-7～图 4.2-9 所示。

注意：标高名称的自动排序是按照名称的最后字母排序，且软件无法识别一、二、三等汉字排序方式。如果项目需要，只能单独修改标高名称为汉字数字。

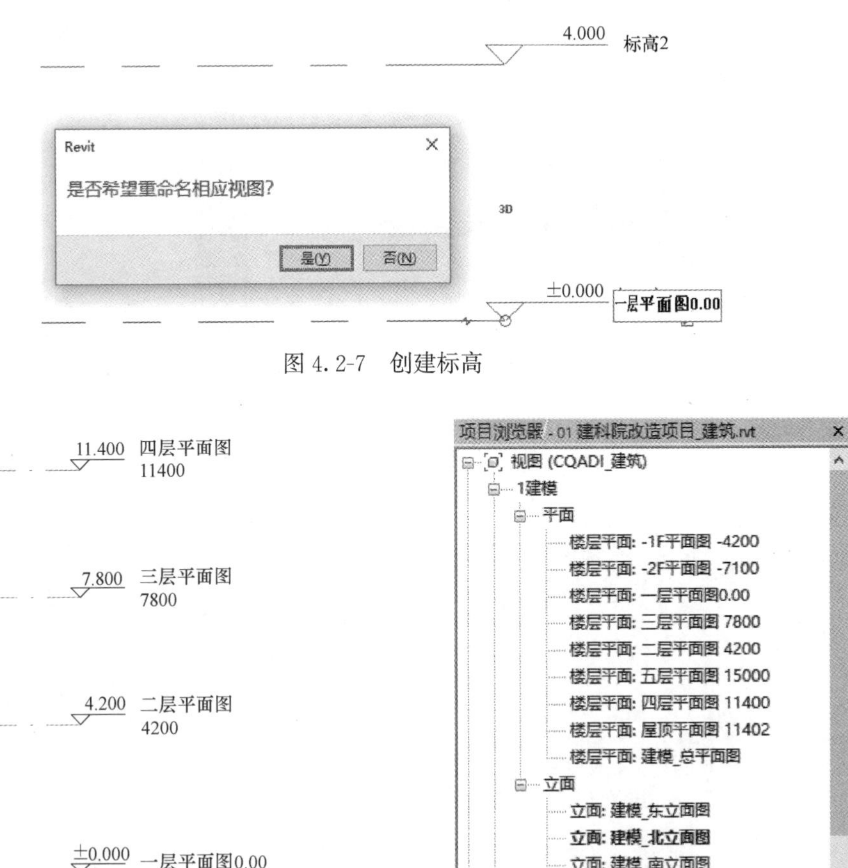

图 4.2-7　创建标高

图 4.2-8　创建标高

图 4.2-9　项目浏览器

对于楼层较高，标准层较多的项目，可选择一层标高，使用“复制”或“阵列”快速生成所需标高。但此方式生成的标高无法直接生成楼层平面。如需创建标高相应的楼层平面，需打开“视图”选项卡，在“平面视图”中选择“楼层平面”，如图 4.2-10、图 4.2-11所示。在弹出的“新建平面”对话框中选择需要创建的标高，点击确定。

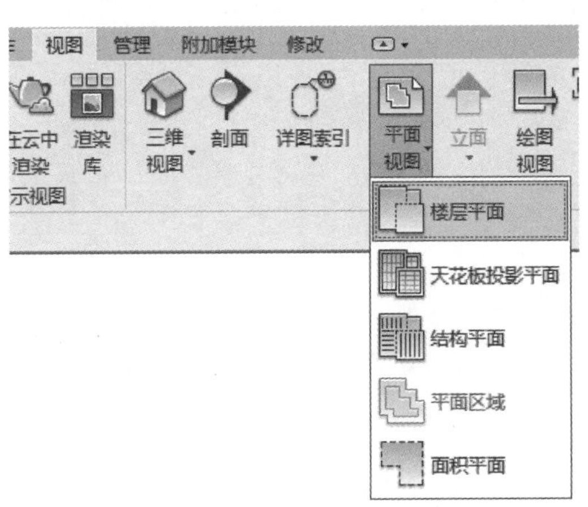

图 4.2-10　创建楼层平面

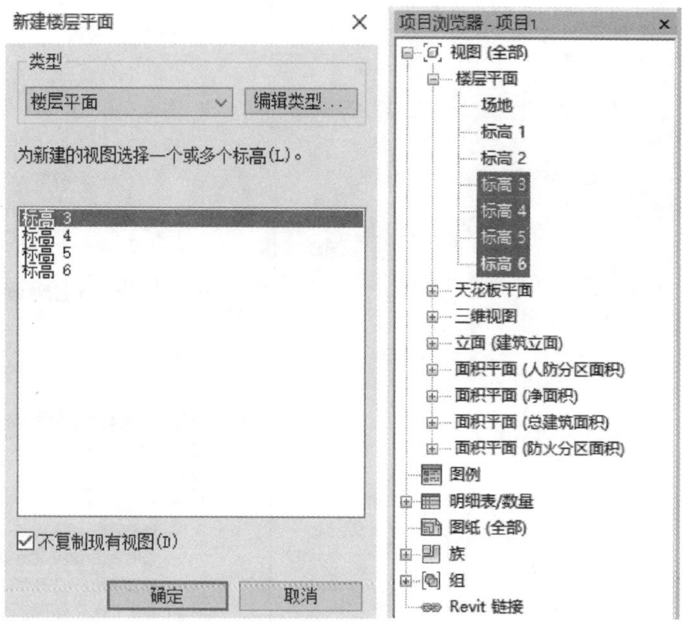

图 4.2-11　创建楼层平面视图

2）创建轴网

打开任意“平面视图”，选定“基准”选项卡中的“轴网”命令，在视图中进行绘制轴网（图 4.2-12）。轴网绘制方式与绘制标高一致。

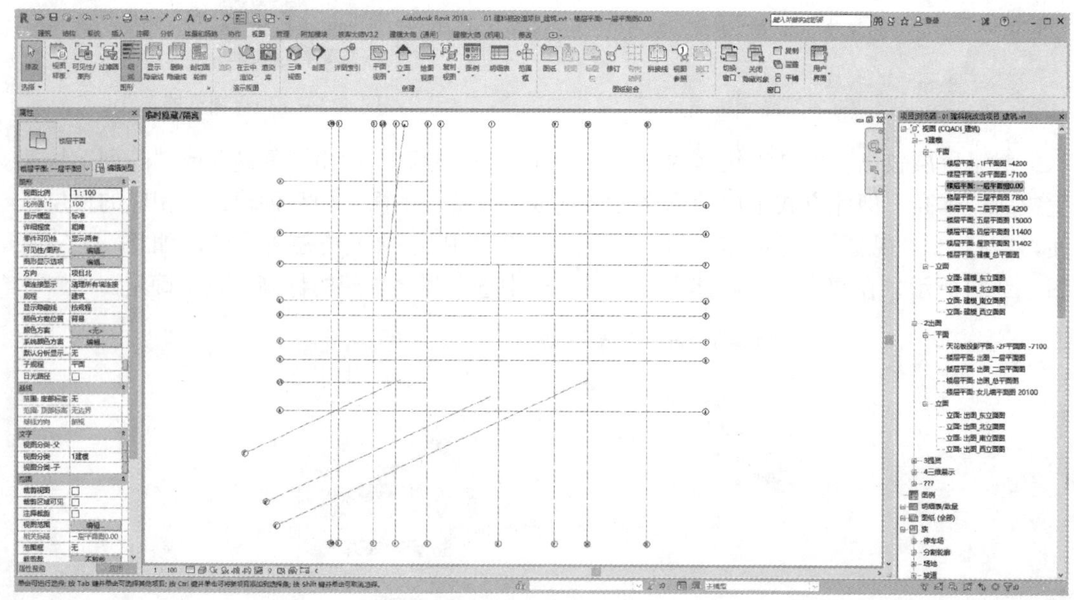

图 4.2-12　轴网绘制

（3）墙体创建

1）绘制墙体

点击建筑选项下“建筑墙”命令，设置墙高度、定位线、偏移值等参数，选择直线、矩形、弧线等绘制方式绘制墙体。同时也可以选择“拾取线/边”的命令，拾取参照线，自动生成墙体。“面墙”命令则是通过拾取面创建墙体，主要应用于异形或曲面墙（图 4.2-13)。

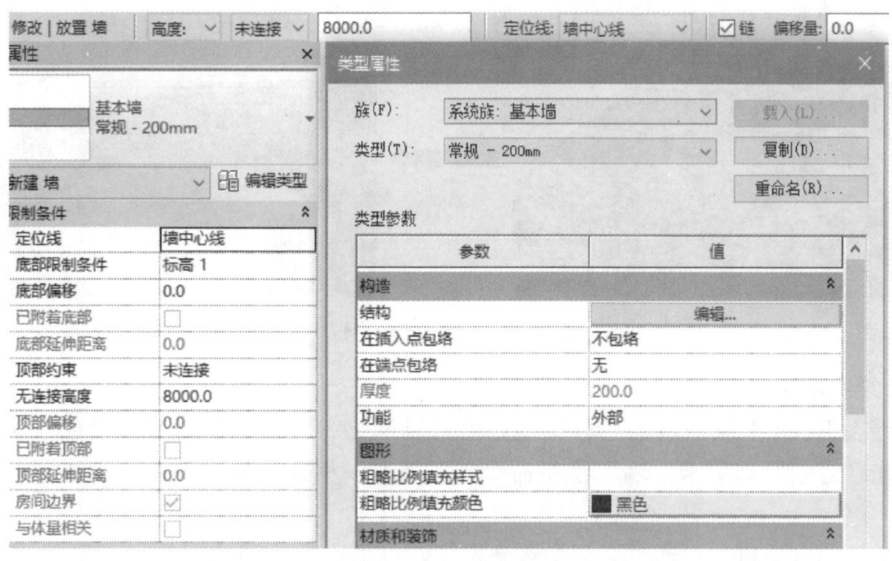

图 4.2-13 墙体绘制

通过对墙体进行构造编辑，可设置墙体的核心层、面层、保温层等材质及厚度，从而实现复合墙或叠层墙的创建（图 4.2-14)。例如，叠层墙的创建步骤：选择“叠层墙”类型，点击属性栏中的“编辑类型”，在“类型参数”对话框中单击“结构”按钮，进入“编辑部件”对话框。

注意：叠层墙构造中，必须有一个子墙的高度设置为“可变”。

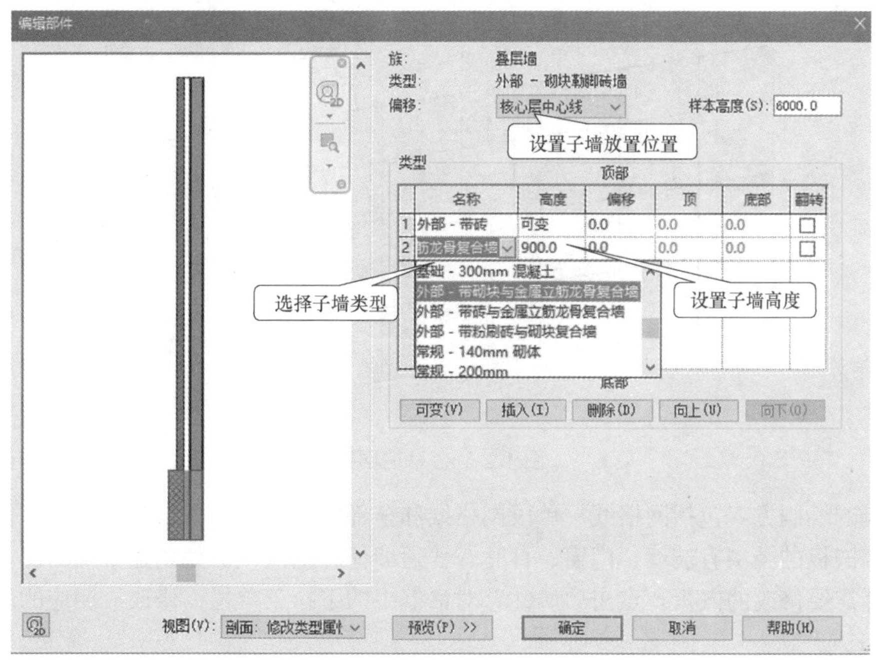

图 4.2-14 叠层墙构造

墙体绘制完成后，可使用附着命令，将墙体连接到屋顶、楼板、顶棚、参照平面上。墙体形状也会随着附着面的形状而变化。如需与附着面分开，再次点击“附着/分离”命令，再选择需要分开的面，墙体即可恢复原状，如图4.2-15所示。

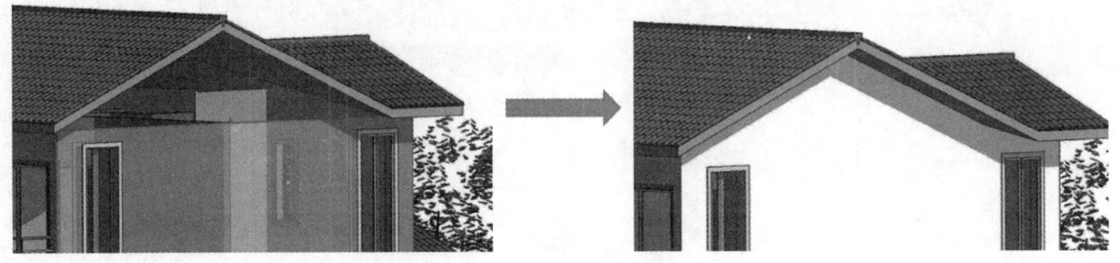

图4.2-15　墙分离、附着

2）绘制幕墙

幕墙在Revit中属于墙的一种类型，由幕墙网格、竖梃、幕墙嵌板组成。创建幕墙时，点击“建筑”选项卡“墙”绘制命令，在属性一栏选择幕墙类型，绘制方式与墙体一致。

幕墙网格和竖梃均可通过类型参数来定义，也可以进行手动划分（图4.2-16）。网格线的主要绘制方式有：

- 全部分段：在出现预览的所有嵌板上放置网格线段
- 一段：在出现预览的一个嵌板上放置网格线
- 除拾取外的全部：在选择以外的所有嵌板放置网格线

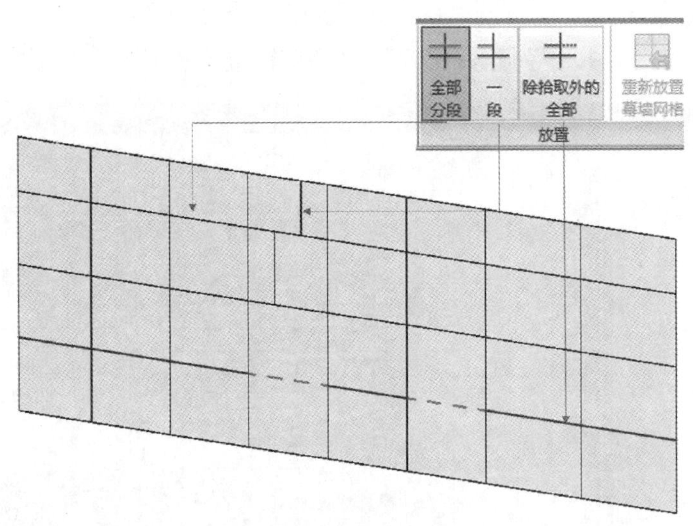

图4.2-16　幕墙网格

竖梃的绘制方式包括网格线、单段网格线和全部网格线（图4.2-17）。

幕墙嵌板的类型有玻璃、门窗、百叶、普通墙体、空嵌板。如创建幕墙门窗，即在幕墙上选择需要修改的嵌板，点击“属性”对话框中的下拉菜单栏，修改成相应的门窗嵌板（图4.2-18）。

注意：选择嵌板时可使用【TAB】键进行切换。幕墙门窗的大小及位置由该嵌板的相应参数决定。

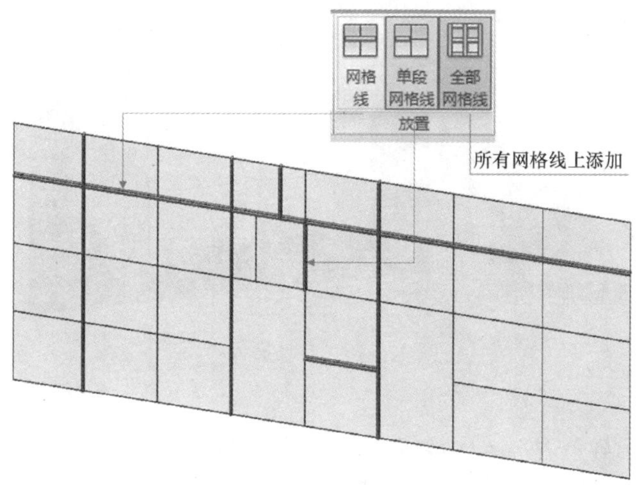

图 4.2-17 竖梃

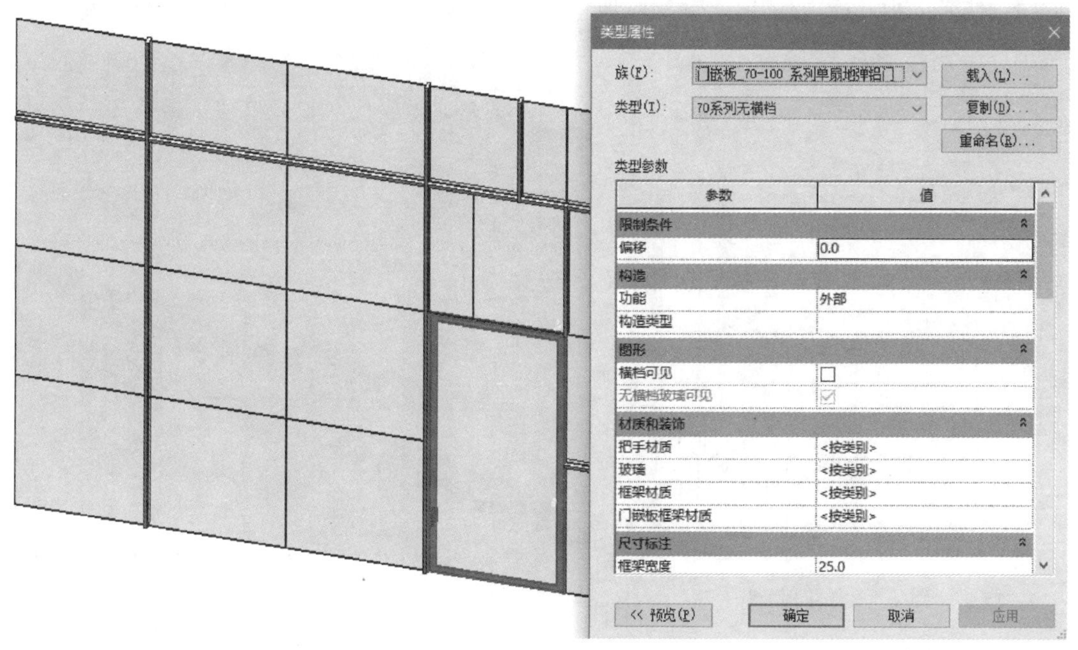

图 4.2-18 幕墙嵌板

幕墙和基本墙可以互相嵌入。在幕墙属性对话框中勾选“自动嵌入”，然后使用幕墙命令在墙体中绘制，幕墙便会自动剪切墙体（图 4.2-19）。

（4）门、窗创建

Revit 中门、窗属于构件图元，与墙体、屋顶、楼板等主体图元具有依附关系。主体修改或删除时，依附的构件也会相应地修改或删除。

创建步骤：单击“建筑”选项卡，选择“门”或“窗”，放置在墙体上（图 4.2-20、图 4.2-21）。

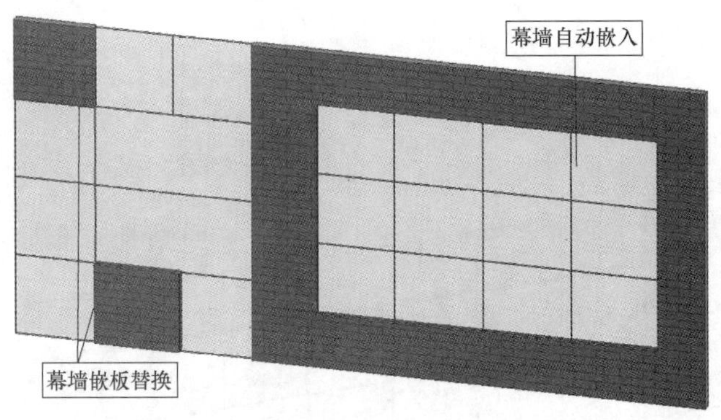

图 4.2-19　自动嵌入

门窗绘制技巧：

a. 门窗只需在大致位置插入，放置完后可通过修改临时尺寸标注或对齐等方式来精确定位。默认情况下，临时尺寸标注是从门中心线到最近垂直墙的中心线的距离。

b. 在平面视图中放置门时，按空格键可将开门方向从左开翻转为右开。要翻转开门方向（使其向内开或向外开），请相应地将光标移到靠近内墙边缘或外墙边缘的位置。

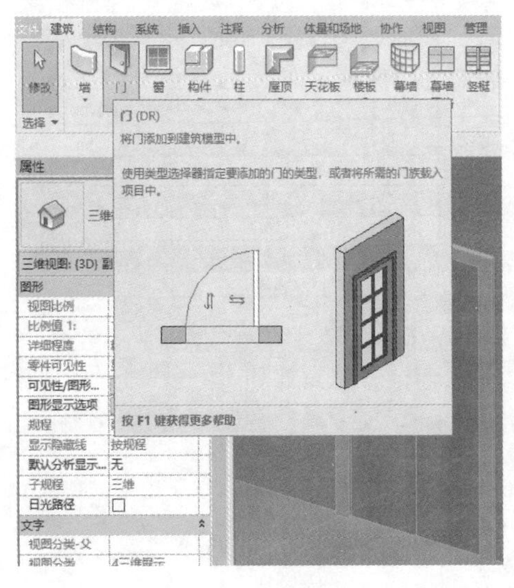

图 4.2-20　门创建

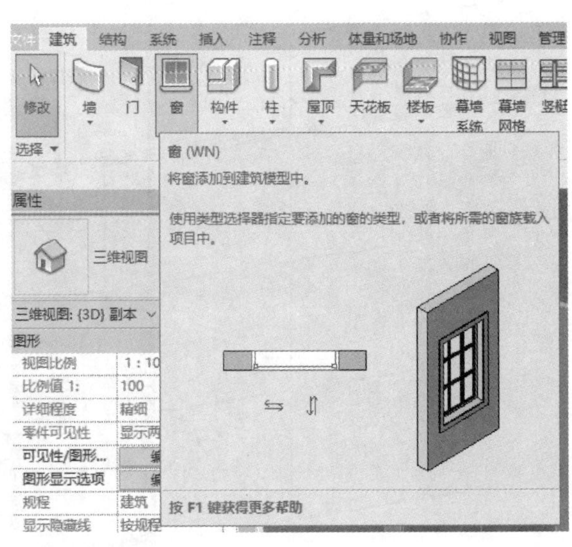

图 4.2-21　窗创建

3. 出图要点

(1) 尺寸标注

编辑尺寸标记类型属性，可修改“标注字符串类型”“引线类型”“线宽”“文字大小”“宽度系数”“文字字体”“文字背景”“颜色”等。在视图样板里，可提前设置好项目所需尺寸标注，用时方便调用或修改（图 4.2-22、图 4.2-23）。

(2) 构建信息标注

1) 门窗标注

门窗族标记需新建标记族。新建族的步骤如下：选择注释族样板-公制窗标记（或公制门标记），打开。单击创建—标签（图 4.2-24），在平面工作区域点击，进入编辑标签。

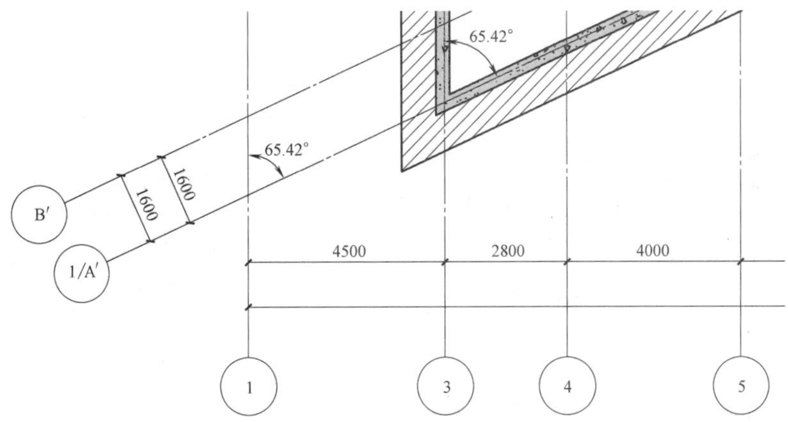

图 4.2-22　轴网标注

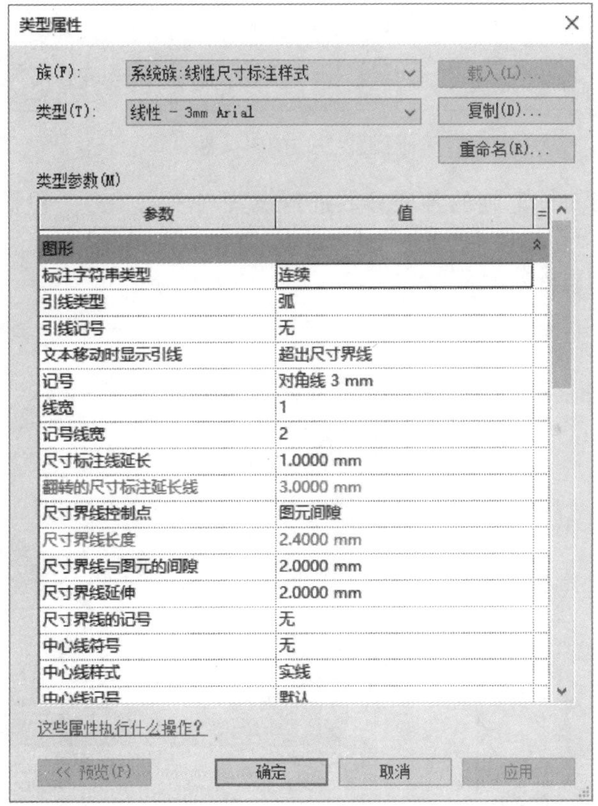

图 4.2-23　轴网标注族属性

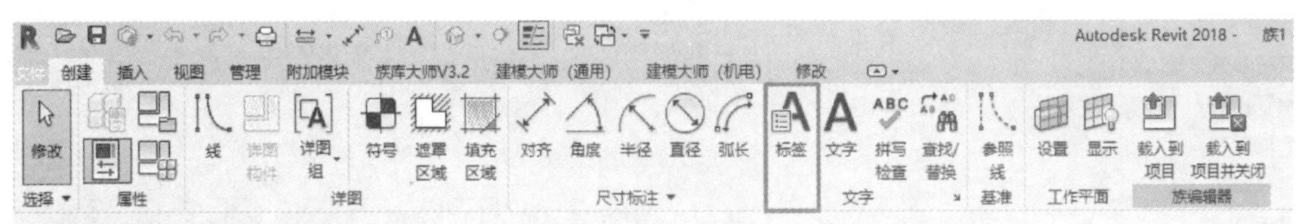

图 4.2-24　创建标签

如图 4.2-25 所示，选择“类型标记”字段，可添加“前缀”“后缀”等，点击确定，以完成设置。

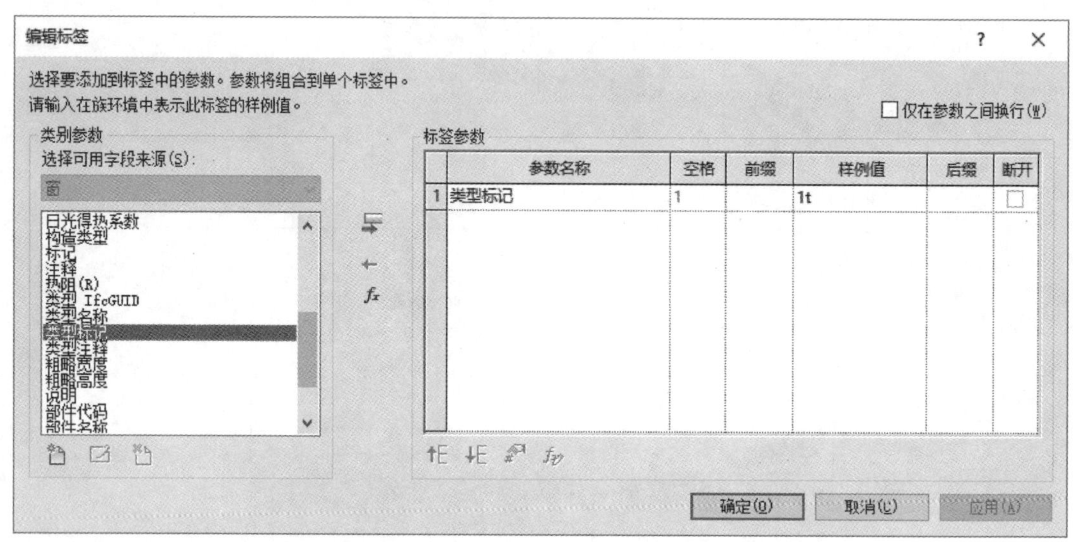

图 4.2-25　编辑标签

标签创建后，可对标记族的各项参数进行设置（表 4.2-2）。包括类型参数中的“颜色”“线宽”“背景”“文字大小”“尺寸”“宽度系数”等，如图 4.2-26、图 4.2-27 所示门标记实例属性和类型属性。

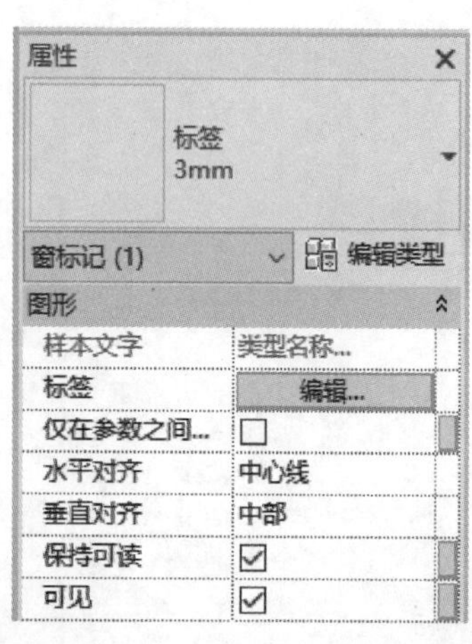

图 4.2-26　门标记实例属性

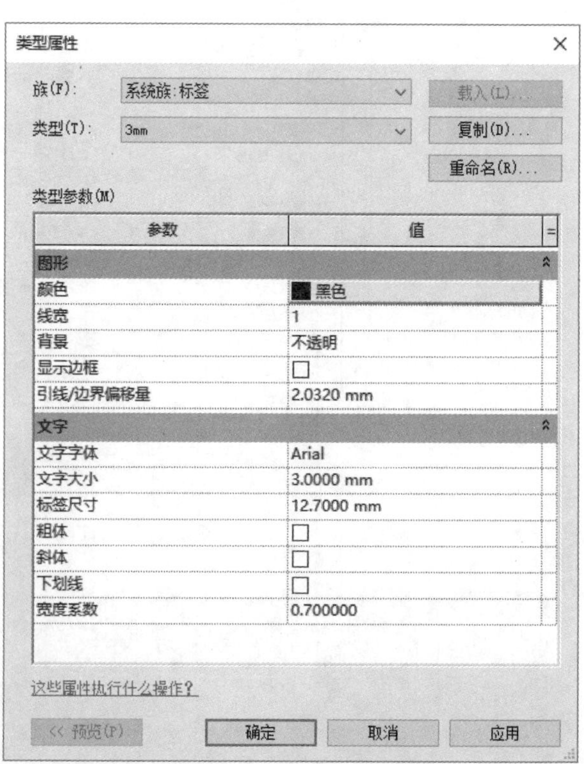

图 4.2-27　门标记类型属性

标签参数 表 4.2-2

名称	说明
样本文字	在"编辑标签"对话框中显示"样例值"的只读字段
标签	启动"编辑标签"对话框
只在参数之间换行	强制文字换行，这样可在参数末尾打断。如果未选中该选项，文字将在到达标签边界处的第一个单词处换行
垂直对齐	将文字定位到标签边界的"顶部""中部"或"底部"
水平对齐	将文字与标签边界的"左""中心"或"右"对齐
保持可读	当旋转标签时，标签中的文字仍保持可读。并不会颠倒显示
可见	设置标签在项目中是否可见

编辑完成，载入到项目中去进行门窗标记，点击门窗即可自动标记（图 4.2-28）。

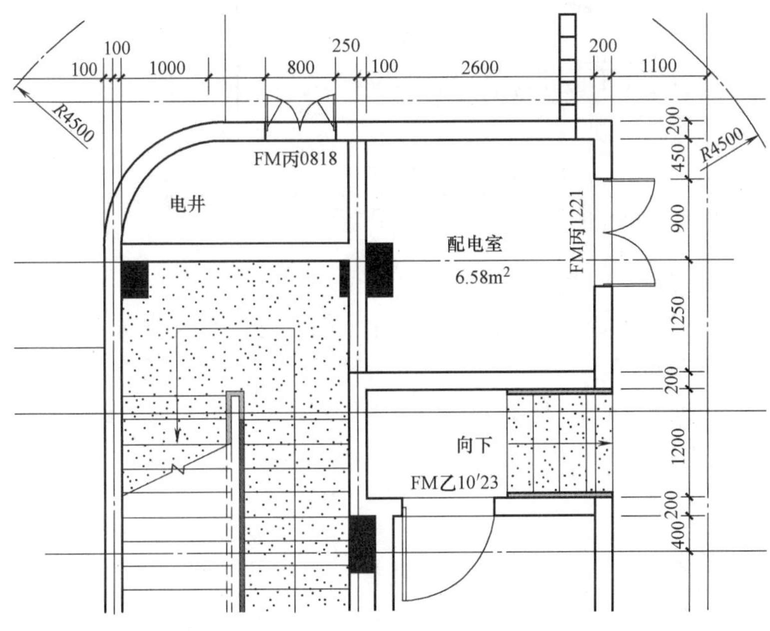

图 4.2-28 门标记示例

2）功能空间标注

房间标记主要用于划分建筑功能空间、防火分区等，主要包括功能空间名称、分类、面积等参数。如需添加其他参数或特殊说明，可自行创建标记族，创建方法与门窗标记一致。

标记前需对空间进行区域划分，并对该区域进行名称设定。区域划分可通过"房间"和"房间分隔"命令进行。"房间"是自动识别当前平面视图中模型图元（墙、楼板、天花板等）围成的闭合空间；"房间分隔"是在闭合空间基础上创建分隔线，以便对没有分隔图元的空间进行分界。

标记时，依次单击"建筑"选项卡，"房间和面积"面板中的"标记房间"（图 4.2-29）。

注：如某一楼层平面视图中，该位置存在上下两个，如果要在房间重叠的位置单击以放置标记，则只会标记一个房间。

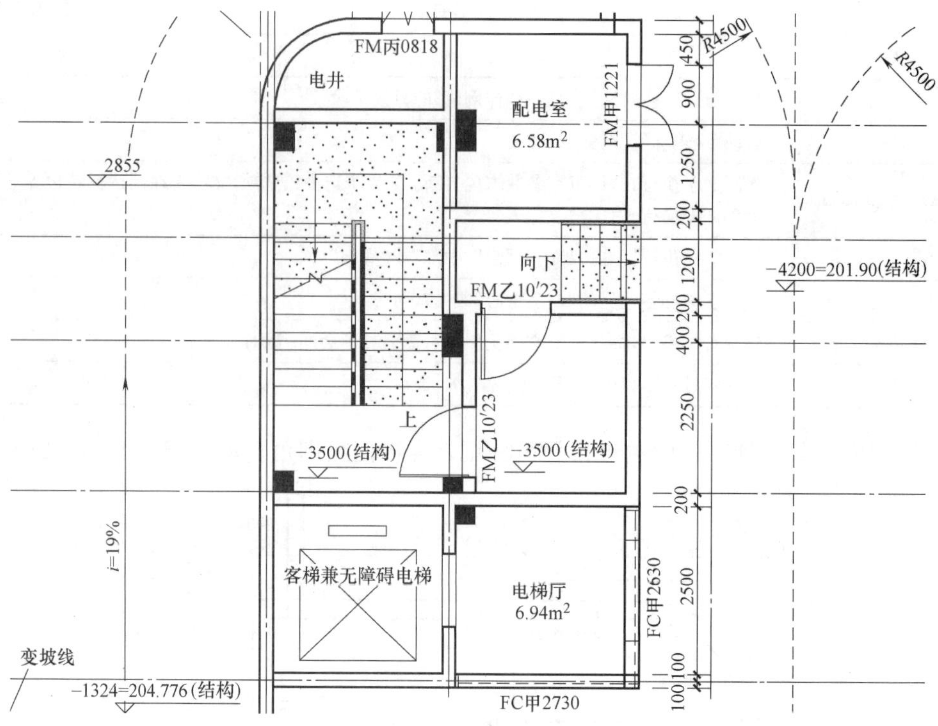

图 4.2-29　房间标记示例

分区颜色方案：标记完成，可给房间进行颜色填充以便区分功能空间（图 4.2-30）。选择一种颜色填充图例，并在“修改 | 颜色填充图例”选项卡上单击“编辑方案”。在“编辑颜色方案”对话框中，选择要为其创建颜色方案的类别，如面积（总建筑面积）、面积（出租面积）、功能空间名称等。

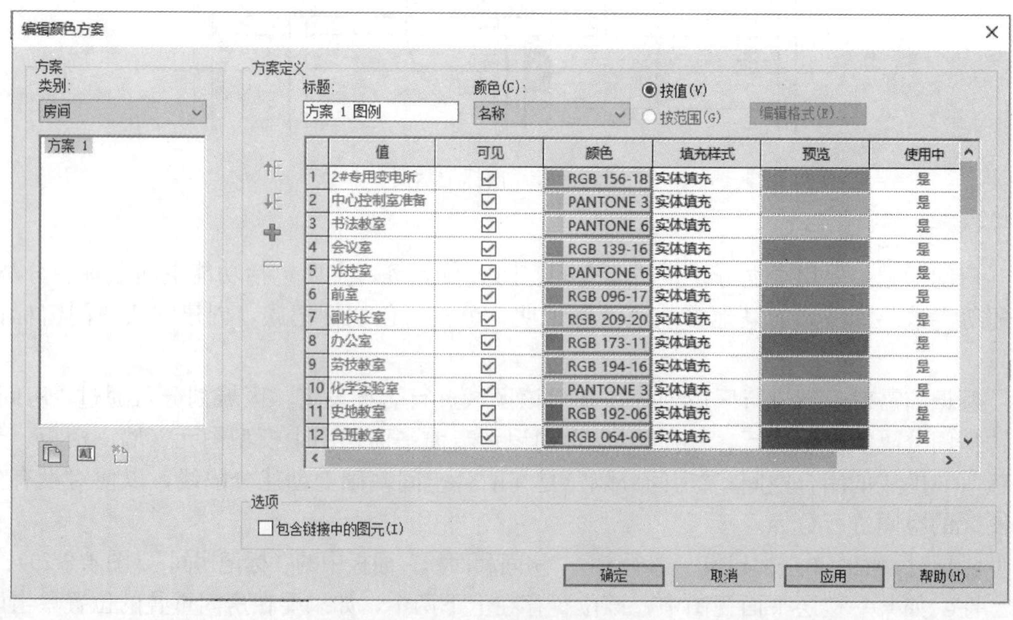

图 4.2-30　编辑颜色方案

选择现有的方案。然后，单击鼠标右键并单击“复制”，或在“方案”下单击复制。在“新建颜色方案”对话框中，输入新颜色方案的名称并单击“确定”。此时，名称将在颜色方案列表中显示（表 4.2-3、图 4.2-31）。

颜色方案说明　　表 4.2-3

选项	含义	备注
方案定义	输入颜色填充图例的标题	将颜色方案应用于视图时，标题将显示在图例的上方
颜色	选择将用作颜色方案基础的参数	
按值	控制是否按照特定参数值或值范围填充颜色	“按范围”并不适用于所有参数。当选择“按范围”时，单位显示格式在“编辑格式”按钮旁边显示

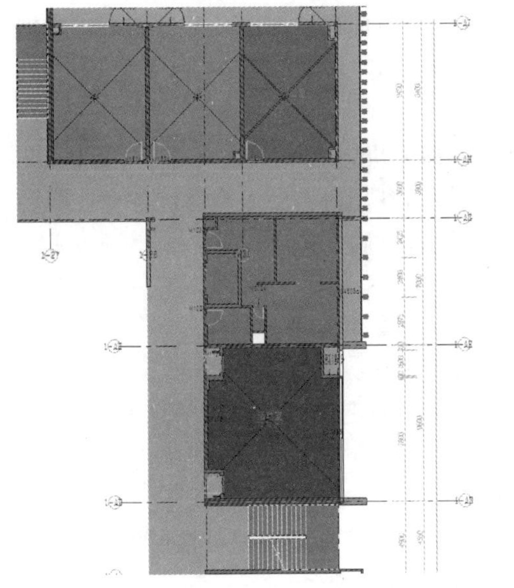

图 4.2-31　链接模型

4. 模型完成标准

（1）构件完成标准

a. 主要建筑构件绘制完整，如楼地面、柱、外墙、屋顶、幕墙、内墙、内外门窗、楼梯、夹层、阳台、雨篷等，并明确主要建筑构件主体材质、几何尺寸、防火信息、绿建信息；

b. 绘制吊顶、栏杆、扶手等其他构件，明确其材质、尺寸等信息；

c. 明确建筑各层的标高、建筑物主体外观形状和几何尺寸，划分主要功能房间。

（2）出图完成标准

建筑专业初步设计图纸包括图纸目录、设计说明、平面图、剖面图、门窗表、做法表、总图等。

a. 平面图：明确轴网定位和本层楼层标高，表明地面设计标高，标注墙体、门窗等主要尺寸；

b. 平面图：表示主要建筑设备位置、安全疏散楼梯、安全出口等位置、净宽；明确房间功能分区，标注门窗、幕墙尺寸及编号，车库应标注车位编号；

c. 立面图：明确轴网定位和各楼层标高，标注屋顶、女儿墙、室外地面等主要标高或高度；

d. 立面图：标注外立面主要材质、色彩设计情况等，表明遮阳、材管装置等位置；标注主要建筑部件的尺寸定位，如门窗、幕墙、雨篷、台阶等；

e. 剖面图：明确轴网定位，标注各楼层建筑及结构标高；标注房间名称，标注主要建筑构件（如屋顶、女儿墙、阳台、栏杆等）标高或高度。

4.2.2　结构专业

1. 协作流程

（1）初设阶段项目启动会

在方案阶段的模型基础上，项目负责人需根据方案阶段项目情况以及项目需求，明确主体结构形式、主要功能空间布置、柱网、转换层等信息。

（2）初设阶段项目协调会

初步设计准备阶段，项目负责人应召集建筑、结构、机电各专业人员进行项目协调会，介绍该项目的建筑概况、项目需求、设计重难点等内容。协调会上需通过各专业综合讨论，明确功能空间布置、柱网布置，各专业间相互提资，确保协同设计。

（3）扩初设计

a. 确定楼梯、电梯平面位置，楼梯间、电梯间开洞位置须准确。

b. 主体构件混凝土强度等级、钢结构钢材型号信息明确。

c. 结构模型搭建完毕后须与建筑专业核对结构构件平面定位、标高等信息的一致性，与机电专业核对设备间布置、井道布置等信息的一致性。

（4）初设阶段成果协调会

对扩初设计的内容进行多专业协调总结，结构专业应完成模型中关键楼层的结构墙、梁、板、柱以及基础的布置，作为给建筑和机电专业的提资依据。

（5）初设阶段成果验收会

解决成果协调会中的问题，完善初步设计阶段成果。结构专业需对成果模型进行专业复核和完善，对导出图纸进行内部校审和修正。

2. 设计要点

（1）链接建筑模型

在结构设计过程中需要通过链接建筑模型获取建筑墙体定位、建筑柱网布置、洞口位置和功能空间布置等建筑设计信息，Revit 中链接文件格式包括：IFC、DWG、DXF、DGN、SKP 和 DWF 等，具体链接方式如下：

单击功能区中“插入”—“链接 Revit”，打开“导入/链接 RVT”对话框，如图 4.2-32所示，选择要链接的建筑模型，并在“定位”一栏中选择“自动-原点到原点”，单击右下角的“打开”按钮，将建筑模型链接到项目文件中。

（2）获取标高、轴网及柱网位置

链接建筑模型后，项目中存在两类图元，一类是链接模型中的图元，一类是项目样板中已经创建的图元，在设计过程中可以复制链接建筑模型中对应图元获取图元。以标高为例，一类是链接的建筑模型标高，一类是项目样板文件预设的标高。在项目浏览器“视

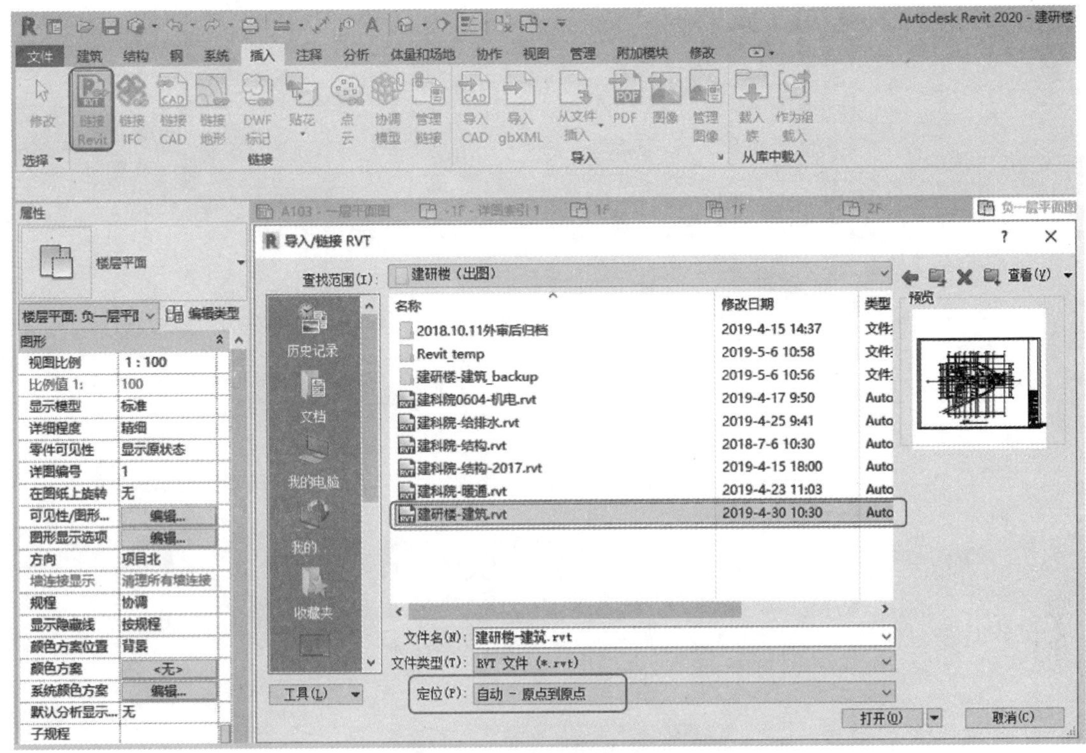

图 4.2-32　链接模型

图”下的楼层平面和天花板平面视图是同样板自带的标高相关的，但项目设计需要的是链接建筑模型中的标高。获取链接建筑模型中的图元，具体操作步骤如下：

① 删除项目样板预设图元：打开任意一个立面视图，选中样板中所有的标高等图元，将其删除即可。

② 单击功能区中“协作”→“复制/监视”→“选择链接”。

③ 在绘图区域中选中链接模型，激活“复制/监视”选项卡，单击“复制”，激活“复制/监视”选项栏。

④ 勾选“复制/监视”选项栏中的“多个”，然后在立面视图中框选图元（包含所有标高），单击选项栏中的“过滤器”按钮，仅勾选“标高”，单击“确定”后，在选项栏中单击“完成”，再单击选项卡中的完成按钮，完成复制（图 4.2-33）。

复制/监视可直接复制链接模型中已有的标高、轴网，简化了绘制过程，有效地统一各专业模型定位。且复制/监视生成的轴网与链接模型产生关联，如链接的建筑模型的标高或轴网有变动，同步或重新载入链接时会显示变更警告（图 4.2-34）。

注意：

1）结构样板中的视图“规程”为“结构”，结构平面视图中不会显示链接建筑模型中的柱图元，需要将“规程”调整为协调。

2）复制/监视的一般顺序应为标高、轴网、柱、其他构件。

3）复制/监视时并不会创建项目样板中不存在的族类型，如复制/监视建筑柱网时，结构模型中没有建筑柱，在复制过程中会直接替换为预设的结构柱，而并非建筑柱。

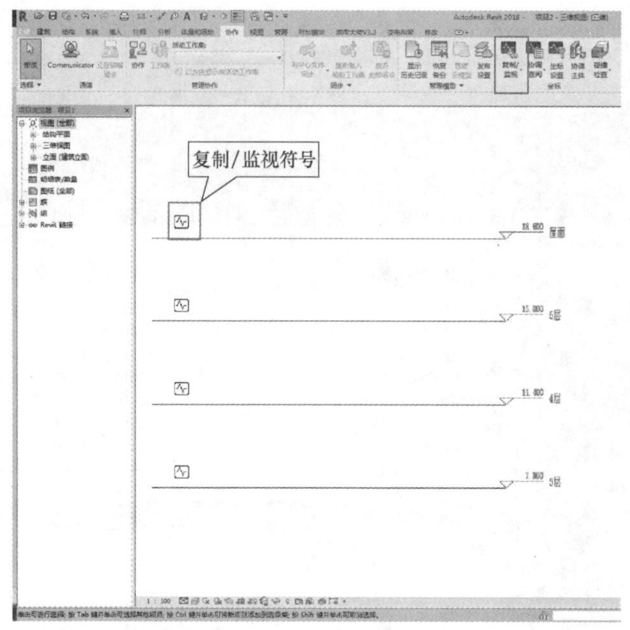

图 4.2-33　复制/监视标高/柱网

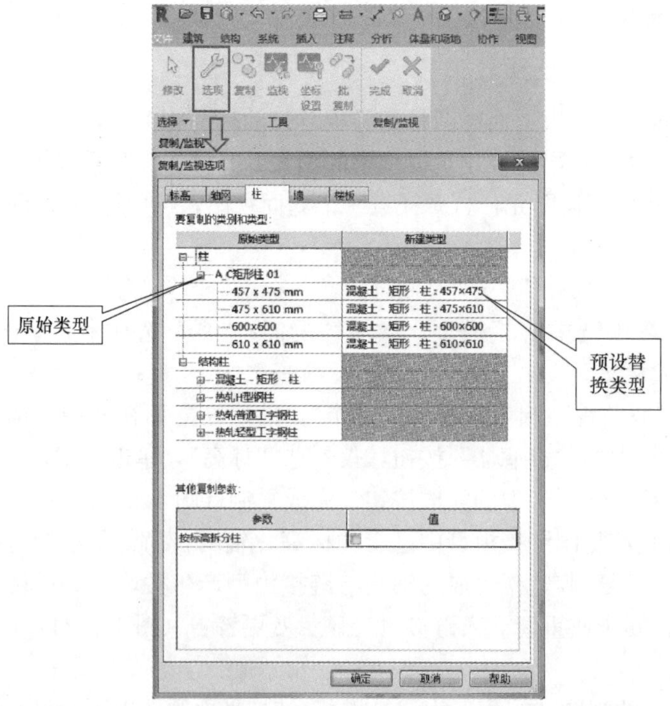

图 4.2-34　预设复制/监视类型

(3) 提取建筑功能空间

在结构设计过程中，通常需要了解建筑功能空间的分布情况。Revit 中链接建筑模型默认视图设置与主体模型一致，链接视图默认为“无”，无法显示建筑视图中的功能空间标注。显示功能空间，需修改建筑链接模型可见性/图形设置（图 4.2-35）。具体步骤如下：

① 打开视图选项卡—图形选项卡中可见性/图形选项；

② 在弹出的对话框中点击“Revit 链接”，选中载入的建筑模型“显示设置”；

③ 在“RVT 链接显示设置”对话框中点击“链接视图”中选择建筑模型中对应的视图平面。

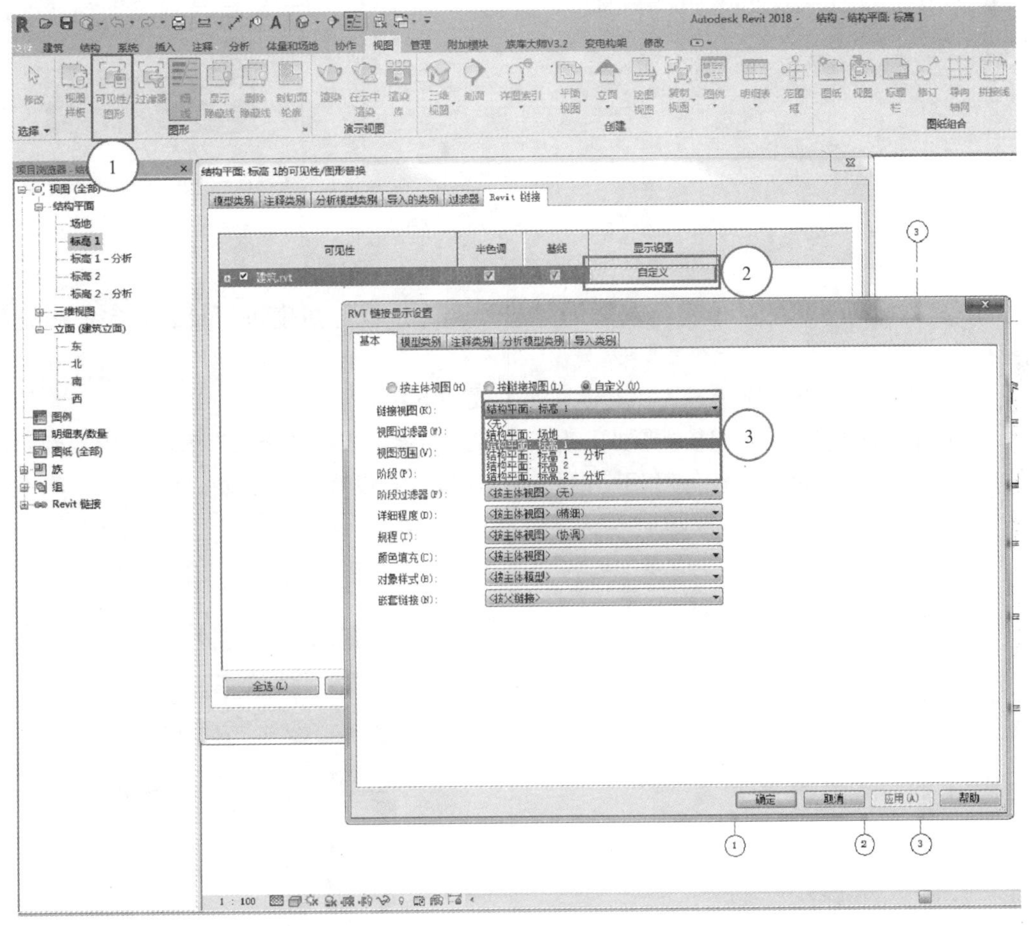

图 4.2-35　可见性/图形设置

(4) 结构构件创建

结构主体图元包括基础、柱、梁、结构板、剪力墙等，本小节以结构梁为例，介绍如何创建结构构件。

梁构件是将力传递给柱的主要构件，Revit 中提供了混凝土梁和钢梁两大类。梁结构族均属于线性的族，放置构件的方式为：设置梁截面参数，选择合适的工作平面和基于工作平面的偏移后，通过绘制的方式确定梁结构构件长度，即可完成梁结构构件的创建。

单击“结构”选项卡下“结构”面板中的“梁”命令。选择所需的类型，在绘图区域中单击起点和终点，以绘制梁。

如需精确梁截面尺寸、放置位置和长度等，可通过梁的类型属性和实例属性进行修改，如图 4.2-36 所示。

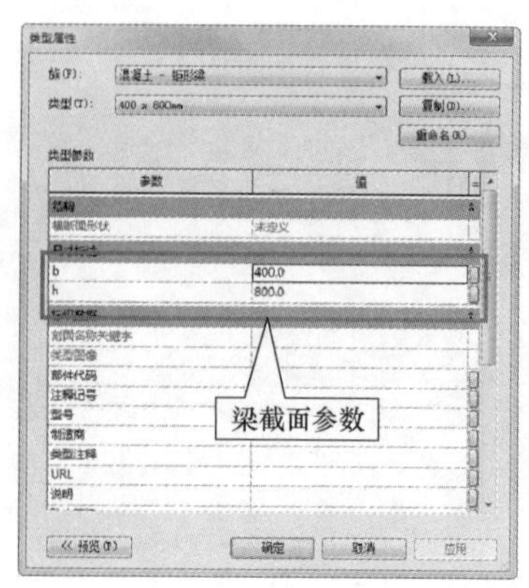

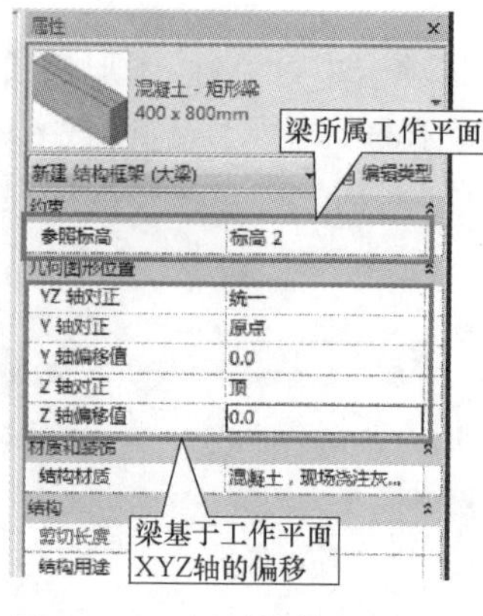

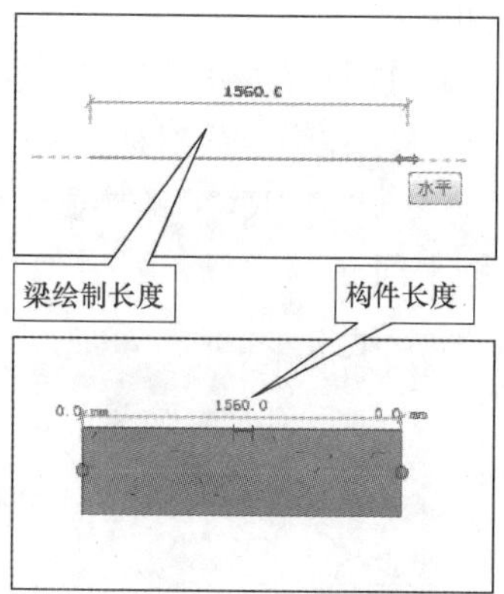

图 4.2-36 梁结构构件绘制

注意：

1. 梁结构构件还可对单次绘制梁的梁起点和终点偏移高度进行设置，完成斜梁的绘制。

2. 钢梁提供了不同连接方式，具体操作方式如下：

绘制完成两相交梁后，选中需要更改连接方式的梁，或在“修改”选项卡中找到“梁/柱链接”功能，通过调整控件对相交钢梁进行连接方式设置（图 4.2-37）。

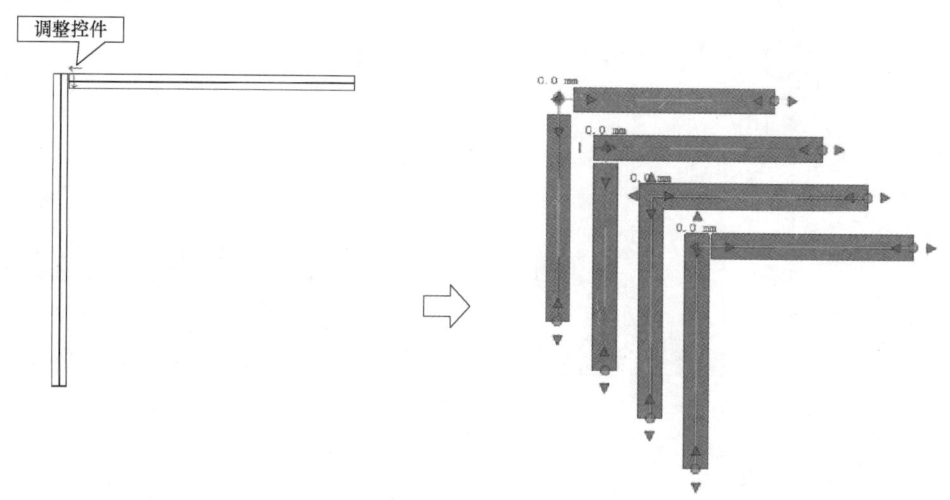

图 4.2-37 钢梁连接方式调整

3. 出图要点

（1）梁截面、柱截面、板厚、墙宽尺寸标记

Revit 中，标注分为尺寸标注、标记和标记符号三类标注方式，标记是利用标记族读取被标记构件对应参数数值，显示在平面视图中。

利用“公制常规标记”族模板即可创建模型中的大部分标记，但需要设置对应族类别，以“梁截面”标记族为例，族类别应选择“结构框架标记”。族类别是在制作标记族中可调用参数字段的关键设置，常规结构标记可用字段如表 4.2-4 所示。

结构标记可用字段　　　　表 4.2-4

标记类型	参数名称(参数字段)	备注
梁截面	类型名称/类型标记/梁截面	当参数字段为类型名称时，族类型名称应为梁截面数值，如：300×600； 当参数字段为类型标记时，族类型参数中类型标记应设为梁截面数值； 参数字段"梁截面"为用户自行创建共享参数
柱截面	类型名称/类型标记/柱截面	当参数字段为类型名称时，族类型名称应为柱截面数值如：300×600。 当参数字段为类型标记时，族类型参数中类型标记应设为柱截面数值。 参数字段"柱截面"为用户自行创建共享参数
板厚度	默认的厚度	
墙厚度	厚度	

选择对应族类别后需要设置所需标签和标签字体。以结构板标记为例，Revit 标记族样板无"公制板标记"，需使用"公制常规标记"将族类别更改为"楼板标记"，如图 4.2-38 所示。

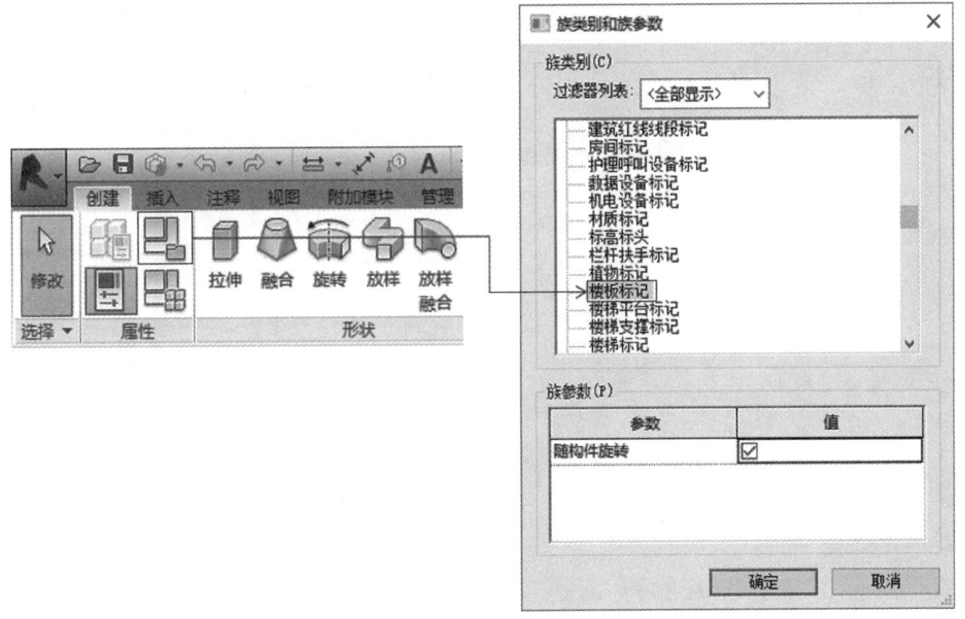

图 4.2-38　更改族类别为楼板标记

完成族类别设置后，可在"创建"面板中选择"标签"予以添加空白字段标签，设置标签添加"默认的厚度"字段，并添加前缀为"H="后缀为：mm（图 4.2-39）。

完成标签字段设置后，标签的默认显示字体与现行的制图规范字体差别较大，还需要对标签字体进行设置，如图 4.2-40 所示。

完成标签设置，保存族文件，即可载入到项目中用于梁、柱、板、墙的截面标注。

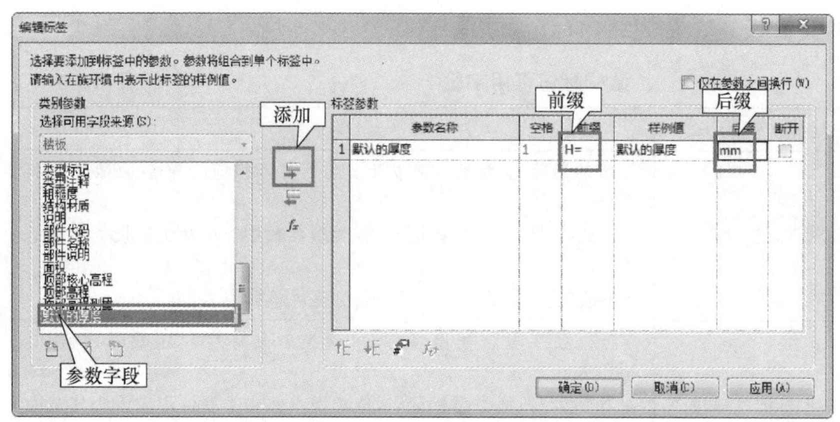

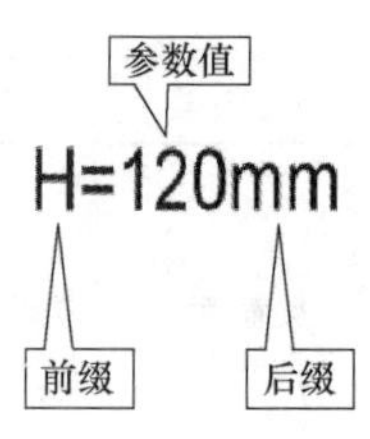

图 4.2-39　标签字段设置

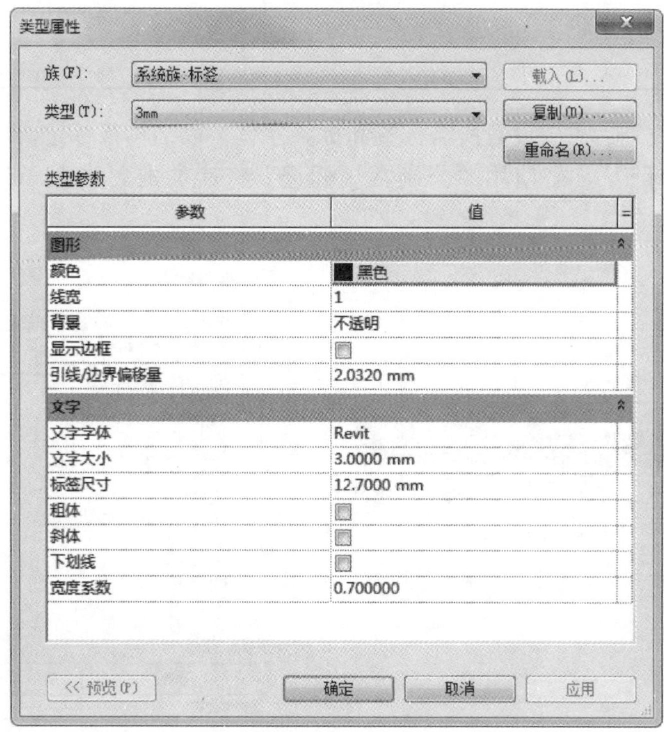

图 4.2-40　标签字体设置

(2) 沉降板平面表达

在平面视图中对沉降板进行标高标注，但标高标注容易遗漏且范围无法准确表达，在出图的过程中还可以通过添加过滤器的方式填充沉降板表面，达到对板平面沉降的表达。

以降板 50 为例，过滤器设置方法如下：

1) 在“可见性/图形替换”选项卡里过滤器一栏“编辑/新建”，添加过滤器。

2) 点击新建过滤器按钮，修改过滤器名称为结构降板 50，点击确定。

3) 指定过滤类别，只勾选结构，选择“板”类别。

4) 选择并添加“过滤条件”，选择“自标高的高度偏移”“等于”“－50”点击确定(图 4.2-41)。

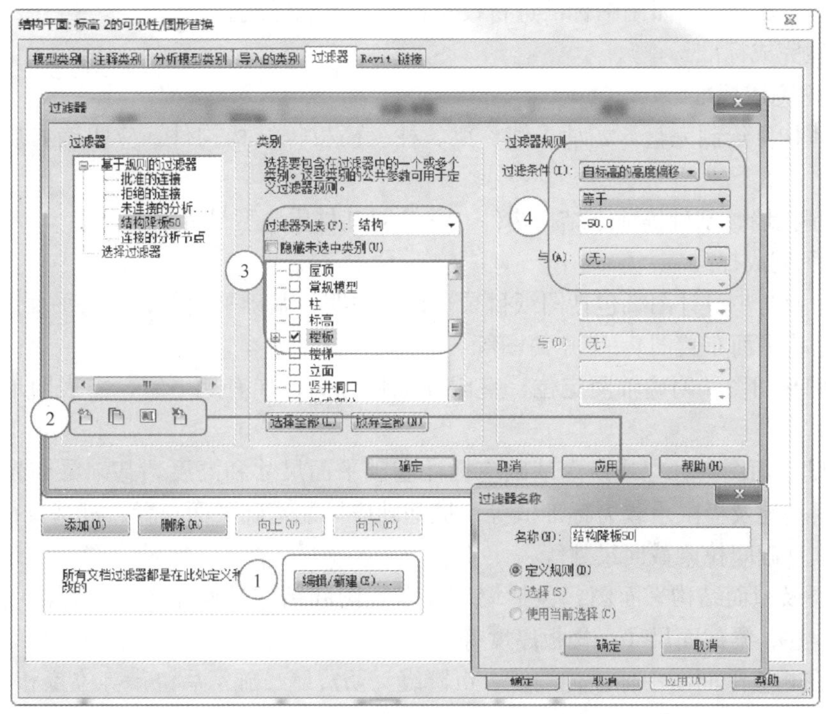

图 4.2-41 结构降板过滤器设置 1

5）点击添加，选择新建的结构降板 50，点击确定即添加至过滤器列表中。

6）点击替换“填充样式图形”，确定即完成（图 4.2-42）。

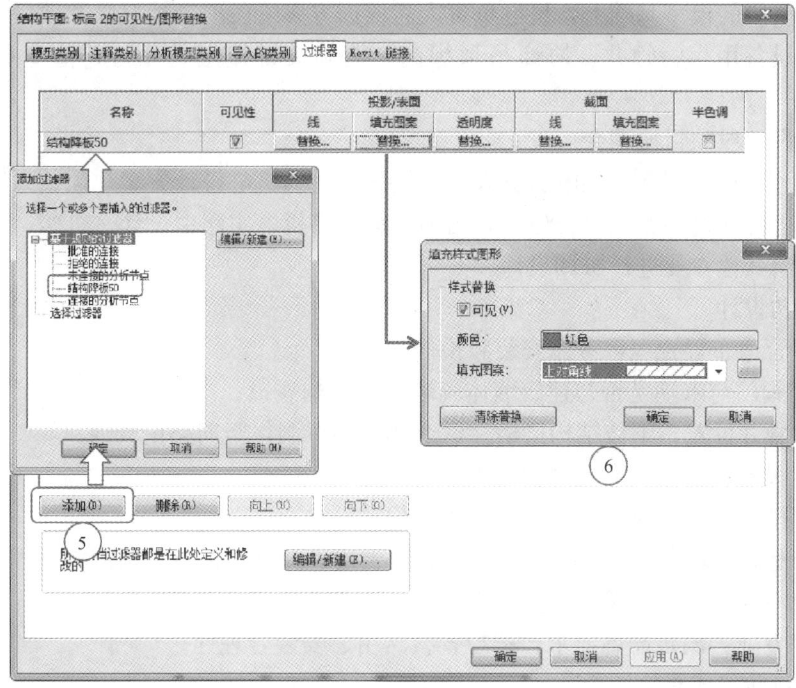

图 4.2-42 结构降板过滤器设置 2

填充样式设置：按照制图标准进行设置色彩和填充样式。

4. 模型完成标准

1）构件完成标准

a. 主体构件绘制完整，如承重墙、梁、柱、楼板等结构构件，应明确材质、型号等信息。

b. 绘制挡墙、基础等地下结构构件，并注明其材质、型号等信息。

2）出图完成标准

结构专业初步设计图纸包括图纸目录、设计说明、基础平面图、楼层平面图（墙、柱布置图和结构平面布置图）、节点简图等。

a. 基础平面图：明确轴网定位、室内外地坪标高；如有地下室，需表明地下室外墙位置、尺寸等。

b. 基础平面图：独立或条形基础应标注基础平面尺寸和高度，基础梁布置及截面尺寸，持力层基地及极限承载力标准值等；桩基础应标注基础平面布置、桩基直径、桩基础持力层、桩基础间拉梁截面尺寸等。

c. 楼层及屋面结构平面图：包括墙、柱布置图和结构平面布置图，应注明主要定位尺寸，墙、柱、梁截面尺寸，楼板厚度等。

d. 应在相应平面图中标注伸缩缝、沉降缝、防震缝、施工后浇带等位置和宽度。

4.2.3　机电专业

1. 协作流程

（1）初设阶段项目启动会

在方案阶段的模型基础上，机电负责人需根据方案阶段项目情况以及项目需求，明确防火分区、设备用房、管井，协商吊顶标高，明确关键楼层，并与其他专业确定设计要点。

（2）初设阶段项目协调会

初步设计项目协调会，机电负责人应介绍该项目的机电设计方案，预估系统，分配路由。协调会上需通过各专业综合讨论，明确关键楼层机电主路由设计，机房、管井位置确定，并提资给其他专业进行协调设计。

（3）扩初设计

a. 水平管道布置合理，考虑安装和检修空间；

b. 核查阀门与末端是否与建筑墙体骑墙，与结构碰撞；

c. 确保管井位置，不被结构梁横穿，土建板预留洞，竖向路由畅通；

d. 确定设备机房平面布置并验证面积合理性；

e. 给水排水专业：喷头位置与空调风口位置不冲突；

f. 暖通专业：确定风口位置大小，提资给土建、外立面进行预留洞；

g. 电气专业：插座开关墙面点位设计保证不被其他设备遮挡；

h. 管综专业：满足净高要求，把控管线路由、安装合理性。

（4）初设阶段成果协调会

对扩初设计的内容进行多专业协调总结，机电专业应完成系统设计，主路由初步综合，明确主路由管综方案。

(5) 初设阶段成果验收会

解决成果协调会中的问题，完善初步设计阶段成果。机电专业需对成果模型进行专业复核和完善，对导出图纸进行内部校审和修正。

2. 操作要点

(1) 链接土建模型

Revit 项目中可以链接的文件格式有 Revit 文件（RVT）、IFC 文件、DWG、DXF、DGN、SAT、SKP 和 DWF 标记文件。

在机电设计最开始，需先链接建筑模型，以获得轴网、标高、建筑布局等信息。其操作方法是：

单击功能区中“插入”—“链接 Revit”，打开“导入/链接 RVT”对话框，见图 4.2-43，选择要链接的建筑模型，并在“定位”一栏中选择“自动-原点到原点”，单击右下角的“打开”按钮，即完成链接模型。

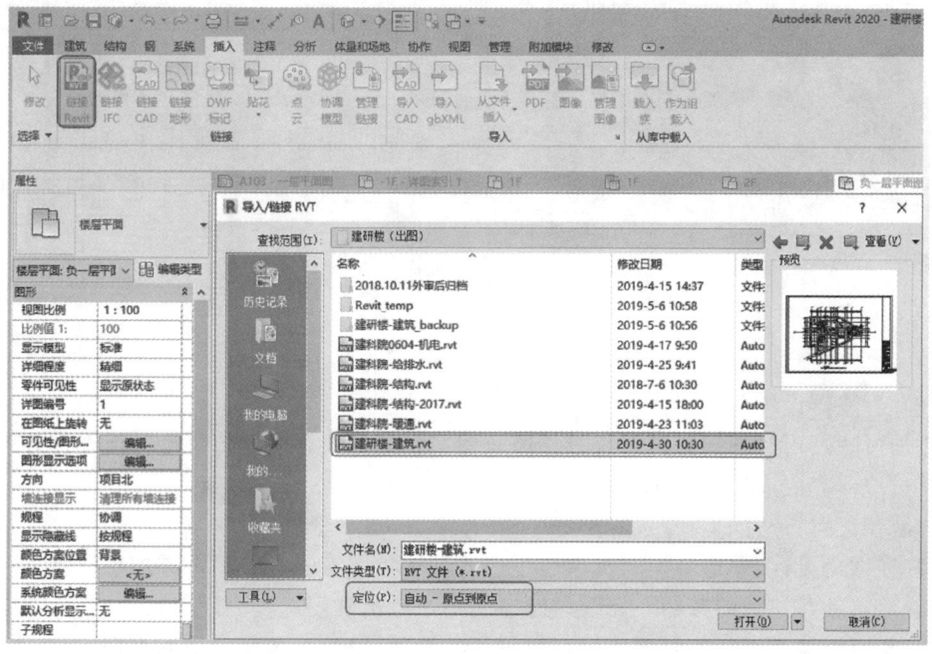

图 4.2-43　链接模型

(2) 创建标高轴网

完成链接后，项目中存在两类标高，一类是链接的建筑模型标高，一类是项目样板文件预设的标高。在项目浏览器“视图”下的楼层平面和天花板平面视图是项目自带的标高，机电设计可参照建筑模型创建标高。链接获取建筑模型标高，具体操作步骤如下（图 4.2-44）：

① 删除项目样板预设的标高：打开任意一个立面视图，选中样板中所有的标高，将其删除，在删除时会出现一个警告对话框，单击“展开”，在弹出的“消息”对话框中，显示出将被删除的各视图，单击“确定”即可。

② 单击功能区中“协作”→“复制/监视”→“选择链接”。

③ 在绘图区域中选中链接模型，激活“复制/监视”选项卡，单击“复制”激活“复制/监视”选项栏。

④ 勾选“复制/监视”选项栏中的“多个”，然后在立面视图中框选图元（包含所有标高），单击选项栏中的“过滤器”按钮，仅勾选“标高”，单击“确定”后，在选项栏中单击“完成”，再单击选项卡中的完成按钮，完成复制。

这样既创建了链接模型标高的副本，又在标高副本和链接模型的原始标高之间建立了监视关系。如果所链接的建筑模型的标高有变更，打开机电项目文件时，就会显示变更警告。同样，复制/监视命令可用于创建轴网、墙、卫浴装置等图元。

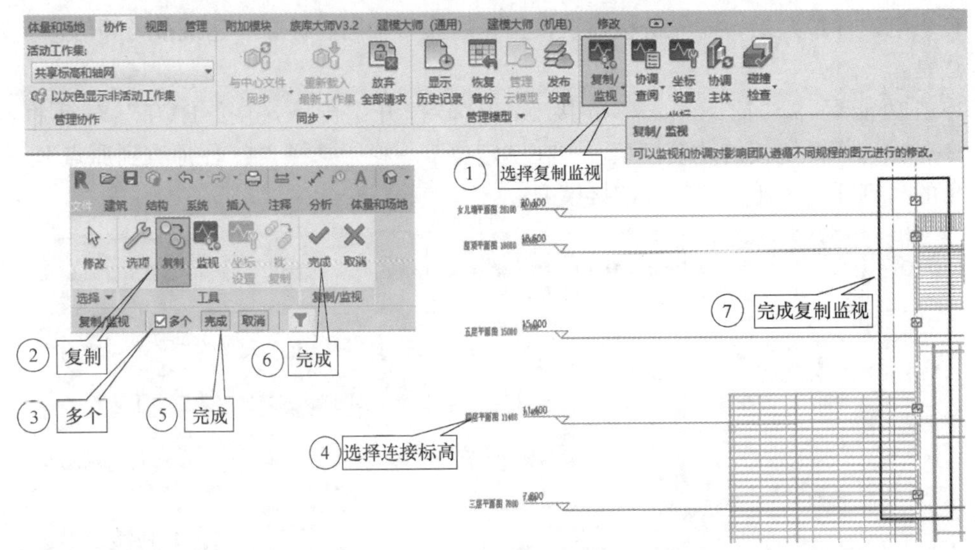

图 4.2-44　复制/监视标高

（3）过滤器设置

添加过滤器可对不同管道系统赋予填充图案、线样式，设置可见性，便于区分查看及出图。过滤器完成成果如图 4.2-45 所示。

过滤器设置方法如下：

1）在“可见性/图形替换”选项卡里过滤器一栏“编辑/新建”，添加过滤器。

2）点击新建过滤器按钮，修改过滤器名称，点击确定。

3）指定过滤类别，如过滤风管，可只需勾选“机械”，选择合适的类别。

4）选择并添加“过滤条件”，如选择“系统名称”“包含”“送风”，点击确定，图 4.2-46 所示。

5）点击添加，选择新建的“SF 送风系统”，点击确定即添加至过滤器列表中。

6）点击替换，选择“线图形”和“填充样式图形”，确定即完成（图 4.2-47）。

过滤器颜色设置可参照重庆市《建筑工程信息模型设计标准》DBJ 50/T 280—2018。

（4）管道系统创建

1）创建风管系统

所有风管系统都隶属 Revit 预定义的三种风管系统中的一种：“送风”“回风”“排风”，如需创建新的管道系统，则需在预设风管系统中进行复制、重命名、修改类型属性等设置。

图 4.2-45 机电暖通过滤器

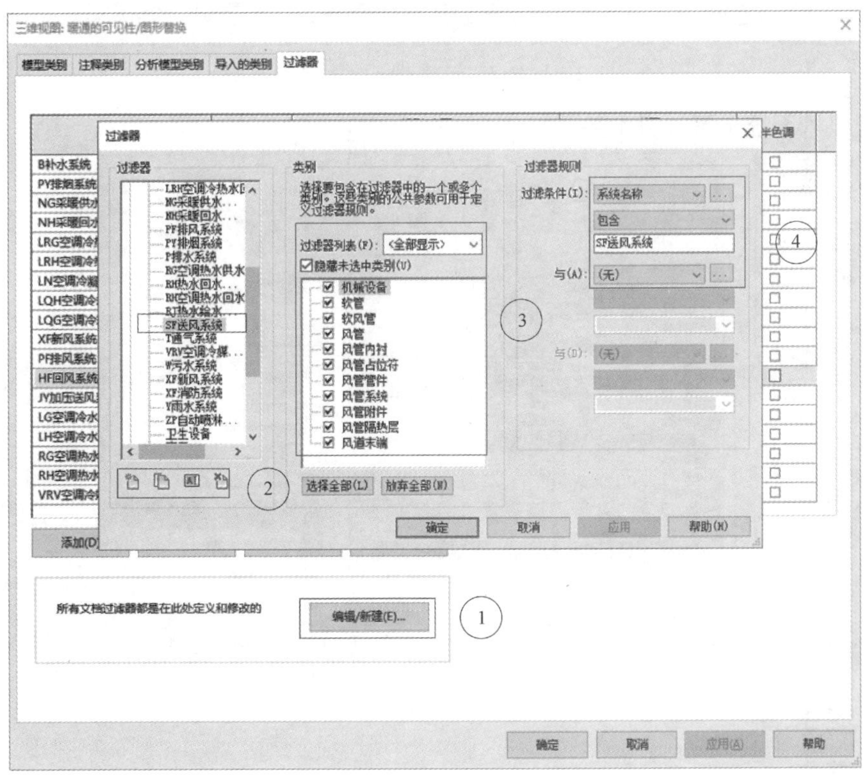

图 4.2-46 过滤器创建流程 1

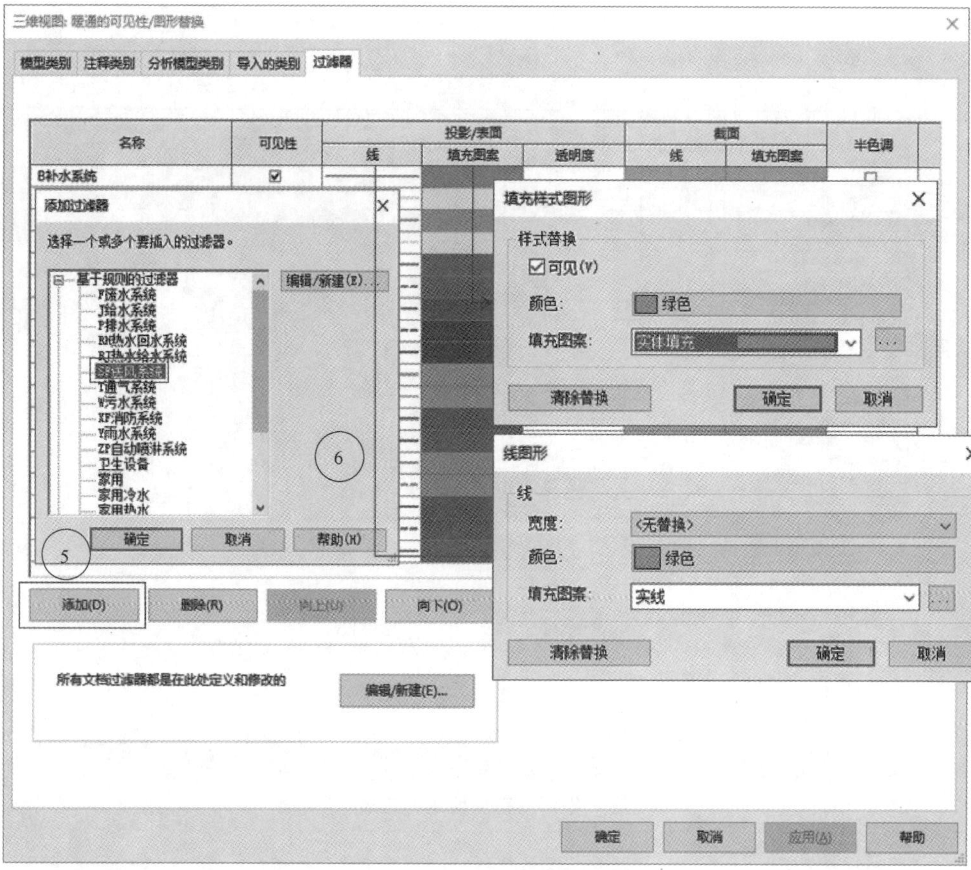

图 4.2-47　过滤器创建流程 2

创建风管系统步骤（图 4.2-48）：

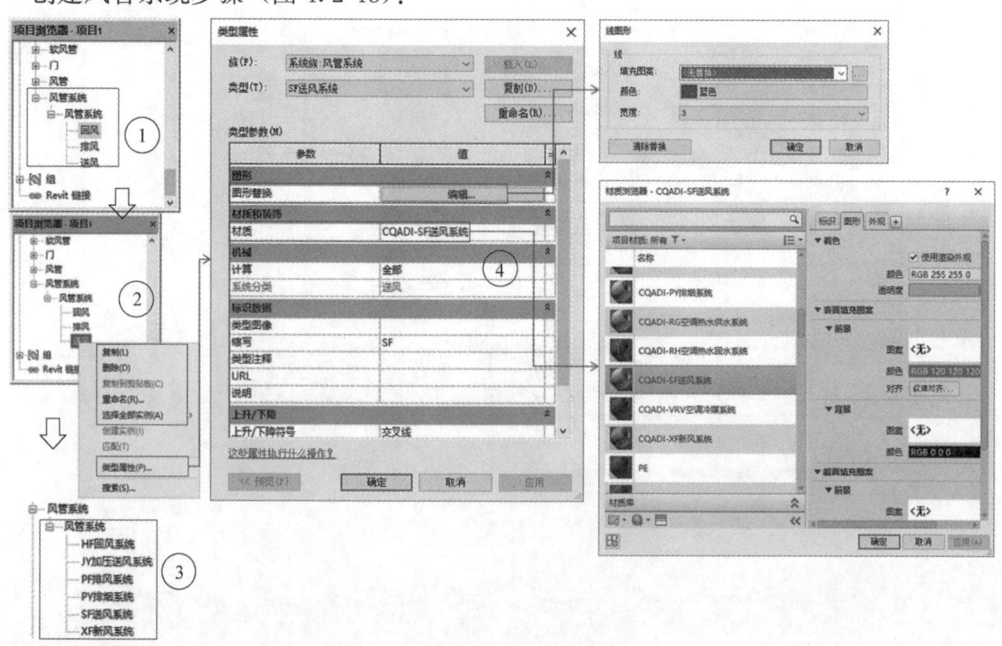

图 4.2-48　风管系统创建

① 打开项目浏览器，单击风管系统，可查看项目中预设风管系统。

② 右击任何风管系统，可以对当前风管系统进行编辑。

③ 可对系统进行复制、删除、重命名、选择全部实例等操作。

④ 同时可编辑类型属性，对其材质、图形、缩写进行编辑。

2）创建水管系统

水管系统创建方法和风管系统一致，在原有管道系统基础上复制新建新的管道类型，修改其“类型属性”，编辑“图形替换”“材质”“缩写”等（图 4.2-49）。

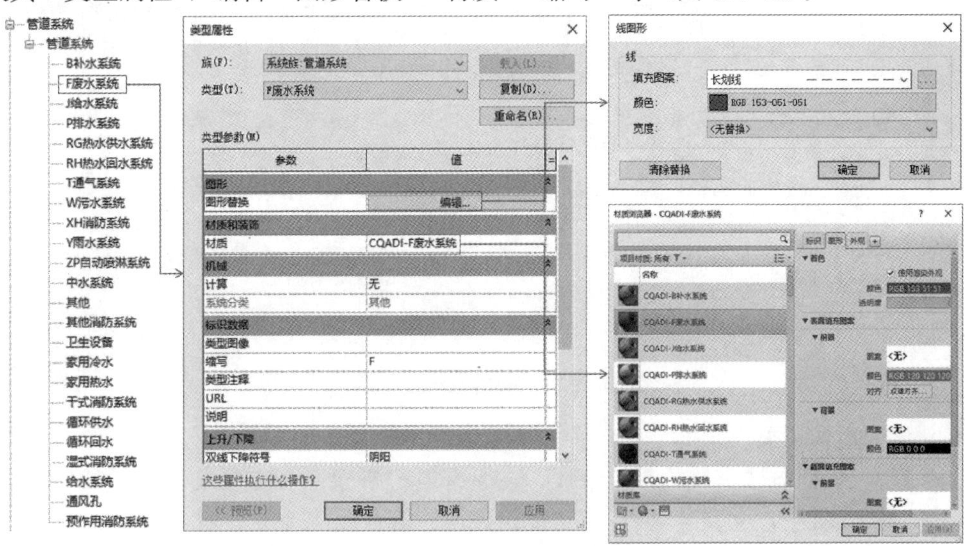

图 4.2-49 管道系统创建

注意：在新建完成管道系统，需针对不同项目进行“布管系统配置”，包括“弯头”“连接”“四通”“过渡件”“活接头”等，配置其构件类型，最小尺寸，最大尺寸，目的为了满足在模型绘制时，不同管径对应不同构件的需求（图 4.2-50、图 4.2-51）。

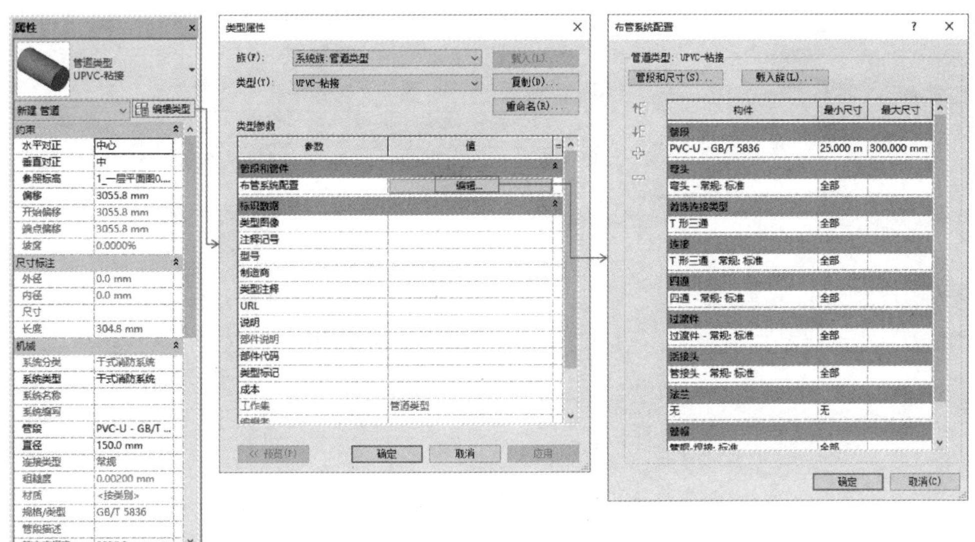

图 4.2-50 布管系统配置

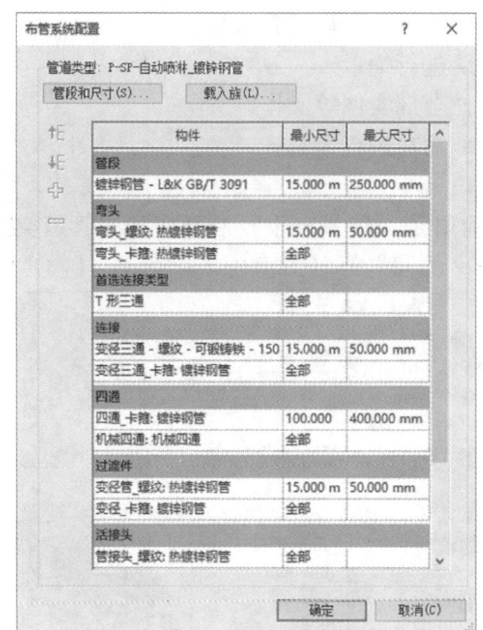

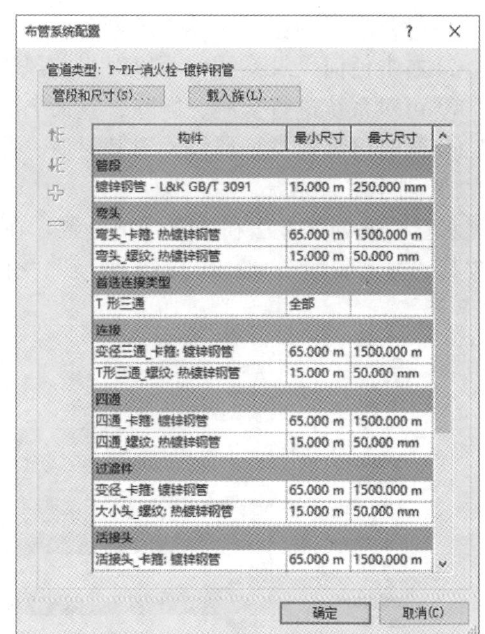

图 4.2-51　布管系统配置示例

3）创建电缆桥架

电缆桥架创建方法和风管系统一致，在原有电缆桥架基础上复制创建新的桥架类型，修改其“类型属性”，配置其“管件”“标识数据”等（图 4.2-52、表 4.2-5）。

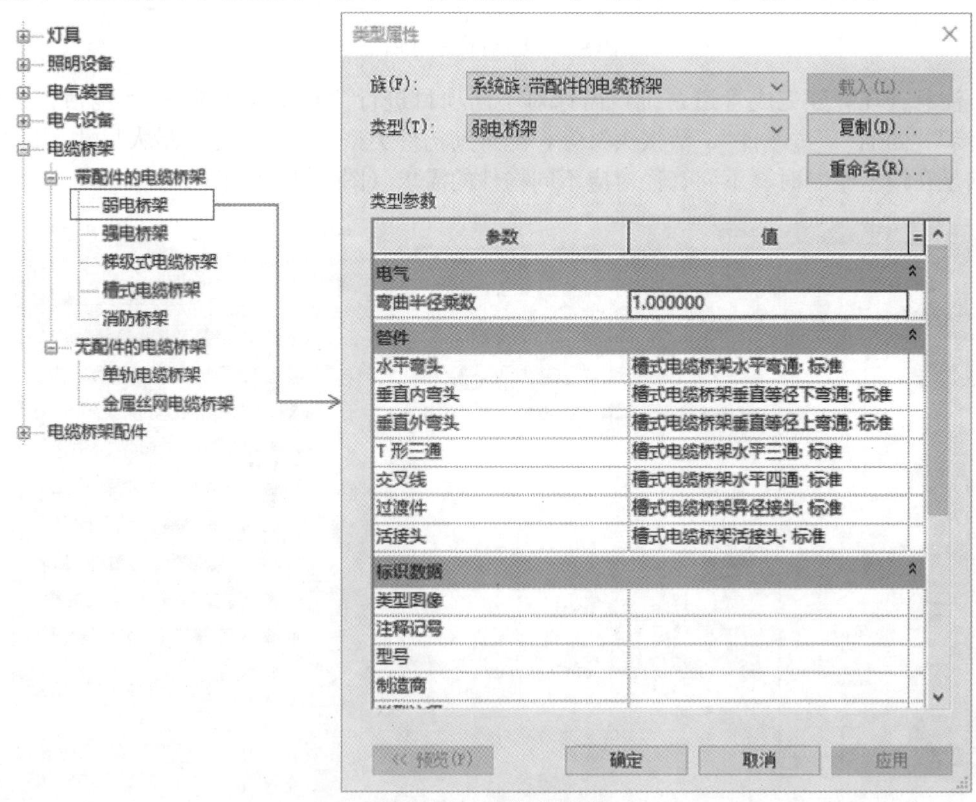

图 4.2-52　电缆桥架设置

电缆桥架设置　　表 4.2-5

名称	说　明
参数名称	选择合适字段添加参数名称
空格	通过输入空格的个数(大于等于零),可以增加或减少标签中的参数之间的间距。如果选中“断开”选项,则该选项将禁用
前缀	通过在该选项中添加文字字符串,可以向参数值添加前缀
样例值	可以修改占位符文字在参数中的显示方式
后缀	通过在该列中添加文字字符串,可以向参数值添加后缀
断开	通过选中该框,可以强制在参数之后立即换行。否则,文字将在标签边界之处换行
仅在参数之间换行	通过选中该框,可以强制标签中的文字换行,以便在参数末尾换行。如果未选中该选项,文字将在到达边界的第一个单词处换行

3. 出图要点

(1) 尺寸标记

以风管尺寸标记为例

1) 新建风管标记族,在“族类别和组参数”对话框中选择“风管标记”,并勾选随构件旋转,在创建面板下,添加“标签”。

2) 在编辑标签对话框中,选择合适字段。此例选择参数类别“类型名称”和“尺寸”。

3)“标签参数”编辑,如是否需要修改“前缀”“后缀”。见图 4.2-53。

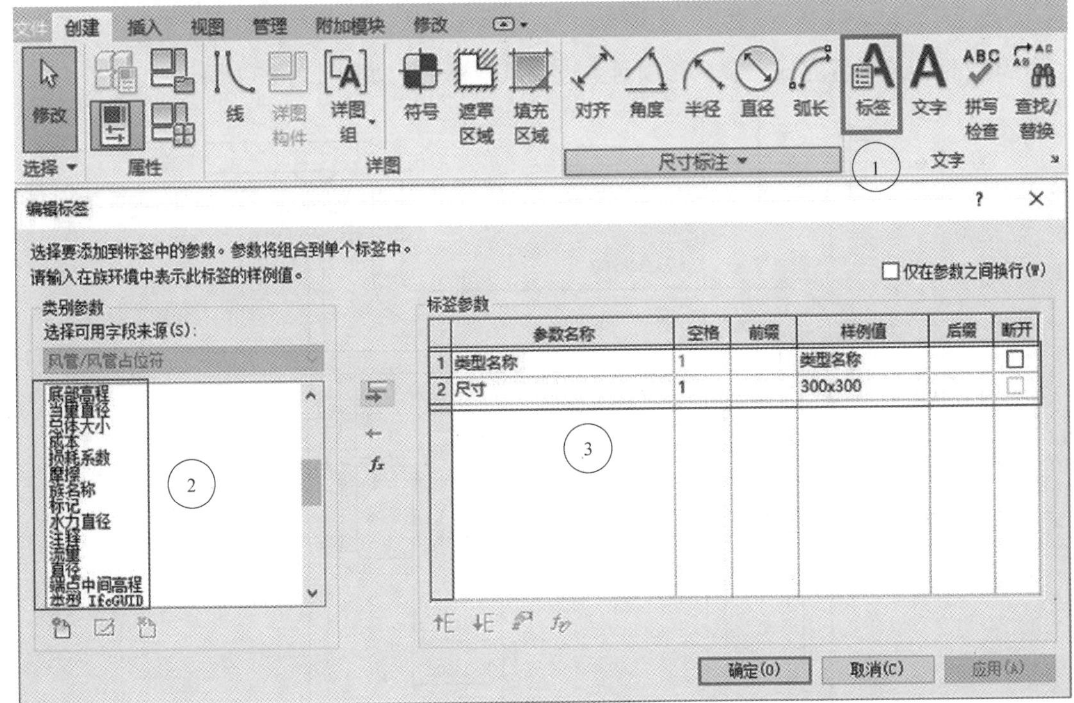

图 4.2-53　编辑标签

“标签参数”窗口中的列显示标签的注释选项。

4) 设置标记族的实例属性,见图 4.2-54。

5）修改标记组的类型属性，见图 4.2-54。

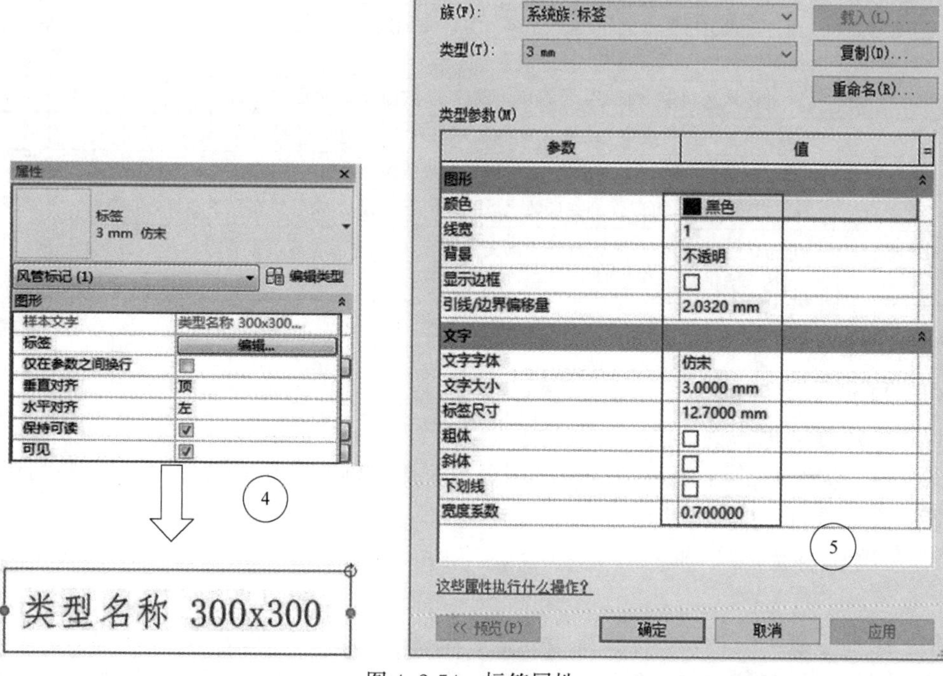

图 4.2-54　标签属性

风管标记族设置完成，载入至项目中进行风管标记，如图 4.2-55 所示。

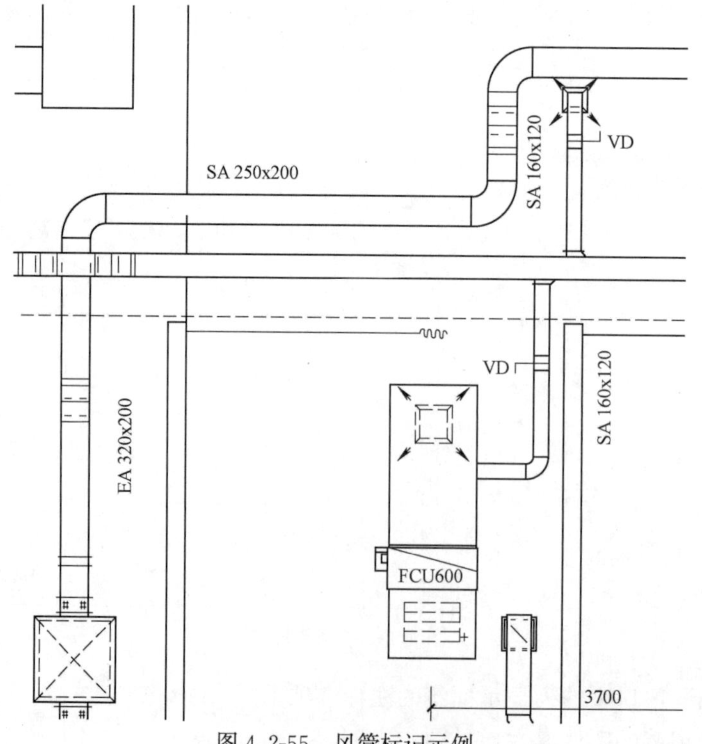

图 4.2-55　风管标记示例

(2) 构件信息标注

1) 设备构件参数信息标记

设备标记创建方法：新建机械设备标记族，创建标签，添加“类型名称”、“设备编号”字段，修改标签参数，设置标签实例属性和类型属性，绘制标签轮廓，如正六边形，满足规范要求（图 4.2-56、图 4.2-57）。

2) 管道末端参数信息标记

风管末端标记族创建：新建风道末端标记族，创建标签，设置标签属性，添加“类型”“尺寸”“流量”“数量”字段，修改标签参数，设置标签实例属性和类型属性，绘制标签轮廓，如四边形，满足规范要求（图 4.2-58、图 4.2-59）。

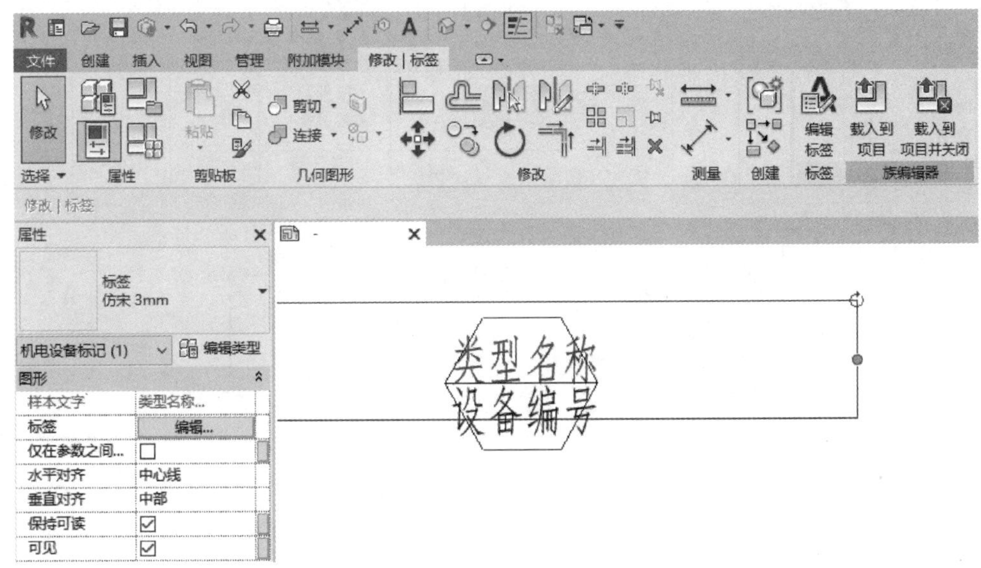

图 4.2-56 设备标记

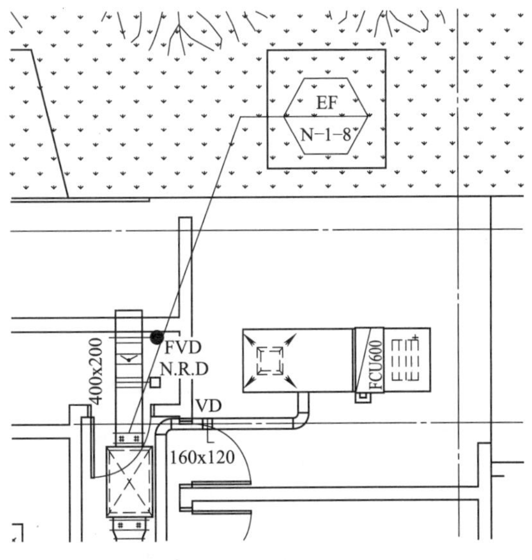

图 4.2-57 设备标记示例

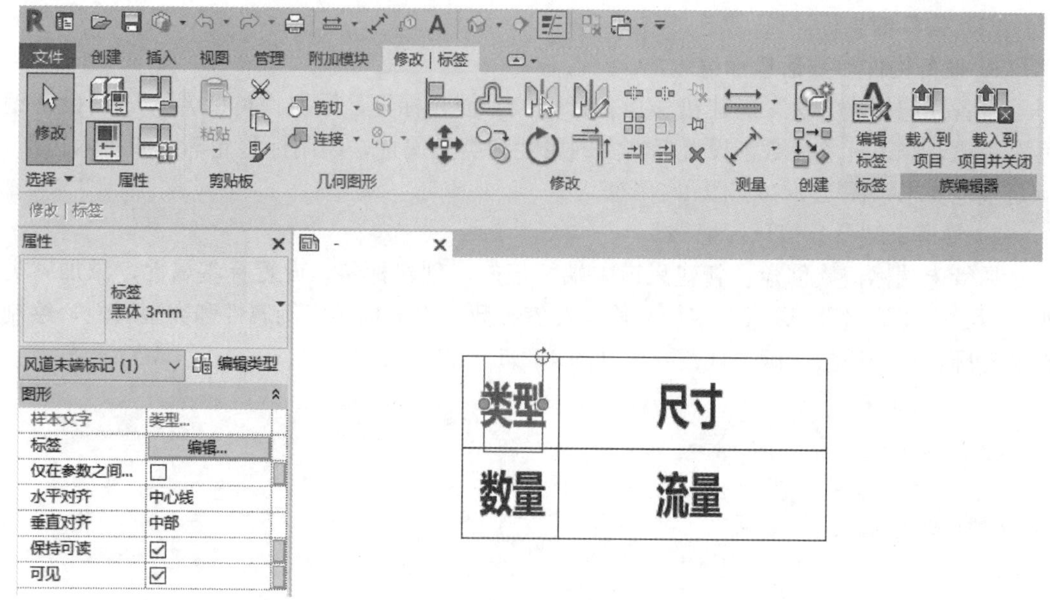

图 4.2-58 风管末端标记

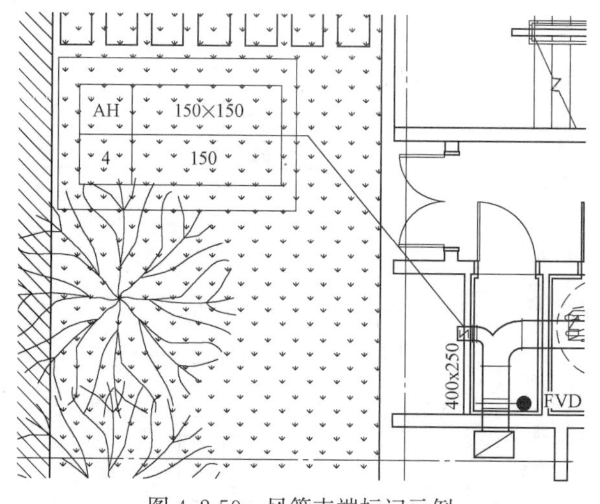

图 4.2-59 风管末端标记示例

(3) 明细表

明细表可用于材料设备表，也可辅助系统分析和出图。项目模型中任何更新将实时同步到模型中，因此可利用明细表快速替换模型图元。

以暖通“机械设备明细表”为例，创建方法如下：

1) 指定族类别

打开“新建明细表”对话框（图 4.2-60)，有以下两种方式：

① 单击功能区“视图”→“明细表”→“明细表/数量”;

② 单击功能区“分析”→“明细表/数量”。

打开对话框以后，选择需要相应的族类别，为了快速找到“机械设备”组类别，可以过滤器列表中勾选“机械”。单击“机械设备”，默认情况下，明细表名称为“机械设备明细表”。

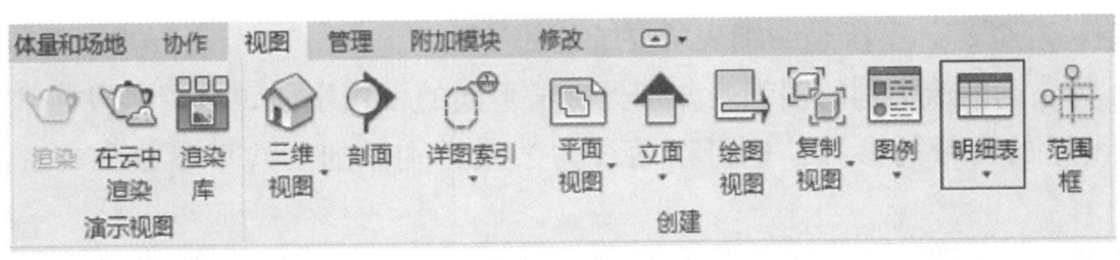

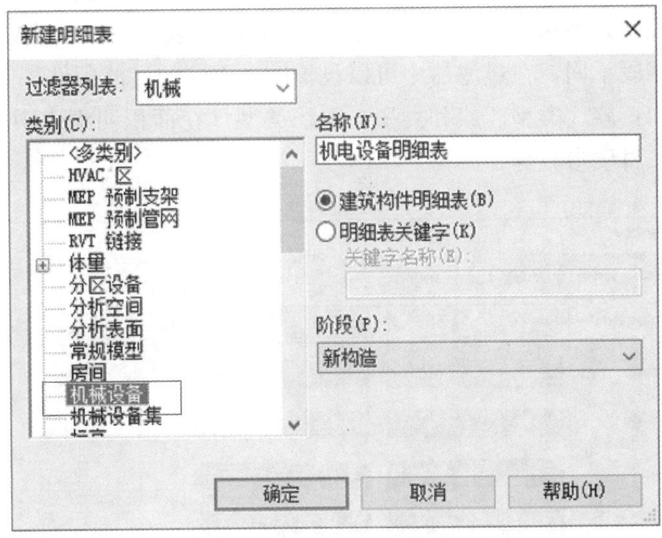

图 4.2-60 新建明细表

2）明细表属性

指定明细表的类别后，单击“确定”，进入“明细表属性”对话框（图 4.2-61）。在“明细表属性”对话框中可以对明细表进行详细编辑。

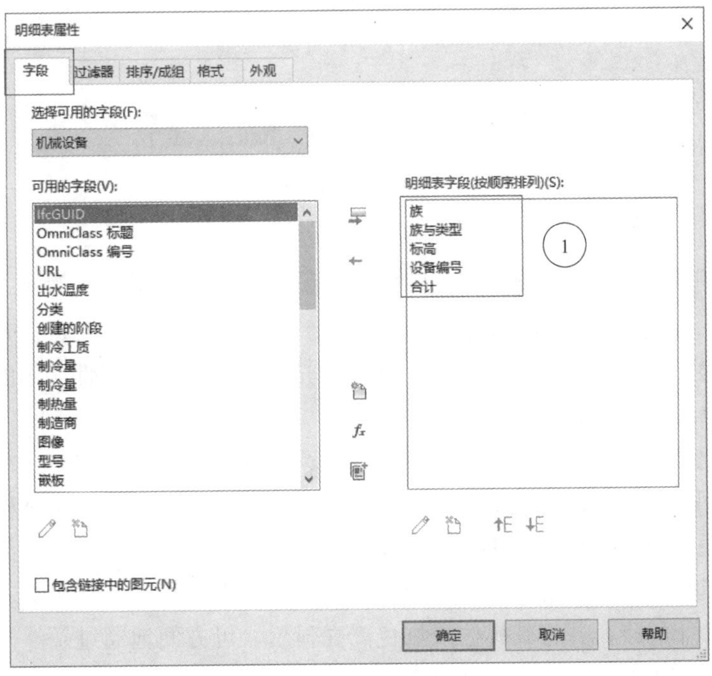

图 4.2-61 明细表字段

① 选择“字段”，字段是明细表所要统计的参数。

Revit 为不同的族类别的明细表分别提供了不同的可用字段，可用字段通常是软件对某族类别设置的自带的参数，也可以通过为某族类别添加“共享参数”或者添加项目参数。

② 编辑“过滤器”选项卡，根据过滤条件在明细表中只显示满足过滤条件的信息（图 4.2-62）。如设置过滤条件“标高”等于“1F”，明细表将只显示“1F”楼层的机械设备。根据选择的字段不同，在过滤器中可以设置四个不同的过滤条件，但是部分明细表字段不支持过滤，如：族、类型、族和类型、面积类型（在面积明细表中）、从房间到房间（在门明细表中）、材质参数等。

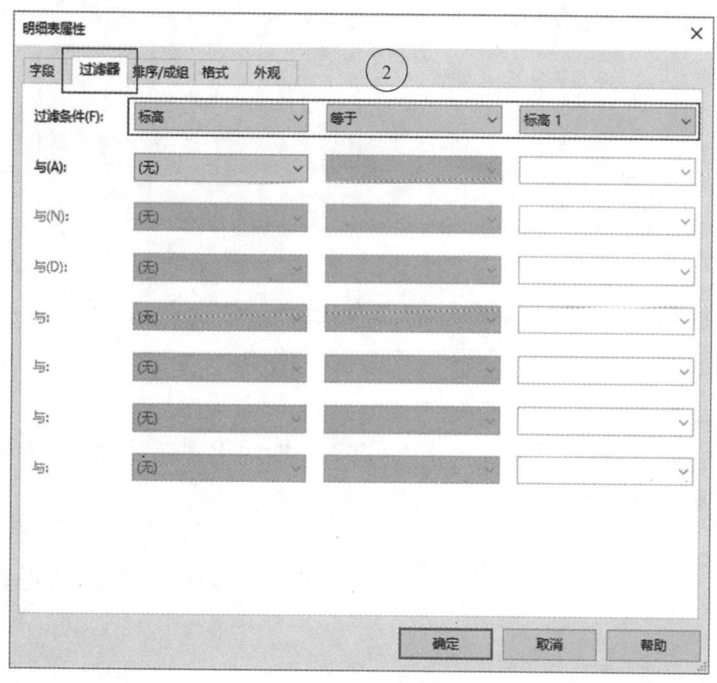

图 4.2-62　选择明细表过滤条件

③ 编辑“排序/成组”选项卡，根据已添加的字段设置明细表排序。勾选“页眉”“页脚”，可为明细表添加页眉、页脚。勾选“总计”可显示图元的总数。勾选“逐项列举每个实例”可显示某类图元的每个实例，取消勾选该项可将实例属性相同的图元合并，如图 4.2-63、图 4.2-64 所示。

④ 编辑“格式”选项卡，编辑已选用“字段”的格式（图 4.2-65）。在“格式”选项卡中可以对选用“字段”的标题和对齐方式进行编辑，还可以使用“条件格式”功能定义某一字段特定条件下的显示，帮助用户在明细表中快速定位符合条件的图元。如单击“条件格式”，将“设备编号”“等于”“N-1-4”的表格背景设为桃红色，明细表将自动统计设备编号等于 N-1-4 的族，并将其标注成红色高亮显示，可方便地通过条件格式选图元，并可在模型各个视图中对应显示（图 4.2-66、图 4.2-67）。

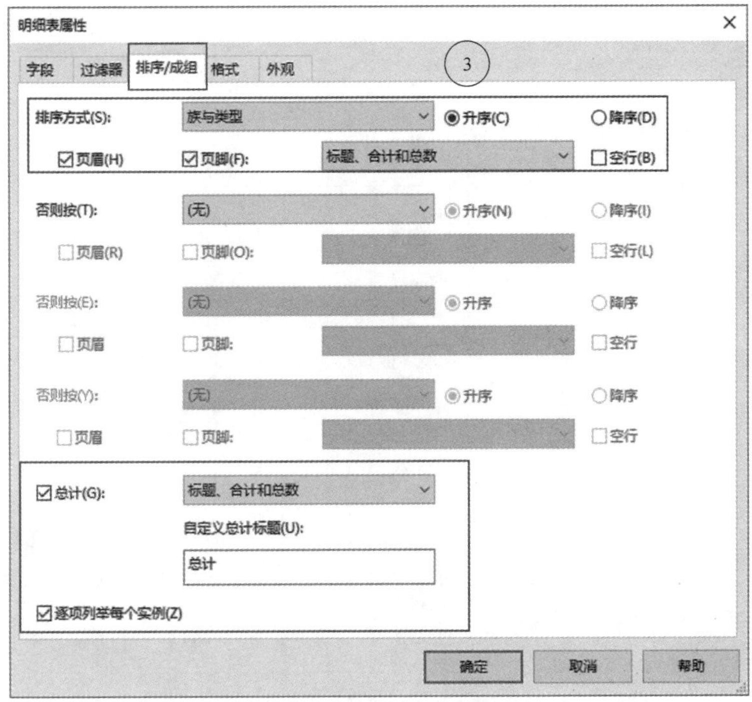

图 4.2-63 选择明细表排序/成组

<机电设备明细表>				
A	B	C	D	E
族	族与类型	标高	设备编号	合计
AHMH空调机组：AHU				
AHMH空调机组	AHMH空调机组：AHU	1F	N-1-4	1
AHMH空调机组	AHMH空调机组：AHU	1F	N-1-3	1
AHMH空调机组	AHMH空调机组：AHU	3F	N-3-3	1
AHMH空调机组	AHMH空调机组：AHU	3F	N-3-4	1
AHMH空调机组	AHMH空调机组：AHU	B1	S-B1-1	1
AHMH空调机组	AHMH空调机组：AHU	1F	S-1-1	1
AHMH空调机组	AHMH空调机组：AHU	1F	S-1-2	1
AHMH空调机组	AHMH空调机组：AHU	1F	S-1-3	1
AHMH空调机组	AHMH空调机组：AHU	1F	S-1-3	1
AHMH空调机组	AHMH空调机组：AHU	2F	S-2-2	1
AHMH空调机组	AHMH空调机组：AHU	2F	S-2-3	1
AHMH空调机组	AHMH空调机组：AHU	2F	S-2-4	1
AHMH空调机组	AHMH空调机组：AHU	3F	S-3-2	1
AHMH空调机组	AHMH空调机组：AHU	3F	S-3-3	1
AHMH空调机组	AHMH空调机组：AHU	3F	S-3-4	1
AHMH空调机组	AHMH空调机组：AHU	4F	S-4-1	1
AHMH空调机组	AHMH空调机组：AHU	B1	N-B-1	1
AHMH空调机组	AHMH空调机组：AHU	1F	N-1-5	1
AHMH空调机组	AHMH空调机组：AHU	1F	N-1-6	1
AHMH空调机组	AHMH空调机组：AHU	1F	N-1-1	1
AHMH空调机组	AHMH空调机组：AHU	1F	N-1-2	1
AHMH空调机组	AHMH空调机组：AHU	4F	N-4-1	1
AHMH空调机组	AHMH空调机组：AHU	2F	N-2-1	1
AHMH空调机组	AHMH空调机组：AHU	4FM		1
AHMH空调机组	AHMH空调机组：AHU	4FM		1
AHMH空调机组：AHU：25				

图 4.2-64 机电设备明细表示例

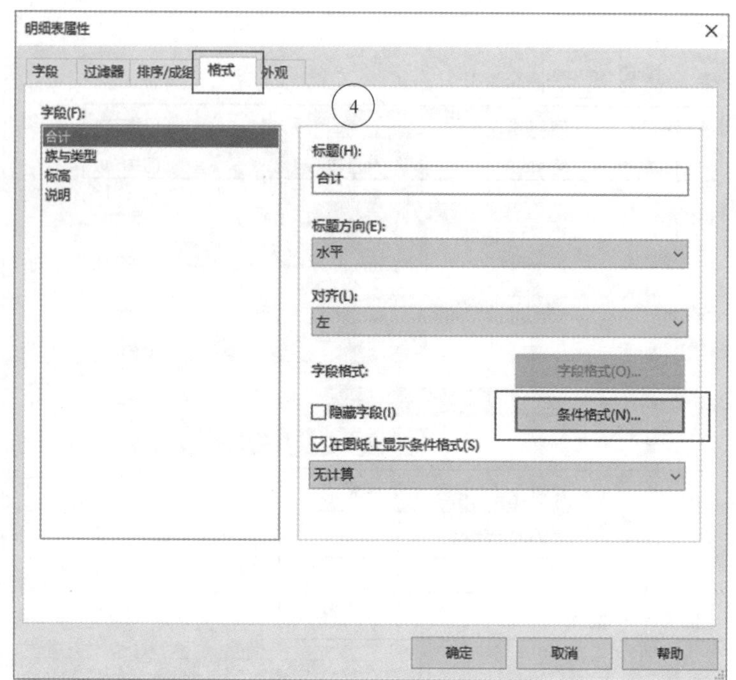

图 4.2-65　明细表格式

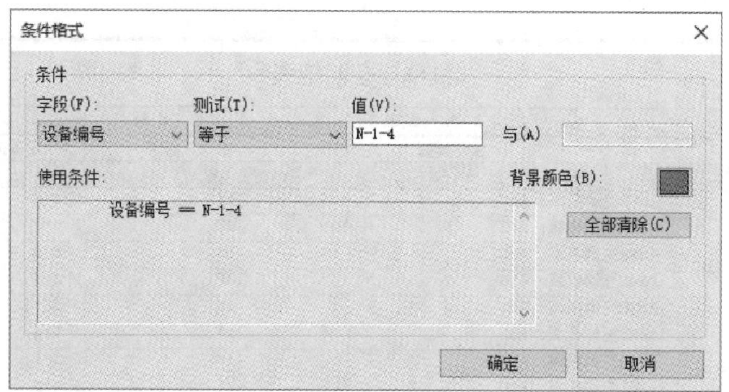

图 4.2-66　明细表条件格式修改

〈机电设备明细表〉

A	B	C	D	E
族	族与类型	标高	设备编号	合计
AHMH空调机组: AHU				
AHMH空调机组	AHMH空调机组: AHU	1F	N-1-4	1
AHMH空调机组	AHMH空调机组: AHU	1F	N-1-3	1
AHMH空调机组	AHMH空调机组: AHU	3F	N-3-3	1
AHMH空调机组	AHMH空调机组: AHU	3F	N-3-4	1
AHMH空调机组	AHMH空调机组: AHU	B1	S-B1-1	1
AHMH空调机组	AHMH空调机组: AHU	1F	S-1-1	1
AHMH空调机组	AHMH空调机组: AHU	1F	S-1-2	1
AHMH空调机组	AHMH空调机组: AHU	1F	S-1-3	1
AHMH空调机组	AHMH空调机组: AHU	1F	S-1-3	1
AHMH空调机组	AHMH空调机组: AHU	2F	S-2-2	1

图 4.2-67　明细表示例

⑤ 编辑“外观”选项卡，设置明细表显示，如列方向和对齐，网格线、轮廓线和字体样式等。明细表的外观部分设置的变化要在图纸视图里才能看见。将明细表拖至已经创建的图纸中，进行设置（图 4.2-68）。

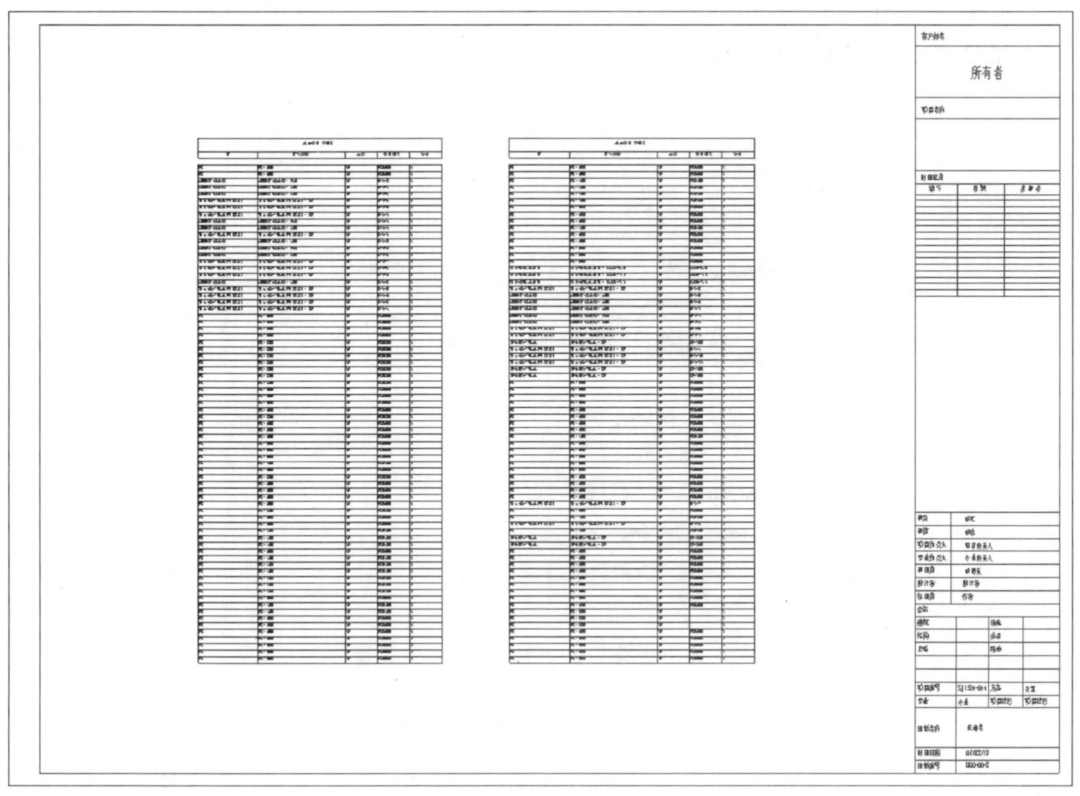

图 4.2-68 明细表放置于图纸中

调整列宽：在图纸视图区域内的明细表，可拖动表格页处的“控制头”，来调整表格的列宽达到合适的宽度（图 4.2-69）。

机电设备明细表				
族	族与类型	标高	设备编号	合计
AHMH空调机组	AHMH空调机组：AHU			25
AHMH空调机组	AHMH空调机组：FAU			52
AHMH空调机组	AHMH空调机组：JAHU			12
AHMH空调机组	AHMH空调机组：JFAU	2期-5F		4
FC	FC：300	2期-6F		1
FC	FC：400			444
FC	FC：600			518
FC	FC：800			107
卧式端吸离心泵	卧式端吸离心泵：HP			4
卧式端吸离心泵	卧式端吸离心泵：卧式端吸离心泵	B1		14
卫生间排风机	卫生间排风机：EF			271

图 4.2-69 明细表调整列宽

图形和文字：打开火灾设备明细表，在“明细表属性”对话框中的“外观”“图形”

选项卡下，用户可以对“图形”和“文字”进行编辑。在“图形”区域下可以对“网格线”和“轮廓”进行编辑。勾选“网格线”可以为表格添加网格，同时还有“细线”“宽线”“中粗线”等可做选择。勾选“轮廓”可以为表格最外圈轮廓进行编辑，下拉列表中有“细线”“宽线”“中粗线”等。为了可以看到明显的变化，此处轮廓设置选择了隐藏线，如图 4.2-70、图 4.2-71 所示。

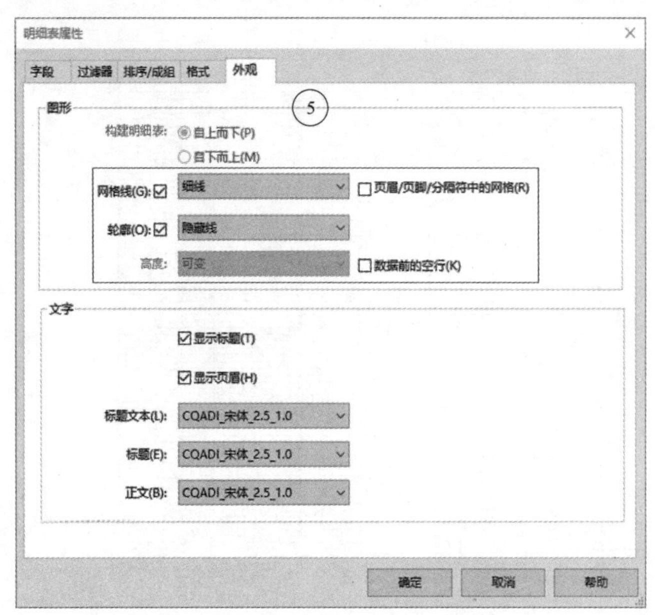

图 4.2-70　明细表外观—网格线轮廓

机电设备明细表				
族	族与类型	标高	设备编号	合计
AHMH空调机组	AHMH空调机组：AHU			25
AHMH空调机组	AHMH空调机组：FAU			52
AHMH空调机组	AHMH空调机组：JAHU			12
AHMH空调机组	AHMH空调机组：JFAU	2期-5F		4
FC	FC：300	2期-6F		1
FC	FC：400			444
FC	FC：600			518
FC	FC：800			107
卧式端吸离心泵	卧式端吸离心泵：HP			4
卧式端吸离心泵	卧式端吸离心泵：卧式端吸离心泵	B1		14

图 4.2-71　明细表网格线、轮廓

在“文字”区域下可以对“标题文本”“标题”“正文”以及“页眉”和“标题”显示与否进行编辑，勾选“显示标题”和“显示页眉”可以显示或隐藏标题或页眉（图 4.2-72）。

4. 模型完成标准

（1）构件完成标准

A. 各系统干管应绘制完整，管道系统、规格及几何尺寸需明确；

B. 设备设施尺寸及位置应明确；

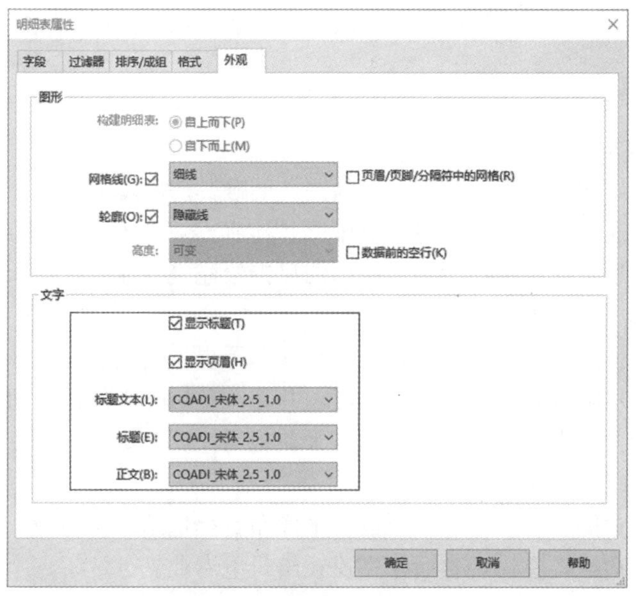

图 4.2-72 明细表外观—文字

C. 系统干管的附件与阀门应绘制完整。

(2) 出图完成标准

机电专业施工图纸包括图纸目录、设计说明、图例、平面图、剖面图、系统图、设备表等。

1) 给水排水专业

A. 给水排水和消防等干管平面布置图：标注干管尺寸及位置、管井布置和管道类别代号，绘制主要阀门、主要附件等；

B. 主要给水排水设备设施平面布置图：标注设备主要参数，设备位置尺寸等；

C. 给水排水和消防干管等管道系统图：明确管道类别代号及分区编号，绘制主要阀门及主要附件，标注主要设备标高参数、干管类别尺寸等；

D. 给水排水设备表：统计给水排水设备的名称、流量、扬程、效率等信息。

2) 暖通专业

A. 空调水、空调风、消防风等干管平面布置图：标注风管干管尺寸及位置、风管井布置和管道类别代号，绘制主要阀门、主要附件等；

B. 主要暖通设备设施平面布置图：标注设备主要参数，设备位置尺寸等；

C. 空调水、空调风、消防风等干管系统图：明确风管类别代号及分区编号，绘制主要阀门及主要附件，标注主要设备标高、性能参数、风管干管类别尺寸；

D. 暖通设备表：统计暖通设备的名称、能效等级、风机类型、风压、效率等信息。

3) 电气专业

A. 配电系统、照明、电气消防干线等平面布置图：标注干线尺寸及位置、电井布置和管线类别等；

B. 主要电气设备平面布置图：标注设备主要参数，设备位置尺寸等；

C. 高、低压配电、配电干线、智能化等系统图：包括电气类别代号及分区编号，标注主要设备标高、性能参数、主要干线类别尺寸等；

D. 电气设备表：统计电气设备的名称、型号、编号、容量等信息。

4.2.4　各专业交互

1. 结构与建筑交互流程

建筑专业需向结构专业提供模型及平面图，明确其房间功能分区、防火分区、管井位置等。结构设计师通过建筑模型和房间分配来拟定荷载，进行结构计算，建立好结构梁、柱，再将相应的模型及柱网平面图、梁平面图反馈给建筑专业。

2. 建筑与机电交互流程

机电需将各专业的立管位置、主要机电平面布置提供给建筑专业。建筑设计师根据各专业需求合理调整机电管井，布置防火分区，并将调整后模型反馈给机电专业，并在平面视图中标注机电管井、设备间等位置，如有天花板需注明其高度。

3. 机电与结构交互流程

机电需将各专业的立管位置、主要设备平面布置提供给结构专业。结构设计师根据各专业需求核算结构荷载，并将调整后模型反馈给机电专业。

4. 机电三专业交互流程

电气与给水排水交互流程：给水排水专业需将给排水设备位置、设备参数等信息提供给电气专业。电气设计师结合各设备负荷进行计算后，确定强弱电间位置，并将其反馈给水排水专业。

给水排水与暖通交互流程：暖通专业需将空调机房位置提供给给水排水专业，方便给水排水设计师确定水泵房位置及相应的供回水管路。

暖通与电气交互流程：暖通专业需将空调设备位置、设备参数等信息提供给电气。电气设计师结合各设备负荷进行电力计算后，确定强弱电间位置，并将其反馈给水排水专业。

4.3　施工图设计阶段

施工图是对各专业的优化和完善。根据设计书了解建筑设计意图，通过模型和图纸，明确设计意图，并在此基础上进行建筑、结构的优化和机电的深化设计。

此阶段需要根据结构、机电中心文件的变化进调整与完善，完善的内容包括梯梁梯柱的搭建，局部楼板降板，楼板和墙体开洞，放置设备基础。同时本阶段是管综专业最关键阶段，应该全过程考虑管线排布、设备安装空间，设备参数信息等。

4.3.1　建筑专业

1. 协作流程

（1）一审会

建筑专业负责人召集结构、机电等相关人员进行一审会，介绍该项目的需求和平面布置的改动，明确本阶段的设计参数和要求。各专业需确认降板区域，主要构造做法，洞口、管井等位置，设备用房等特殊荷载范围等内容，根据需求核对空间净高，进行管线综合设计。

（2）施工图设计

a. 深化初设模型，完善设计节点及构件大样。

b. 门窗表及门窗性能、用料、颜色、玻璃、五金件等的设计。

c. 幕墙工程（玻璃、金属、石材等）及特殊屋面工程（金属、玻璃、膜结构等）细部构造精细化。

（3）二审会

建筑专业负责人召集结构、机电等相关人员进行二审会，校核设计内容，介绍出图要求，最终交付内容及格式。各专业需进一步核对开洞位置尺寸、构件细节做法及空间净高等内容。

（4）施工图出图

根据二审会意见完善施工图模型。各专业使用出图视图样板，创建图纸并进行尺寸标注、构件标注和文字标注等二维注释，制作构件明细表和构件详图。

（5）成果交付

出图绘制完成后，进行图纸校审、打印等工作，整理书面文件，分离并保存最终模型，交付成果并归档。

2. 设计要点

继承初步设计阶段模型，重新载入更新其他专业中心模型，进行协同设计。根据施工图设计要点，需完善墙体、门窗、屋顶等建筑构件细节深化，确认洞口及设备用房布置，控制房间净高等。

（1）屋顶

Revit 中提供了三种绘制屋顶的方式：迹线屋顶、拉伸屋顶和面屋顶。迹线屋顶是通过直接绘制屋顶轮廓草图生成，拉伸屋顶是将轮廓进行拉伸后生成，面屋顶是基于一个体量面放置后自动生成。

1）迹线屋顶

单击“建筑”选项卡下，“屋顶”下拉列表，选择迹线屋顶，使用建筑迹线定义其边界，绘制方式有直线、弧线、圆、拾取线、拾取墙等。

注意：使用“拾取墙”命令可在绘制屋顶之前指定悬挑（图 4.3-1）。

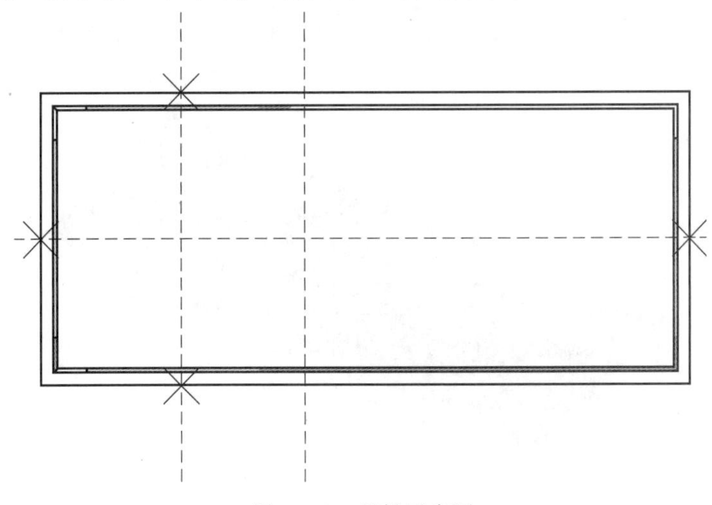

图 4.3-1 悬挑示意图

轮廓绘制完成后需进行屋顶坡度设置，设置方式有两种：绘制坡度箭头和定义边界线。

在绘制坡度箭头时，可以输入属性值来指定其头和尾的高度或坡度值。坡度箭头的尾部必须位于一条定义边界的绘制线上，且该绘制线不能有坡度定义（除非坡度箭头位于顶点上）。

定义边界线时，需选定边界线，在“属性”对话框中单击“定义屋顶坡度”，然后可以修改坡度值（图 4.3-2）。已设置坡度的边界线会出现符号⊾。

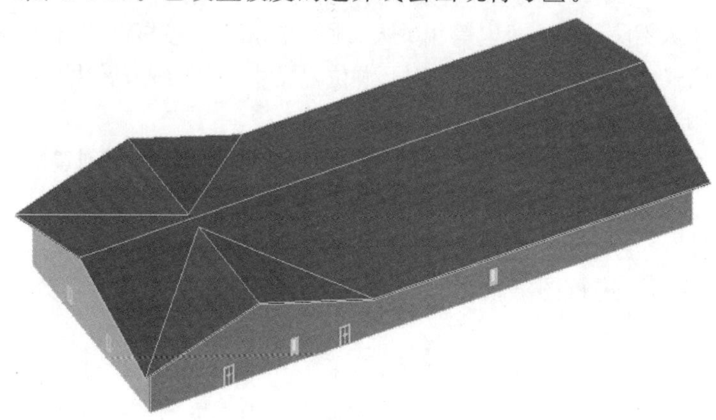

图 4.3-2　有悬挑的四坡屋顶示例

2）拉伸屋顶

显示立面视图、三维视图或剖面视图（图 4.3-3）。

单击“建筑”选项卡，在“屋顶”下拉列表中选择“拉伸屋顶”，进入绘制轮廓草图模式。绘制时，需指定工作平面。

在工作平面中绘制屋顶的截面线，设置拉伸起点和终点，完成即可生成垂直于工作平面拉伸的屋顶。

小技巧：拉伸屋顶的拉伸起点和终点可以在三维、立面中使用拖拽或对齐命令直接修改。

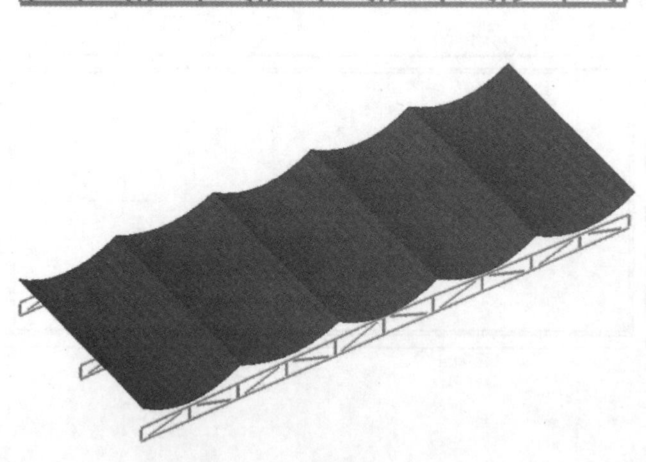

图 4.3-3　拉伸屋顶示例

(2) 洞口

在 Revit 中，不仅可以通过编辑楼板、屋顶的轮廓来实现开洞，也可以通过选项卡中“洞口”命令来创建。软件中洞口绘制方式有面洞口、竖井洞口、墙洞口、垂直洞口和老虎窗洞口等。本节主要介绍墙洞口和竖井洞口两种常用命令。

1) 墙洞口

使用“墙洞口”工具可以在直线墙或曲线墙上剪切矩形洞口。单击“建筑”选项卡下“墙洞口”命令，在墙上绘制一个矩形洞口。

可以使用拖曳或对齐等命令编辑夹点修改洞口的尺寸和位置，也可以将洞口整体拖曳到同一面墙上的新位置，然后为洞口添加尺寸标注。示例见图 4.3-4，使用“墙洞口”工具创建洞口。

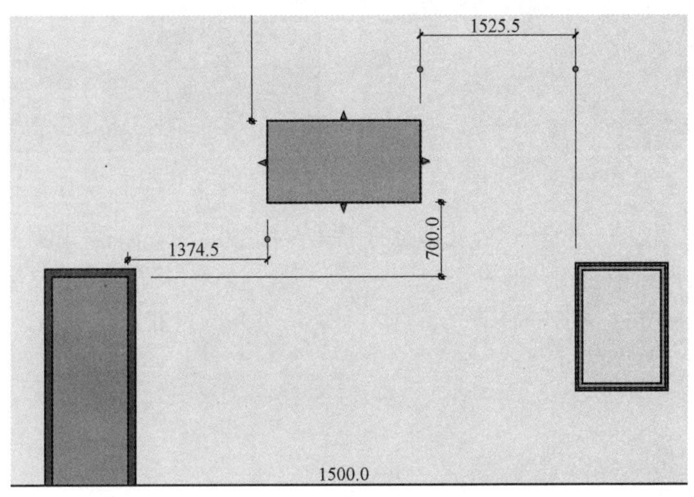

图 4.3-4 使用“墙洞口”工具创建洞口

如需创建圆形或多边形洞口，可以通过创建内建族的空心形式来剪切墙体，或直接载入并放置相应的洞口族。

打开可从中访问作为洞口主体的墙的平面视图。单击“建筑”选项卡下“构件”，在“修改 | 放置构件”选项卡上，单击“载入族”。载入相应的“洞口”族文件，并放置在墙体中。如图 4.3-5 所示，创建圆形开槽洞口。

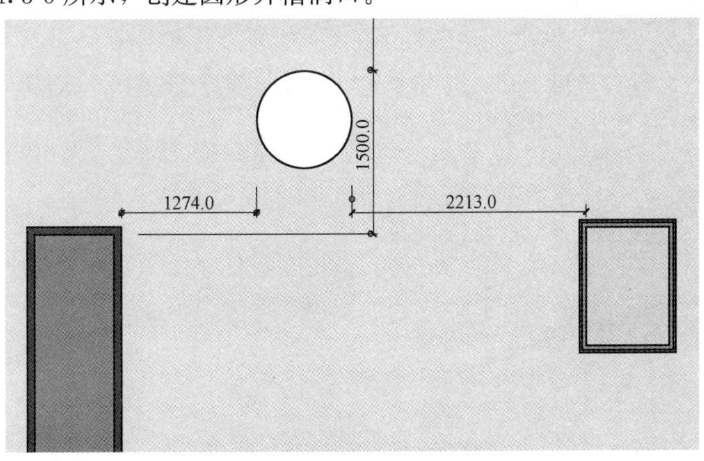

图 4.3-5 使用“洞口”族创建洞口

2）竖井洞口

使用“竖井”工具可以放置跨越整个建筑高度（或者跨越选定标高）的洞口，洞口同时贯穿屋顶、楼板或天花板。

单击“建筑”选项卡，“洞口”面板中“竖井”命令，通过绘制线或拾取墙来绘制竖井洞口（图 4.3-6、图 4.3-7）。

图 4.3-6 带符号线的竖井洞口

图 4.3-7 使用“竖井”工具创建洞口

注意：默认情况下，竖井的墙底定位标高是当前激活的平面视图的标高。例如，在楼板或天花板平面视图中启用“竖井洞口”工具，则默认竖井洞口底定位标高为当前标高。如果在剖面视图或立面视图中启动该工具，则默认竖井洞口底定位标高为“转到视图”对话框中选定的平面视图的标高。

3. 出图要点

（1）图纸标注

1）高程点坡度

在平面视图和剖面视图标记坡度板时，会用到“高程点坡度”来进行标记。

添加高程点坡度尺寸标注方法：

① 将高程点坡度添加到图形，以在图元的面或边的指定点上显示坡度。单击“注释”选项卡下“尺寸标注”面板，单击“高程点坡度”。在“类型选择器”中，选择放置的高程点坡度注释族的类型。

② 输入“相对参照的偏移”值。该值可以相对于参照指定点移动高程点坡度注释，使之离参照更近或更远。

③ 单击放置高程点坡度，可以位于坡度上方或下方。将光标移动到可以放置高程点坡度的图元上时，绘图区域中会显示高程点坡度的值。

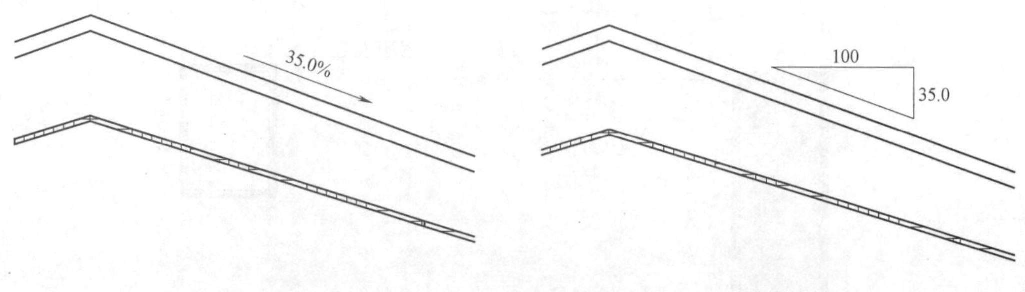

图 4.3-8 坡度—箭头　　图 4.3-9 坡度—三角形

坡度有箭头、三角形、点等多种表达形式（图 4.3-8、图 4.3-9）。不同的表达形式适用于不同的情况，例如三角形坡度箭头适用于剖面或立面图中，无法在平面中显示。

2）详图项目注释族创建

新建“多类别标记族”，在平面视图中添加两个标签，保持“右”对齐，且上下对称，并在水平参照平面上绘制一条直线，在竖向参照平面两侧绘制两条参照线，均分并添加参数“水平线长”，将水平直线与左侧参照线对齐并锁定，目的是可控水平线长度。完成后载入到项目中进行标记，添加标记内容（图 4.3-10～图 4.3-13）。

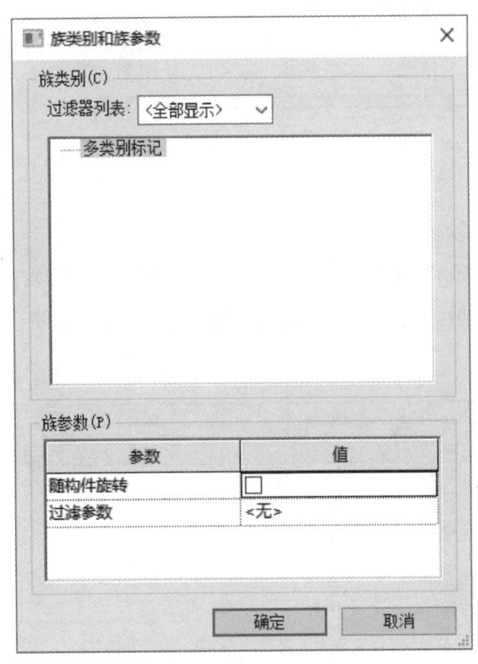

图 4.3-10　族类别和族参数

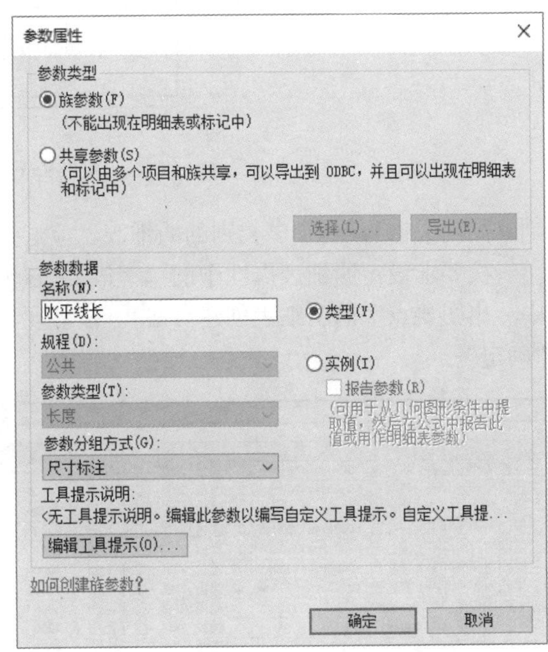

图 4.3-11　创建“水平线长”族参数

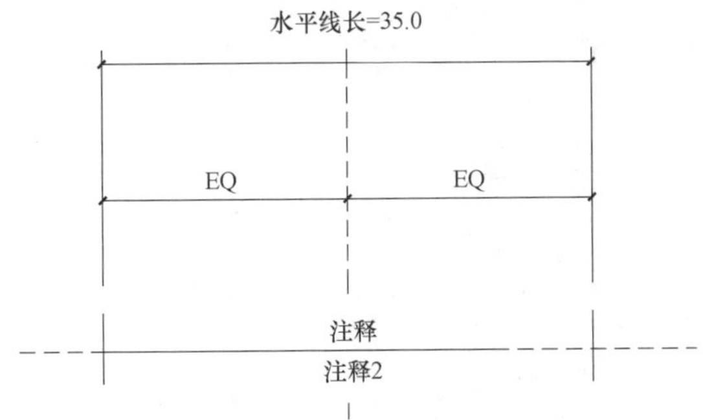

图 4.3-12　绘制线并指定参数

（2）门窗明细表

单击“视图”选项卡，选中“明细表/数量”。在“新明细表”对话框的“类别”列表中选择一个类别，即可创建明细表（图 4.3-14）。对于单一类别的明细表，选择相应的类

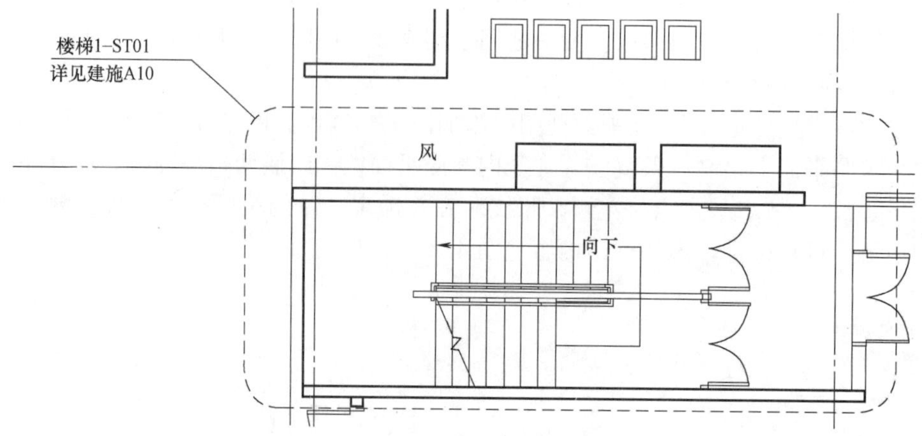

图 4.3-13 详图项目注释族示例

别（如门或窗）。对于多类别的明细表，应选择“多类别”。

按要求设定明细表属性中的“字段”“过滤”条件（具体设置方法可参照 4.2.3 章节中“出图要点”的明细表创建方法）。按需要规定明细表的其余部分的格式。完成后单击“确定”。

A	B	C	D	E	F	G
族与类型	标高	宽度	高度	底高度	合计	说明
-三层四列(两侧平开): 推拉窗_3000mm×4300mm_LC	建模_2#楼一层平面图	3000	4300	0	2	
-三层四列(两侧平开): 推拉窗_5400mm×4300mm_LC	建模_2#楼一层平面图	5400	4300	0	1	
-三层四列(两侧平开): 推拉窗_5900mm×4300mm_LC	建模_2#楼一层平面图	5900	4300	0	1	
-三层四列(两侧平开): 推拉窗_6000mm×4300mm_LC	建模_2#楼一层平面图	6000	4300	0	1	
-三层四列(两侧平开): 推拉窗_8200mm×4300mm_LC	建模_2#楼一层平面图	8200	4300	0	1	
-三层四列(两侧平开): 推拉窗_10000mm×4300mm_LC	建模_2#楼一层平面图	10000	4300	0	4	
-三层四列(两侧平开): 推拉窗_10100mm×4300mm_LC	建模_2#楼一层平面图	10100	4300	0	5	
推拉窗: 固定窗_6600mm×800mm_GC	建模_2#楼一层平面图	6600	800	1500	10	
推拉窗: 推拉窗_4000mm×4100mm_LC	建模_2#楼一层平面图	4000	4100	0	1	
推拉窗: 推拉窗_4800mm×800mm_LC	建模_2#楼一层平面图	4800	800	2000	1	
百叶窗: 百叶窗_900mm×4300mm_BYC	建模_2#楼一层平面图	900	4300	0	1	
百叶窗: 百叶窗_1500mm×4300mm_BYC	建模_2#楼一层平面图	1500	4300	0	3	
百叶窗: 百叶窗_1600mm×4300mm_BYC	建模_2#楼一层平面图	1600	4300	0	5	
百叶窗: 百叶窗_1900mm×4300mm_BYC	建模_2#楼一层平面图	1900	4300	0	3	
-三层四列(两侧平开): 推拉窗_5000mm×4300mm_LC	建模-1#楼首层平面图	5000	4300	0	1	
-三层四列(两侧平开): 推拉窗_5200mm×4300mm_LC	建模-1#楼首层平面图	5200	4300	0	1	
-三层四列(两侧平开): 推拉窗_6300mm×4300mm_LC	建模-1#楼首层平面图	6300	4300	600	1	
-三层四列(两侧平开): 推拉窗_7100mm×4300mm_LC	建模-1#楼首层平面图	7100	4300	0	3	
-三层四列(两侧平开): 推拉窗_7300mm×4300mm_LC	建模-1#楼首层平面图	7300	4300	0	1	
-三层四列(两侧平开): 推拉窗_7500mm×4300mm_LC	建模-1#楼首层平面图	7500	4300	600	1	
-三层四列(两侧平开): 推拉窗_7700mm×4300mm_LC	建模-1#楼首层平面图	7700	4300	0	2	
-三层四列(两侧平开): 推拉窗_8100mm×4300mm_LC	建模-1#楼首层平面图	8100	4300	0	1	
-三层四列(两侧平开): 推拉窗_8500mm×4300mm_LC	建模-1#楼首层平面图	8500	4300	0	1	
-三层四列(两侧平开): 推拉窗_8700mm×4300mm_LC	建模-1#楼首层平面图	8700	4300		3	
-三层四列(两侧平开): 推拉窗_8900mm×4300mm_LC	建模-1#楼首层平面图	8900	4300	0	1	
-三层四列(两侧平开): 推拉窗_9600mm×4300mm_LC	建模-1#楼首层平面图	9600	4200	0	2	
-三层四列(两侧平开): 推拉窗_9700mm×4300mm_LC	建模-1#楼首层平面图	9700	4300	0	1	
-三层四列(两侧平开): 推拉窗_9900mm×4300mm_LC	建模-1#楼首层平面图	9900	4300		2	
-三层四列(两侧平开): 推拉窗_10000mm×4300mm_LC	建模-1#楼首层平面图	10000	4300	600	1	
-三层四列(两侧平开): 推拉窗_11600mm×4300mm_LC	建模-1#楼首层平面图	11600	4300	0	1	
-三层四列(两侧平开): 推拉窗_13900mm×4300mm_LC	建模-1#楼首层平面图	13900	4300	0	1	
-三层四列(两侧平开): 推拉窗_14600mm×4300mm_LC	建模-1#楼首层平面图	14600	4300	0	1	
-三层四列(两侧平开): 推拉窗_16100mm×4300mm_LC	建模-1#楼首层平面图	16100	4300	0	1	
固定窗1: 固定窗_6600mm×800mm_GC	建模-1#楼首层平面图	6600	800	1500	1	
推拉窗: 固定窗_1800mm×800mm_GC	建模-1#楼首层平面图	1800	800	1500	1	
推拉窗: 固定窗_3300mm×800mm_GC	建模-1#楼首层平面图	3300	800	1500	4	
推拉窗: 固定窗_3800mm×800mm_GC	建模-1#楼首层平面图	3800	800	1500	2	
推拉窗: 固定窗_4100mm×800mm_GC	建模-1#楼首层平面图	4100	800	1500	1	
推拉窗: 固定窗_4200mm×800mm_GC	建模-1#楼首层平面图	4200	800	1500	4	
推拉窗: 固定窗_4700mm×800mm_GC	建模-1#楼首层平面图	4700	800	1500	1	

图 4.3-14 创建门窗明细表

在图纸中添加带有门窗的剖面视图或门窗详图，再添加门窗明细表，即可导出“门窗表”图纸（图 4.3-15）。

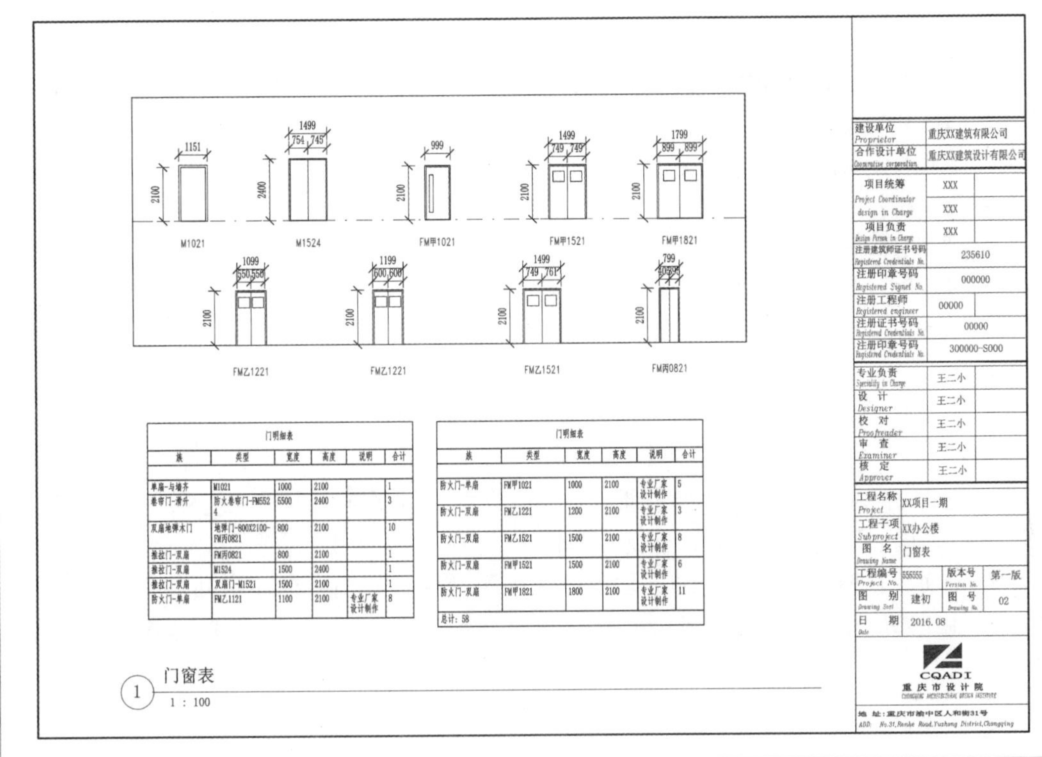

门明细表

族	类型	宽度	高度	说明	合计
单扇-与墙齐	M1021	1000	2100		1
卷帘门-滑升	防火卷帘门-FM5524	5500	2400		3
双扇地弹木门	地弹门-800X2100-FM丙0821	800	2100		10
推拉门-双扇	FM丙0821	800	2100		1
推拉门-双扇	M1524	1500	2400		1
推拉门-双扇	双扇门-M1521	1500	2100		1
防火门-单扇	FMZ1121	1100	2100	专业厂家设计制作	8

门明细表

族	类型	宽度	高度	说明	合计
防火门-单扇	FM甲1021	1000	2100	专业厂家设计制作	5
防火门-双扇	FMZ1221	1200	2100	专业厂家设计制作	3
防火门-双扇	FMZ1521	1500	2100	专业厂家设计制作	8
防火门-双扇	FM甲1521	1500	2100	专业厂家设计制作	6
防火门-双扇	FM甲1821	1800	2100	专业厂家设计制作	11
总计：58					

图 4.3-15　门窗表

4. 模型完成标准

(1) 构件完成标准

a. 主要建筑构件及装饰构件绘制完整，如楼地面、柱、外墙、屋顶、幕墙、内墙、内外门窗、楼梯、夹层、阳台、雨篷等，并明确主要建筑构件主体材质、几何尺寸、防火信息、绿建信息（图 4.3-16）；

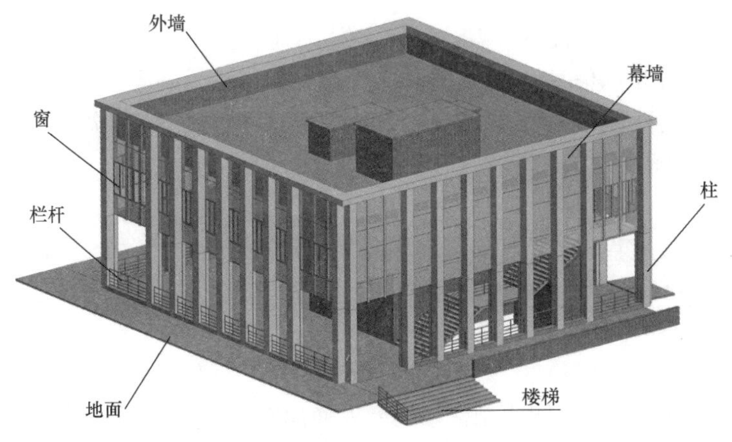

图 4.3-16　模型完成标准

b. 绘制吊顶、栏杆、扶手等其他构件，家具、生产设备等主要设施设备，并明确其技术参数和性能；

c. 明确建筑各层的标高、建筑物主体外观形状和几何尺寸，划分主要功能房间。

（2）出图完成标准

建筑专业初步设计图纸包括图纸目录、设计施工说明、总平面图、平面图、剖面图、详图、门窗表、做法表等。

a. 平面图：明确轴网定位和内外门窗位置，标注墙身厚度、门窗洞口尺寸；标记房间名称及面积；

b. 平面图：表示主要建筑设备和固定家具的位置、尺寸及相关做法索引；标注变形缝、预留孔洞、管井等位置、尺寸及做法索引；

c. 平面图：划分防火分区并表达防火分区面积，表示安全疏散楼梯、安全出口等位置、净宽；

d. 立面图：明确轴网定位和各楼层标高，标注屋顶、女儿墙、室外地面等主要标高或高度；

e. 立面图：标注外立面主要材质、色彩设计情况等；标注主要建筑部件的尺寸定位，如门窗、幕墙、雨篷、台阶等；标记相关构造节点的做法索引；

f. 剖面图：明确轴网定位，标注各楼层建筑及结构标高；标注房间名称，标注主要建筑构件（如屋顶、女儿墙、阳台、栏杆等）标高或高度；标记相关构造节点的做法索引。

4.3.2 结构专业

1. 协作流程

（1）一审会

结构专业负责人召集建筑、机电等相关人员进行一审会，介绍该项目的需求和平面布置的改动，明确本阶段的设计参数和要求。各专业需确认降板区域，主要构造做法，洞口、管井等位置，设备用房等特殊荷载范围等内容，根据需求核对空间净高，进行管线综合设计。

（2）施工图设计

a. 深化初设模型，完善设计节点及构件大样。

b. 各类结构构件布筋信息及复杂钢筋节点实体模型。

c. 砌体工程（构造柱和过梁）、楼梯（楼梯梁、楼梯柱、梯板构造等）、预埋件和特种结构和构筑物（水池、水箱和地沟等）等细部构造精细化。

（3）二审会

结构专业负责人召集二审会，校核设计内容，完成出图的相关要求，满足最终交付内容及格式。结构专业核对开洞位置尺寸、构件细节做法、复核变更处荷载、构造柱及空间净高等内容。

（4）施工图出图

根据二审会意见完善施工图模型。结构专业使用对应出图视图样板，创建图纸并进行尺寸标注、构件标注和文字标注等二维注释，制作构件明细表和构件详图。

(5) 成果交付

出图绘制完成后，进行图纸校审、打印等工作，整理书面文件，分离并保存最终模型，交付成果并归档。

2. 设计要点

(1) 钢筋节点大样

结构设计中钢筋排布相对比较复杂，为方便在复杂节点处清晰表达钢筋构造和配筋信息，Revit 提供了钢筋图元的创建命令。具体操作步骤如下：

在 Revit 项目中载入钢筋形状，或利用项目样板中已载入的钢筋形状进行钢筋模型绘制。选择需要表达三维钢筋的结构构件，在导航菜单栏中选择“钢筋”命令，或单击结构选项卡中的“钢筋”面板，选择合适的放置方式放置钢筋形状并调整参数（图 4.3-17）。

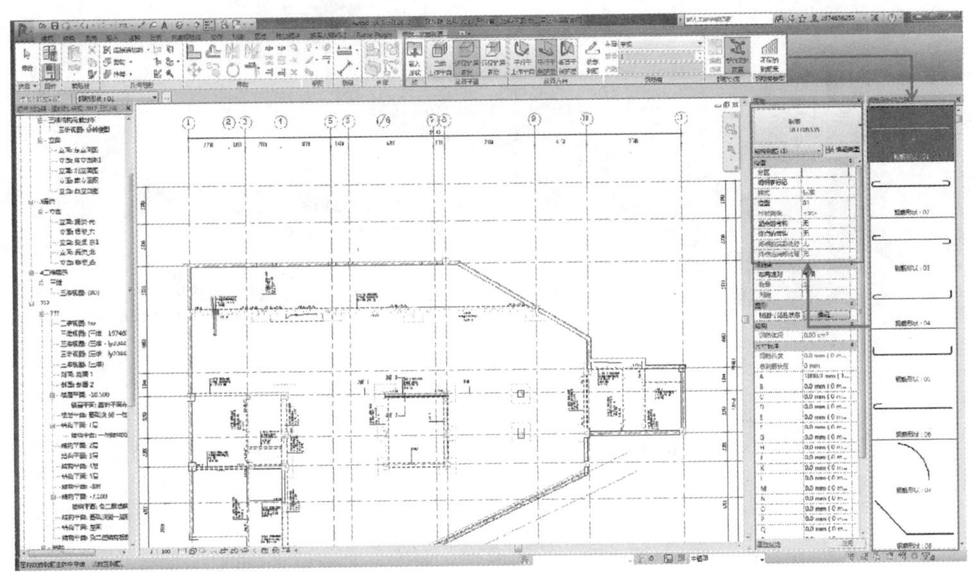

图 4.3-17 放置钢筋形状

当项目中钢筋形状无法满足钢筋模型建立时，可以通过手动绘制的方法搭建钢筋模型。

注意：1. 在低于 2020 版本的 Revit 中，创建钢筋模型不能在三维环境下进行，同时 Revit 2020 版本更新后对钢筋模型的绘制和显示性能进行了优化。

2. 绘制钢筋模型时需注意钢筋弯折角度。

(2) 结构主体开洞

Revit 中常用开洞方法有两种，一是编辑构件轮廓线，如：墙、板等构件；二是利用空心剪切与构件进行布尔差集运算实现开洞，如：竖井、空心剪切洞口族等方式。

利用开洞处理机电专业与结构主体构件碰撞问题。以穿梁的消防水管为例具体操作如下：

1) 由机电专业设计人员提供不可避让结构构件 ID 号，在 Revit 中利用构件 ID 查找功能获取构件精确定位（图 4.3-18）。构件 ID 号列表如表 4.3-1 所示。

构建 ID 列表　　　　表 4.3-1

序号	所属专业	碰撞构件类别	构件轮廓形状及尺寸	构件中心高度	结构构件 ID
1	消防水	钢性空心管道	圆形-DN150	2450mm	515262

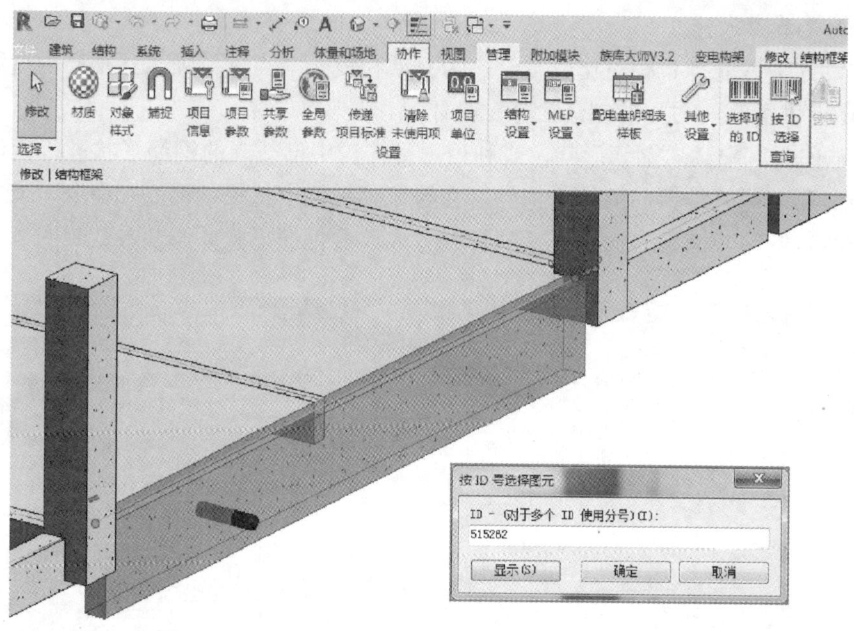

图 4.3-18　按构件 ID 选择构件

2）利用空心剪切或编辑轮廓线方法对结构构件进行开洞处理，空心剪切还可分为洞口和洞口族两类（表 4.3-2）。

常用构件的开洞方法　　　　表 4.3-2

构件类别 开洞方法	墙体	板	柱	梁
空心剪切	√	√	√	√
编辑轮廓线	√	√	×	×

3. 出图要点

1）平法平面标注

平法标注是使 Revit 结构模型能否出图的关键，但 Revit 中内置的标注族和构件信息量无法满足现行的国标要求，如何添加构件信息和制作标注族就成为实现模型直接出图的关键。具体操作步骤如下：

① 从结构计算软件中导出钢筋信息，并写入到结构模型构件中（图 4.3-19）。

② 制作标记族，读取模型构件中的梁编号、截面尺寸、箍筋信息、上部通长筋或架力筋配置、梁侧面纵向构造筋或受扭筋配置、梁顶面标高高差等信息实现 Revit 中的梁平法标注。配筋信息标记族的具体创建方法可参照 4.2.1 节建筑专业的构建信息标记。

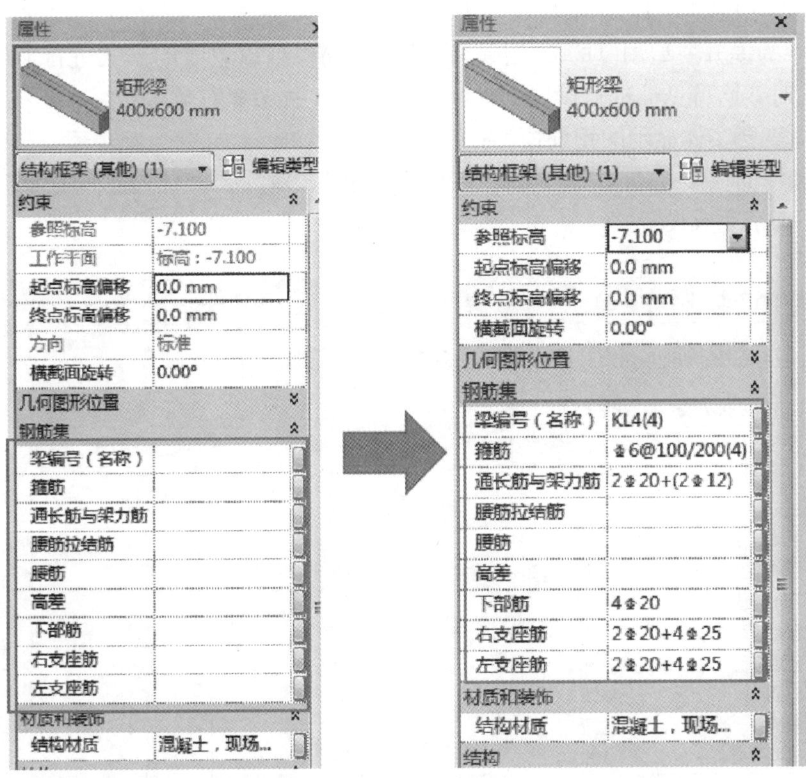

图 4.3-19　钢筋信息导入

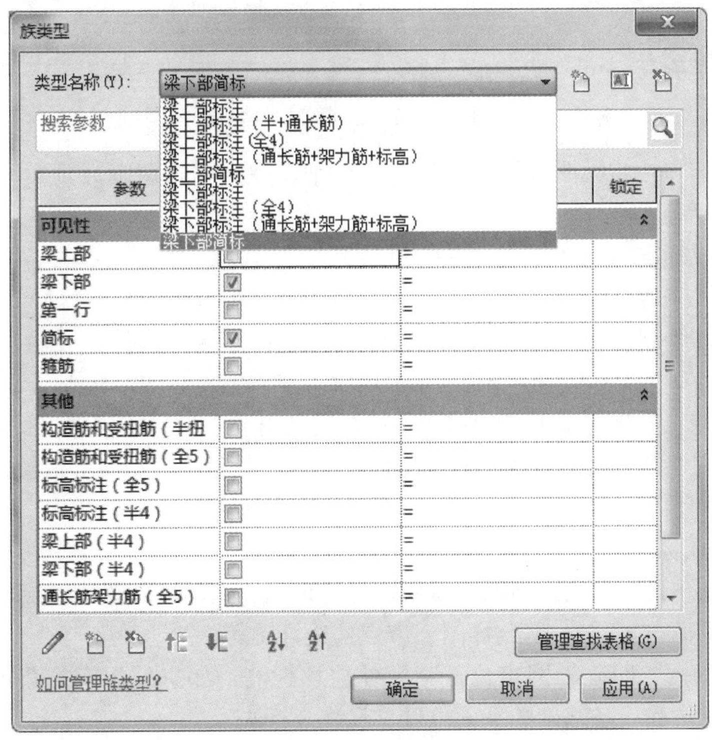

图 4.3-20　制作配筋信息标记族

2）钢筋模型三维实体显示

Revit 中为提升模型浏览的便捷性，默认将钢筋模型以单线的形式进行显示，实体显示钢筋需要对钢筋可见性进行设置。具体操作如下（图 4.3-21）：

① 选中需要实体显示的钢筋模型；

② 在属性面板中点击“视图可见性状态—编辑”对需要实体显示的钢筋实体模型视图勾选，并确定完成设置。

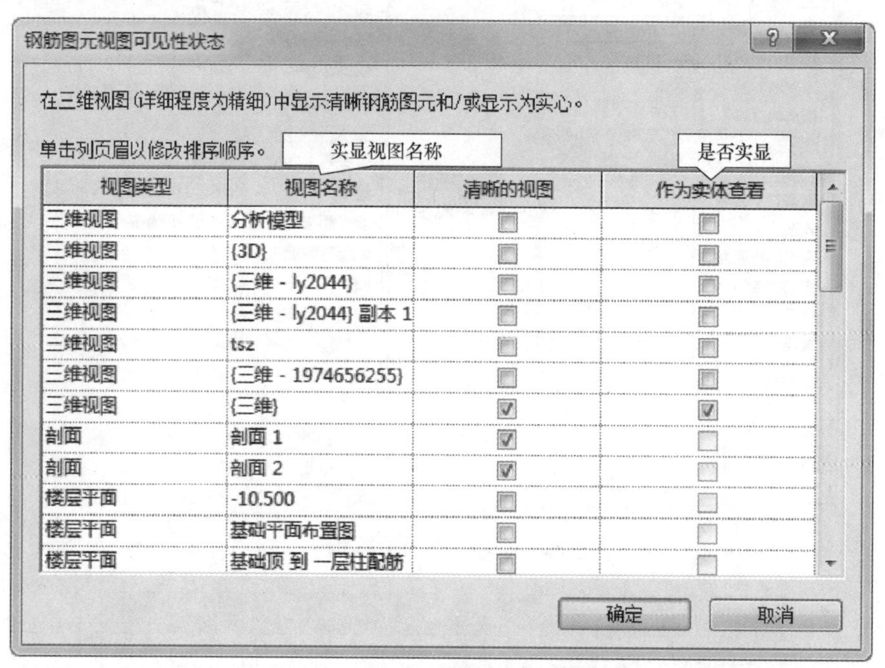

图 4.3-21　钢筋实显设置

③ 在视图窗口中将视图详细程度调整为精细，视觉样式调整为真实，钢筋显示即为带贴图的实体模型。

4. 模型完成标准

1）构件完成标准

a. 主体构件绘制完整，如承重墙、梁、柱、楼板等结构构件，应明确其材质、型号等信息；

b. 绘制挡墙、基础等地下结构构件，并注明其材质、型号等信息；

c. 绘制地沟、集水坑和设备基础等构件，并注明其材质、型号等信息；

d. 绘制结构预留孔洞、预埋件等，并明确洞边加强措施。

2）出图完成标准

结构专业初步设计图纸包括图纸目录、设计说明、基础平面图、楼层平面图（墙、柱布置图和结构平面布置图）、基础详图、节点构造详图等。

a. 基础平面图：明确轴网定位、室内外地坪标高；如有地下室需表明挡土墙位置；标注地沟、集水坑和设备基础的平面位置、尺寸及标高；

b. 基础平面图：标注基础构件（包括桩基础、浅基础、承台、基础梁等）位置、尺寸、标高及构件编号；

c. 基础平面图：表明设备基础定位、尺寸、标高，预留孔和预埋件的位置、尺寸、标高；

d. 楼层及屋面结构平面图：包括墙、柱布置图和结构平面布置图，应注明定位尺寸，墙、柱、梁截面尺寸，楼板厚度等；

e. 楼层及屋面结构平面图：有预留孔、预埋件、设备基础时应标识其规格与位置，洞边加强措施；屋面上应标注女儿墙位置、编号及详图索引；

f. 应在相应平面图中标注伸缩缝、沉降缝、防震缝、施工后交代等位置和宽度；

g. 详图：包括基础详图、钢筋混凝土构件详图、女儿墙详图等，应标注其材质、尺寸以及做法等。

4.3.3 机电专业

1. 协作流程

(1) 一审会

在初设阶段的模型基础上，机电负责人需根据初设阶段项目情况以及项目需求，继续深化机电模型，适时与其他专业协调，深化施工图设计。

全专业参加一审会，各专业对以下内容进行确认核对：楼板标高变化、天花板高度、主梁大小、楼梯、坡道、管井等。

(2) 施工图设计

a. 深化初设模型，达到施工图模型深度，满足出施工图要求。

b. 多专业多系统的碰撞节点优化。

c. 设备族输入所需参数，满足出图注释要求。

d. 确定预留预埋洞口位置和大小，提资给结构进行调整。

e. 与土建专业协商层高，进行净高优化。

f. 电气专业：确定设备电量、控制方式等提资电气专业进行电气设计。

g. 暖通专业：暖通专业冷却水、冷凝水等排水提资给水排水专业进行设计。

(3) 二审会

全专业参加二审会，通过会审与各专业对以下内容进行确认核对：设备基础的位置、尺寸、标高，各专业剪力墙、承重墙预留孔、洞位置及尺寸。

(4) 施工图出图

各专业结合协调会意见，深化施工图设计，配合其他专业中心文件模型进行协调设计，对施工图模型进行完善，满足施工图出图要求。机电完成施工图模型，完成主管道综合设计并解决碰撞问题。利用施工图模型直接生成图纸，并进行注释、标注等图纸细化工作，形成出图模型。

(5) 成果交付

机电专业将模型与图纸进行最终整理，出图打印，完成施工图阶段成果并归档。

2. 操作要点

(1) 族编辑及参数输入

风机连接件布置：

Revit共有五种连接件：电气连接件、风管连接件、管道连接件、电缆桥架连接件、线管连接件。单击功能区中“创建”，在“连接件”面板中选择需要添加的连接件。

① 添加风管连接件

A. 单击功能区中“创建”—“风管连接件”，进入“修改/放置风管连接件”选项卡。

B. 选择将连接件“放置”在“面”上或者“工作平面”上（图4.3-22）。

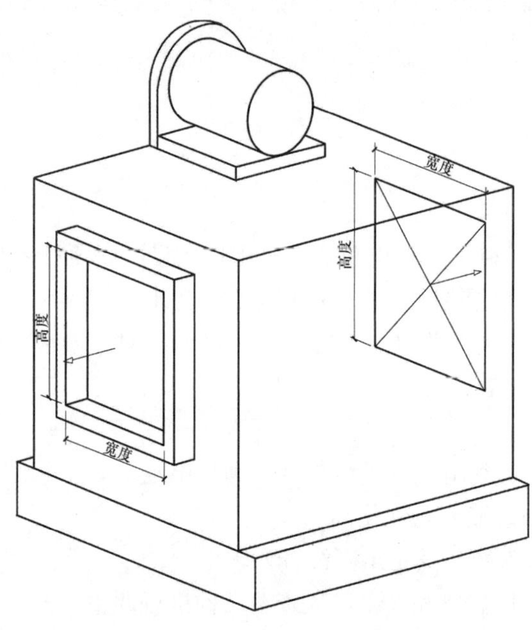

图4.3-22 风机连接件示例

② 连接件参数设定

单击绘图区域中的风管连接件，打开“属性”对话框，设置风管连接件。给连接件赋予“高度”“宽度”信息，关联“风管宽度”参数，见图4.3-23风机连接件参数设置。如改变进出口高宽，连接件高宽相应改变。

在“族参数”对话框设置风管进出口宽度默认值，也可设置好风机的“风量”“噪声”“外部静压”等参数信息。见图4.3-24风机参数设置。

（2）管线综合

1）机电BIM管线综合主要目的：

A. 综合管线初步定位及各专业之间无明显不合理的交叉；

B. 保证各管线合理的安装操作与足够的检修空间，阀门及附件足够的安装空间；

C. 综合管线整体布局协调合理。

2）管线综合具体原则如表4.3-3～表4.3-7所示。

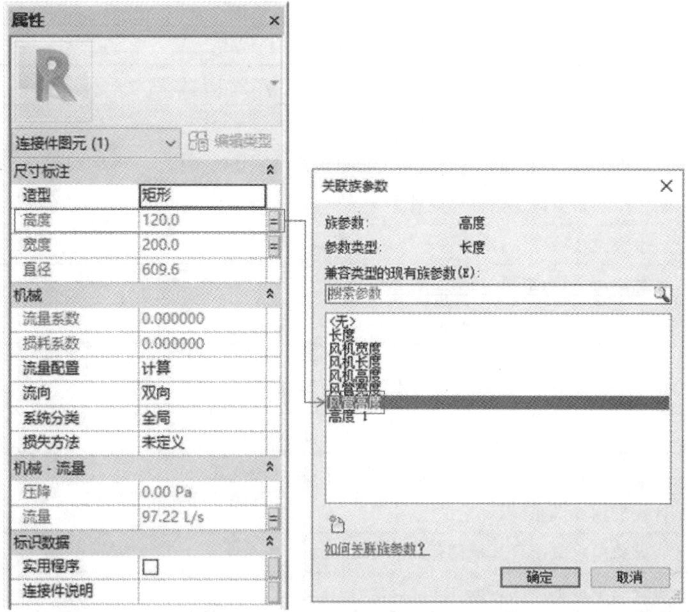

图 4.3-23 风机连接件参数设置

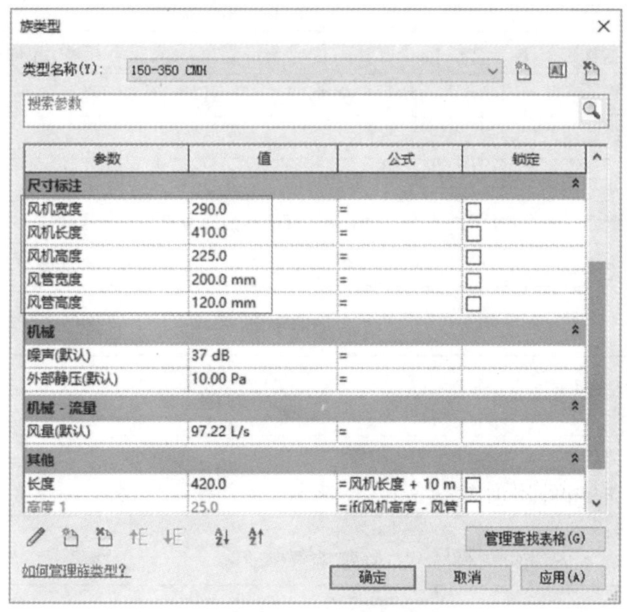

图 4.3-24 风机参数设置

管综避让原则 **表 4.3-3**

序号	避 让 原 则
1	小管让大管,大管优先排布
2	有压管道让无压管道
3	临时管线避让长久管线
4	金属管避让非金属管

续表

序号	避让原则
5	电气避让水管，在热水管道及水管垂直下方不布置电气线路
6	消防水管避让冷冻水管，冷冻水管有保温
7	强弱电分设，避免建筑智能线路受强电线路电磁场的干扰
8	附件少的管道避让附件多的管道
9	热水管避让冷冻管，冷水管避让热水管
10	水管避让风管，电管、桥架应在水管上方
11	满足建筑功能性，管线调整后美观

管综排布原则　　**表 4.3-4**

序号	排布原则
1	地下室标高满足规定要求，局部车位标高满足规范要求
2	管线沿轴线排布，做到横平竖直
3	消火栓出水口避开车辆两侧位置
4	风管与车道不能同方向

管综给水排水专业　　**表 4.3-5**

序号	给排水专业
1	给水管在上，排水管在下；保温管在上，非保温管在下；管线不宜穿配电间或者弱电间
2	污排、雨排、废水排水等自然排水管线不应上翻，其他管线避让重力管线
3	管线阀门不宜并列安装，应错开位置
4	水管与桥架分层布置时，水管不能在桥架正上方
5	冷凝水应考虑坡度，吊顶的实际安装高度通常由冷凝水的最低点决定
6	管线不宜布置在电机盘、配电盘、仪表盘上方

管综暖通专业　　**表 4.3-6**

序号	暖通专业
1	风管和较大的母线桥架交叉时，桥架上翻
2	风管的外壁或者法兰边缘距墙壁或柱边的净距宜≥100mm
3	风管较多时，大风管应高于小风管

管综电气专业　　**表 4.3-7**

序号	电气专业
1	两组电缆桥架在同一高度平行敷设时，其间距宜为 150mm，桥架距墙边、柱边净距宜≥100mm
2	电缆桥架不宜敷设在腐蚀性气体管道和热力管道的上方及腐蚀性液体管道的下方
3	桥架上下翻时要放缓坡，上翻角度不宜大于 60°
4	桥架不宜穿楼梯间、空调机房、管井、风井等，遇到后绕行
5	桥架敷设时，桥架顶距板底应预留合理操作空间，与其他专业之间的水平距离尽量保持适当距离
6	强电桥架靠近配电间的位置安装
7	强电与弱电桥架上下安装时，优先考虑强电桥架放在上方

3）BIM机电管线深化设计核查重点

① 留洞核查

A. 机电管线穿剪力墙、楼板是否留洞（风管、风口、水管、电缆桥架、母线槽等）；

B. 留洞位置、尺寸是否满足要求（留洞位置应避开梁、柱、楼梯等，不能影响建筑使用功能；留洞尺寸一般比管线要大，特别要注意风口留洞）；

C. 梁上留洞是否满足规范要求（管线位于梁体中部1/3处为最好，即管中与梁中线重合最好，管洞上下距梁顶底距离不小于1/3梁高）。

② 管井核查

A. 管井内是否有梁（一般情况下管井内是不会有梁的，尤其是风井内）；

B. 梁是否会与机电管线冲突（主要是立管穿梁情况）；

C. 桥架、母线槽、水管在管井内会贴墙安装，注意此墙是否贴梁边沿（防止出现管线避梁翻弯情况）。

③ 净高核查

A. 坡道、设备运输通道是否满足净高要求；

B. 管线密集处是否满足净高要求；

C. 大管线经过区域是否满足净高要求；

D. 重力排水管道经过区域是否满足净高要求；

E. 机电管线经过楼梯间是否能满足净高要求。

④ 防火卷帘核查

A. 梁下、柱帽下净高是否满足卷帘安装高度要求；

B. 是否存在梁下与卷帘之间预留管线安装空间不足情况；

C. 是否存在防火卷帘高度不满足净高要求。

4）举例说明

商业地下室过道，因过道空间有限，管道重叠较多层，排布复杂，现有如下问题（图4.3-25）：

A. 竖向风管与水管、桥架冲突；

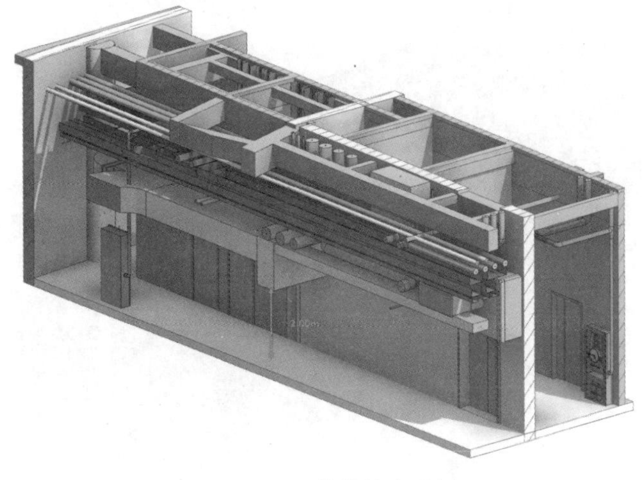

图4.3-25　管线综合示例

B. 竖向水管与风管冲突；

C. 净高不足，净高只能做到 2.00m。

优化调整（第一版）：

A. 风管、水管、桥架改变路由避开竖向水管与风管；

B. 改变消火栓位置，避开风管；

C. 改变风管尺寸满足净高要求，净高提升至 2.25m（图 4.3-26）。

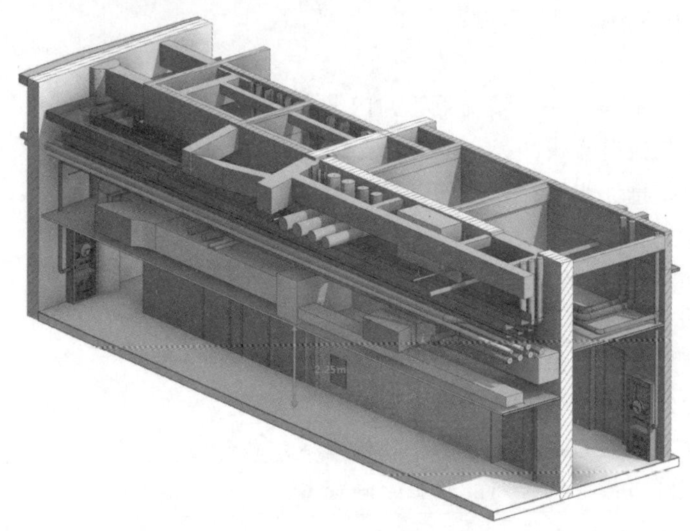

图 4.3-26　管线综合示例（第一版）

优化调整（第二版）：

A. 上一版由于雨水管出外墙太低，导致无法与室外雨水井连接，因此这版调整雨水管至最上层；

B. 调整两根消火栓与两根喷淋管至冷冻机房；

C. 改变风管路由，净高维持 2.25m（图 4.3-27）。

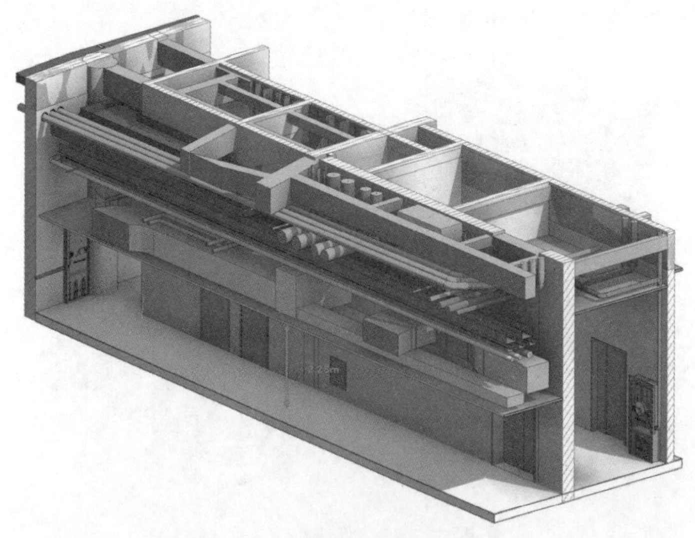

图 4.3-27　管线综合示例（第二版）

(3) 净高分析

进行管线优化调整，确定每个功能区域的最低净高，根据最低净高数值来绘制净高分析平面图，提资给甲方或施工方进行审查，找出净高不足情况，针对性处理类似问题。

创建净高分析平面图的方法有三种：一是通过过滤天花板高度进行着色来创建净高平面图；二是利用填充区域进行着色来创建净高平面图；三是使用风管图例编辑颜色方案进行净高分析。

1) 通过过滤天花板高度进行着色

新建天花板过滤器，过滤条件选择“自标高的高度偏移”“等于”“标高值”(图 4.3-28)。

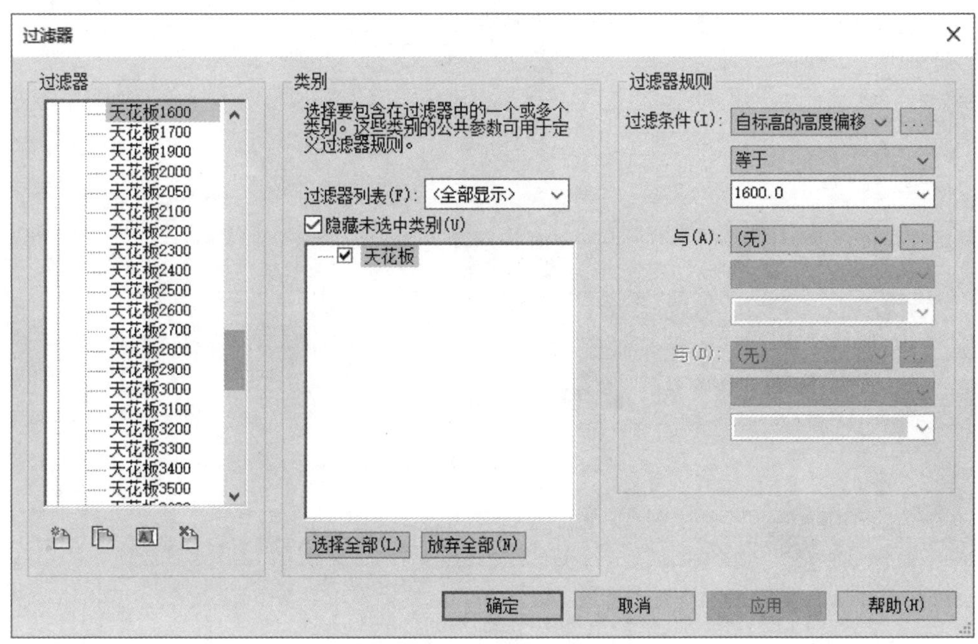

图 4.3-28 过滤器设置

为每一种标高值添加“填充图案”和“颜色”(图 4.3-29)。

在平面视图中绘制天花板，其自动添加颜色（图 4.3-30)。

优点：可以在三维视图中通过天花板快速查看每个区域最低净高是否凸出天花板，找到最低点的净高值，方便天花板高度确认，且颜色过滤器样板方便设置，便于传递到其他项目，重复使用。

缺点：天花板建模多余，可把其归类于临时工作集，用时打开，不用则关闭。

2) 利用填充区域进行着色

点击功能区“注释”里的“区域”面板，选择下拉列表中的“填充区域”，编辑“类型属性”，新建所需类型，修改“填充样式”为“实体填充”，修改“颜色”(图 4.3-31)。

在工作平面中绘制每个功能分区的填充区域，颜色自动填充（图 4.3-32)。

优点：能快速创建所需平面区域，且无需单独绘制实体模型。

缺点：不能直观检查出最低净高，必要时需要借助天花板来辅助判别最低点，故常用方法为第一种。

图 4.3-29　过滤器颜色添加

3）使用风管图例编辑颜色方案进行净高分析

初步建模完成后做机电综合时，需要快速检测管线是否满足净高要求，下面以风管为例（图 4.3-33、图 4.3-34）。

A. 在所需检查楼层平面中，在“注释”选项下选择“风管图例”。

B. 在合理位置点击鼠标左键放置图例，颜色方案为默认。

C. 选择图例，单击编辑方案。

D. 在编辑颜色方案界面新建一个名为“净高分析”的方案。

E. 在方案定义窗口中，“颜色”选项卡下选择底部高程，并选择“按范围”，设置设计所要求净高值（默认单位 mm），图例颜色可根据个人更改，点击确定。

F. 净高完成后，小于 3200 为蓝色风管，大于 3200 的为紫色风管。

优点：能自动快速创建风管颜色方案，无需手动绘制天花板或者填充区域，且无需单独绘制实体模型。

缺点：不能快速判断每个功能分区净高，需找到该对应功能分区管线最低点，再确定净高。

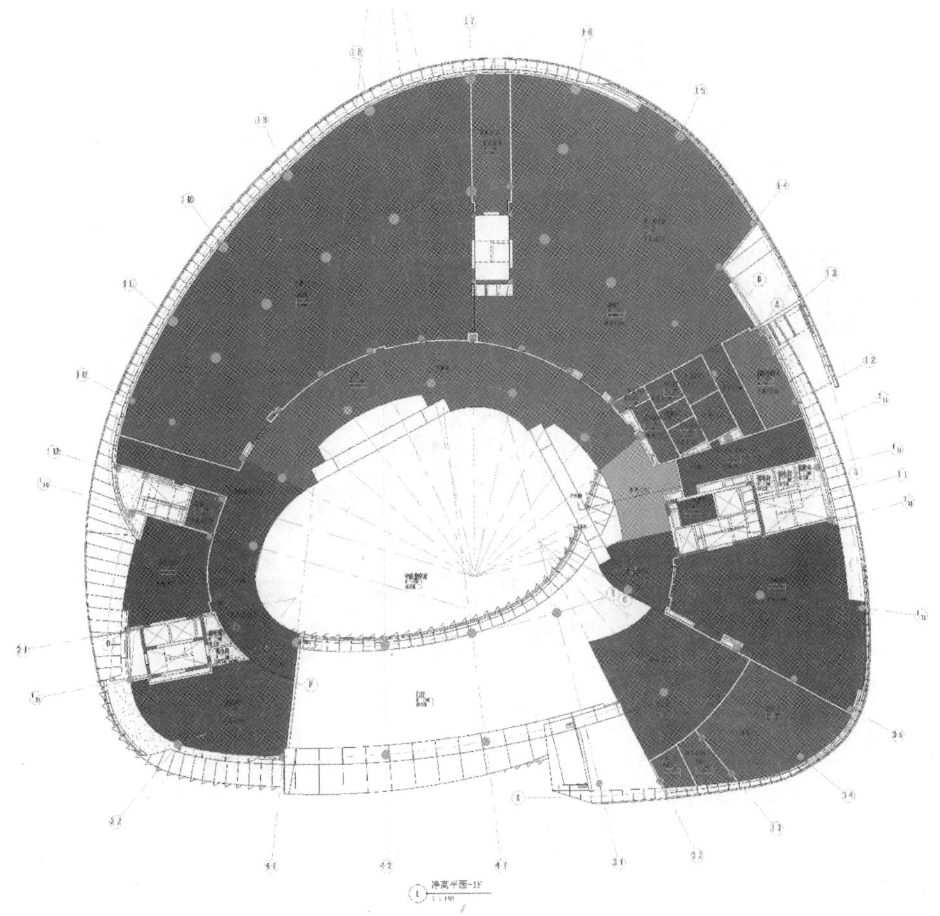

图 4.3-30 净高分析示例

类型属性

族(F): 系统族:填充区域　　载入(L)...

类型(T): 2450　　复制(D)...

重命名(R)...

类型参数

参数	值
图形	
填充样式	实体填充[绘图]
背景	不透明
线宽	1
颜色	RGB 128-000-255
结构	
横断面形状	未定义
标识数据	
类型图像	
型号	
制造商	
类型注释	
URL	
说明	
剖面名称关键字	

<< 预览(P)　确定　取消　应用

图 4.3-31 填充区域类型属性

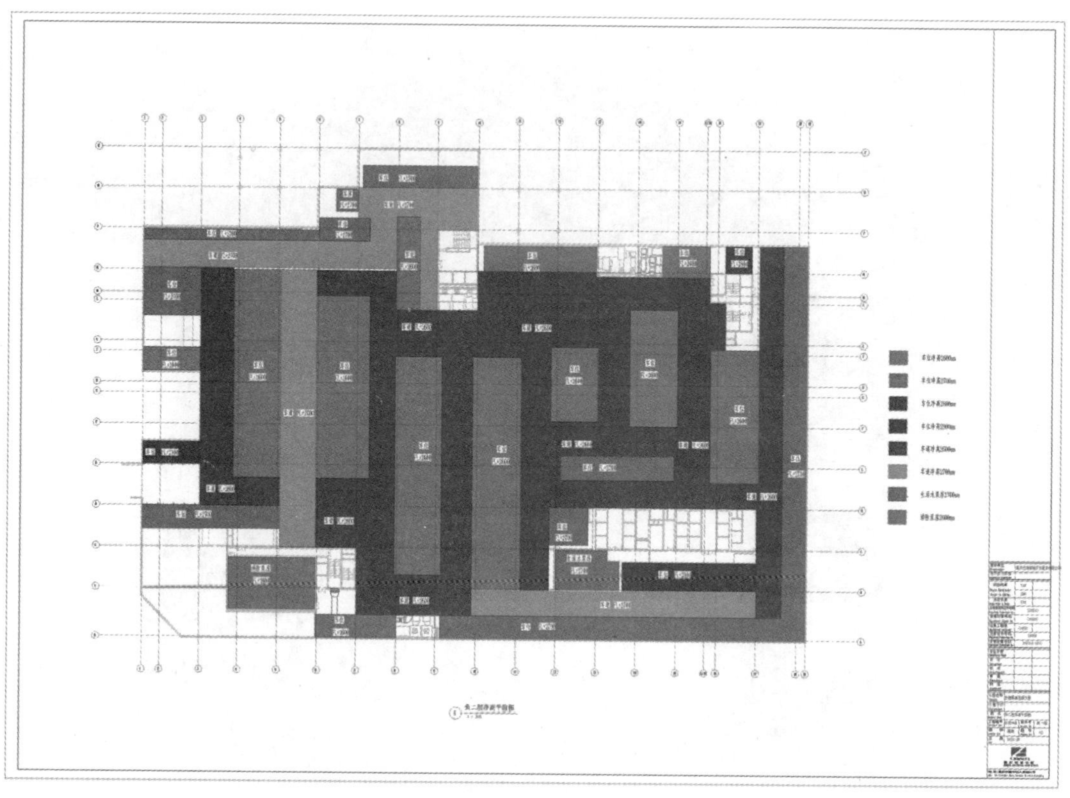

图 4.3-32 净高分析平面图示例

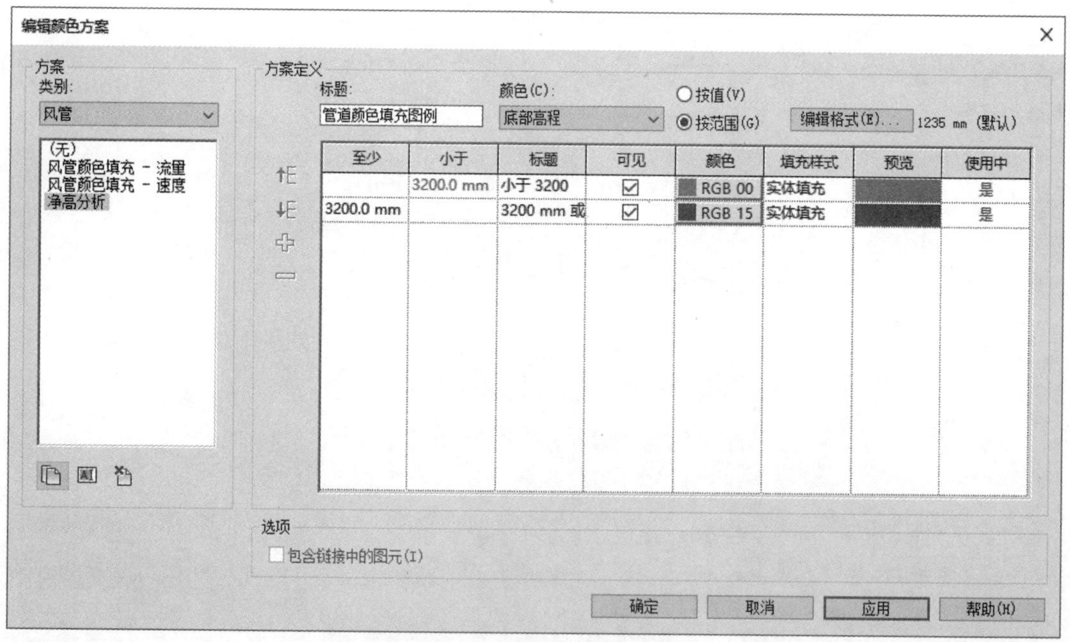

图 4.3-33 编辑颜色方案

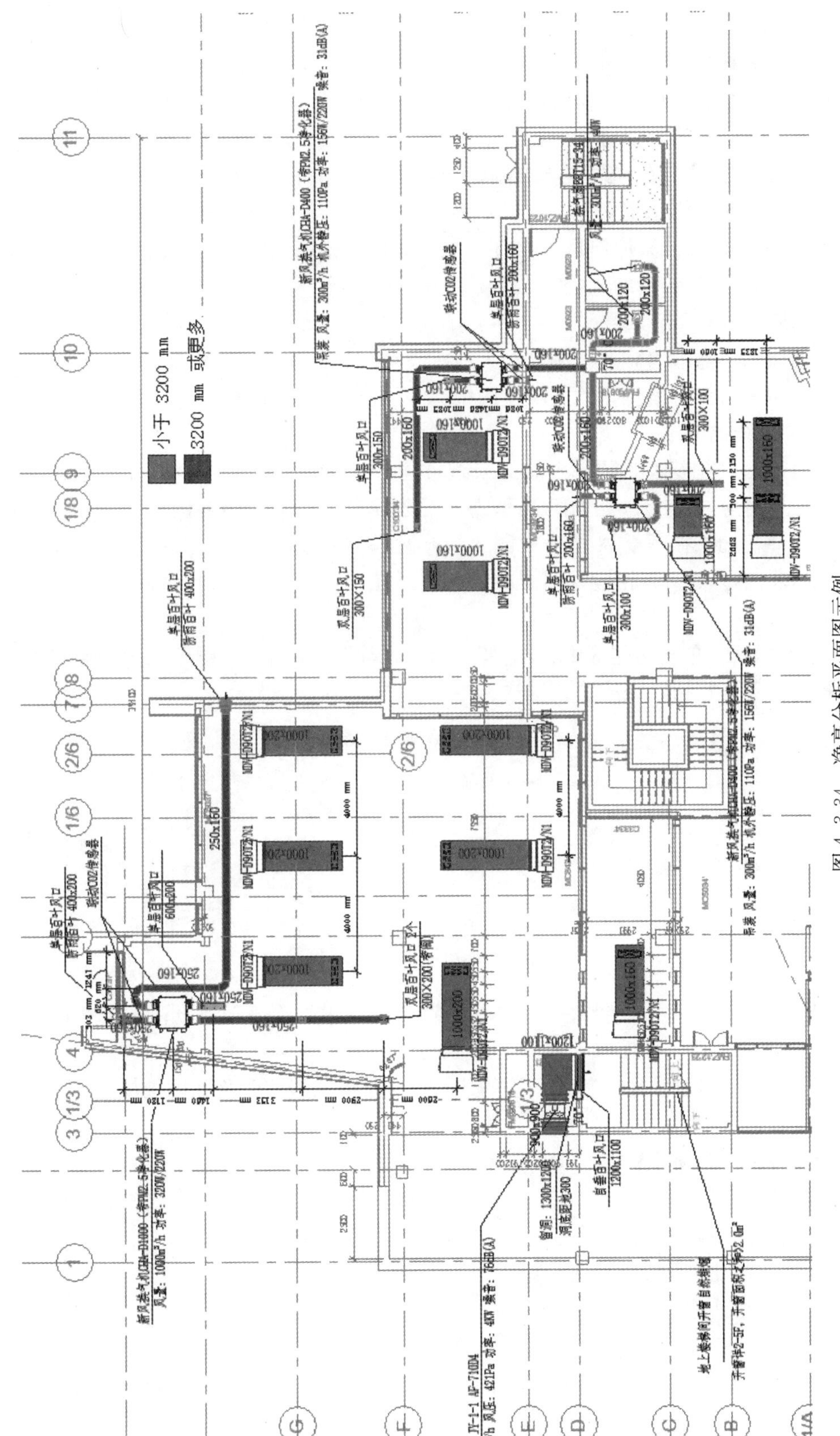

图 4.3-34 净高分析平面图示例

3. 出图要点

(1) 图纸云线批注、修订

当设计修改后，可以使用修订功能，在图纸上追踪修改信息并检查修订的时间、原因和操作者。在图纸上追踪修订的流程如下：

① 添加云线批注：在修改区域绘制云线批注标识，将云线指定到某一“修订”并添加云线进行标记来识别指定修订。

② 设置修订信息：添加项目的修订信息，如修订说明、时间等，用于为云线添加修订信息。

1) 云线批注

设计修改后，通过为修改区域添加云线批注和云线批注标记，以及为云线批注指定添加的修订，可以将修订信息自动反映在图纸标签的修订明细表中。

① 添加云线批注

设计修改后，在修改的区域内添加云线批注进行标识。如果在视图 a 中添加云线批注，视图 a 所对应的图纸 A 会自动显示添加的云线批注。除三维视图外，所有视图均可添加云线批注。如果在图纸 A 中为视图 a 的修改添加云线批注，那么该云线批注仅在图纸 A 上显示，不会更新到相应视图 a 中。本节以在视图中添加云线为例，介绍添加云线批注。

A. 绘制云线：单击功能区中“注释”“云线批注”，在视图绘图区域中为修改部分添加云线批注，单击按钮，完成云线标注（图 4.3-35）。

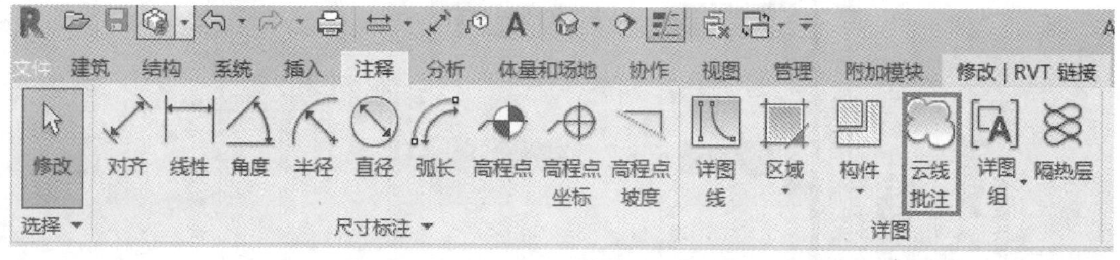

图 4.3-35　云线批注

B. 指定修订：选中云线批注，在“属性”对话框中，为该云线批注选择相应的修订（图 4.3-36）。

注意：不同云线批注可以使用相同的修订。添加的云线修订将在图纸标签的修订明细表上实时显示。

② 添加云线批注标记

单击功能区中“注释”→“按类别标记”，选中云线批注，可以为云线添加标记。选择要调整的标记，拖动标记上的符号调整标记位置及其引线（图 4.3-37）。

③ 编辑云线批注和云线批注标记

A. 云线批注边界

选择云线批注，在功能区中单击“编辑草图”，激活“修改｜云线标注>编辑草图”选项卡，在绘图区域拖动线段端点或者使用“绘制线”调整边界后，单击按钮（图 4.3-38、图 4.3-39）。

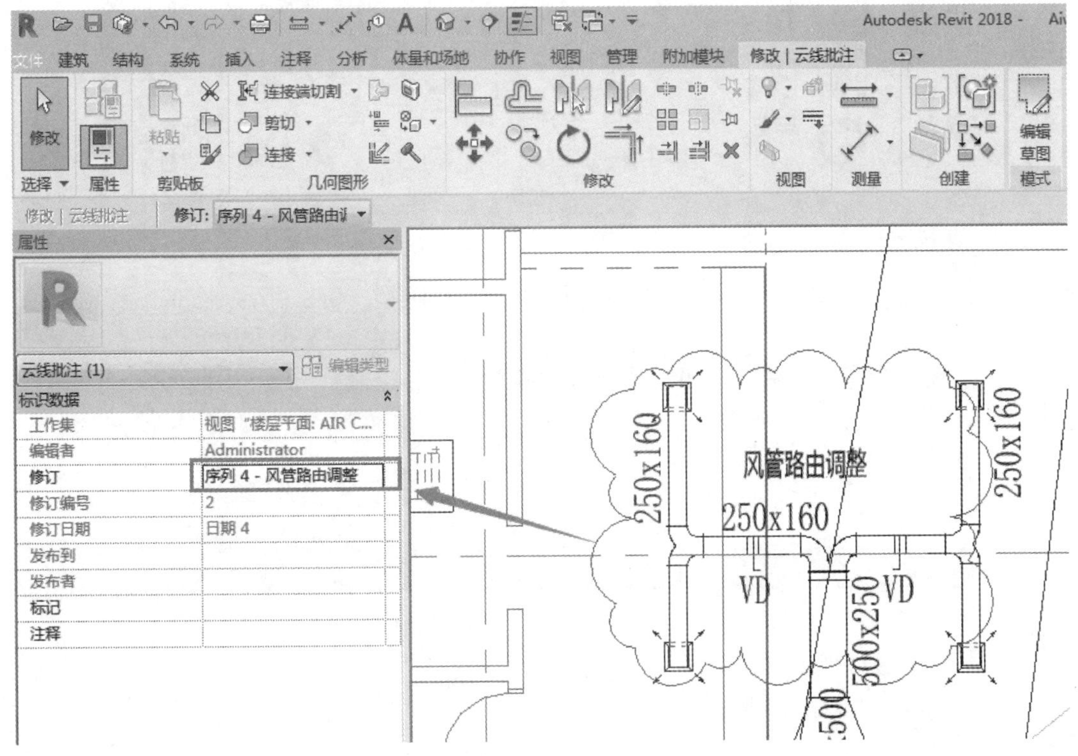

图 4.3-36　云线批注-指定修订

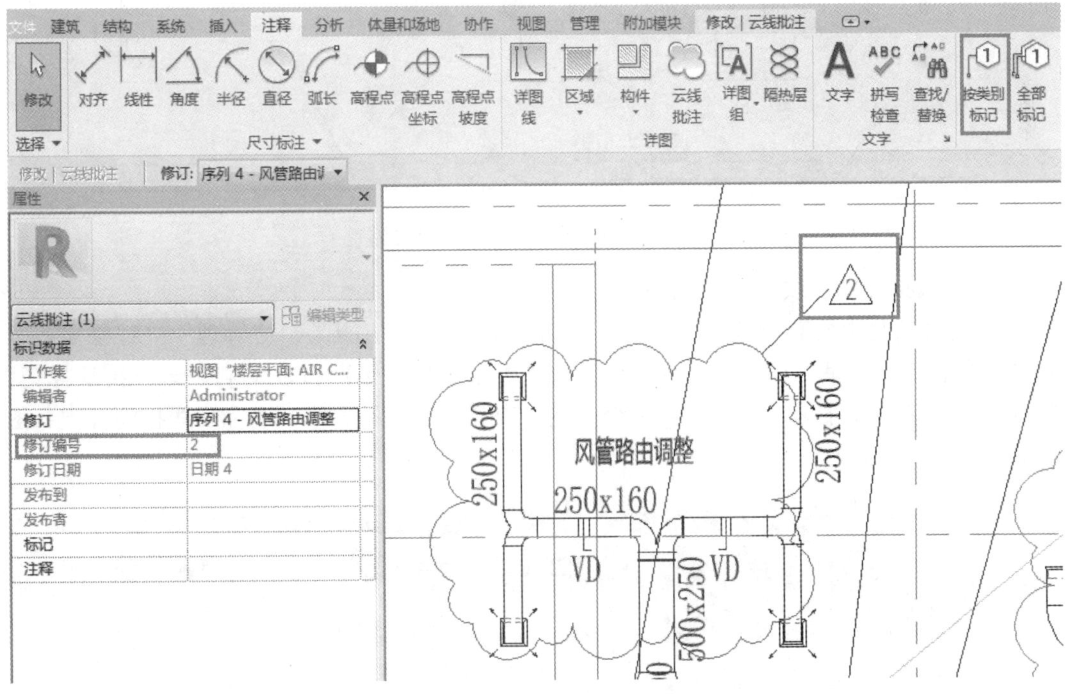

图 4.3-37　云线批注标记

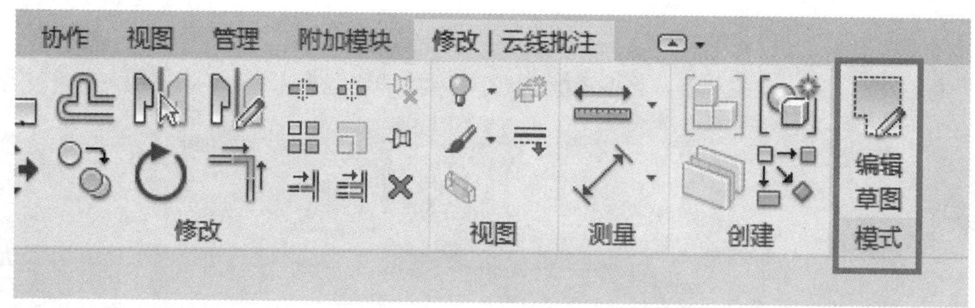

图 4.3-38　云线批注—编辑草图

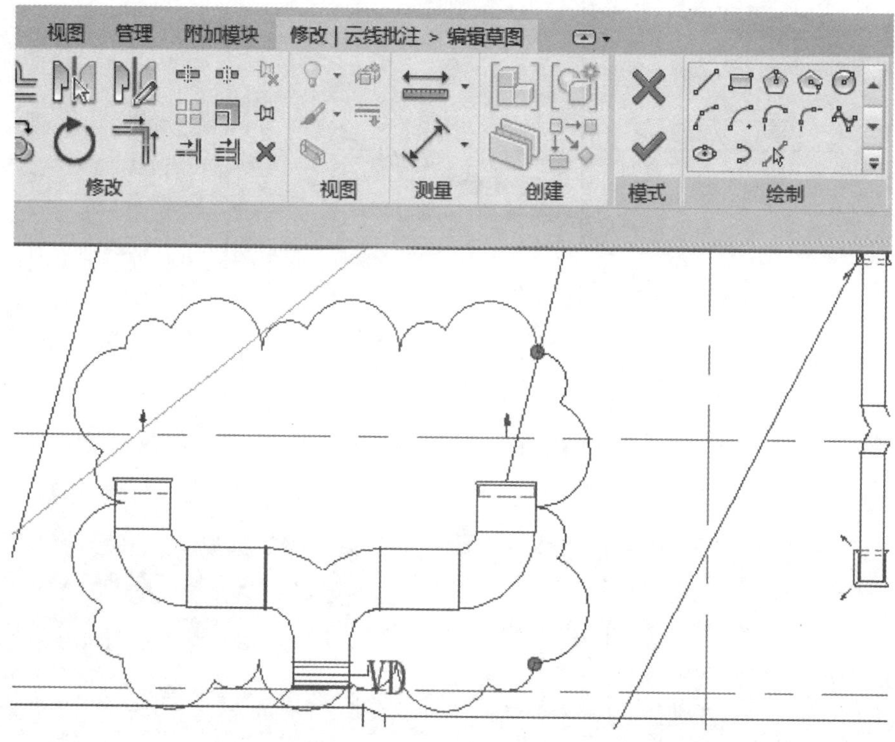

图 4.3-39　云线批注—编辑轮廓

B. 云线批注和云线批注标记外观

a. 定义项目中所有云线批注和云线批注标记。单击功能区中“管理”“对象样式”，在“对象样式”对话框中的“注释对象”选项卡下设置“云线批注”和“云线批注标记”的线宽、颜色、图案等。该操作可以统一定义项目中所有的云线批注和云线批注标记（图 4.3-40、图 4.3-41）。

图 4.3-40　对象样式

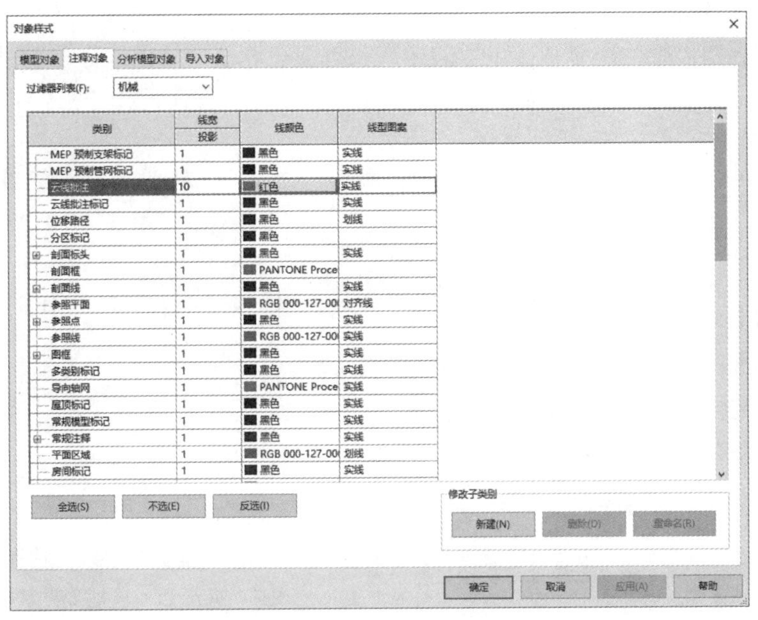

图 4.3-41 修改云线批注线颜色

b. 定义某一视图或图纸中所有云线批注和云线批注标记

打开某一视图或图纸，键入“VV”或通过编辑“属性”对话框中的“可见性/图形替换”打开“可见性/图形替换”对话框，编辑“注释类别”选项卡中的“云线批注”和“云线批注标记”的“投影/表面”和“半色调”，设置线宽、颜色、图案和显示（图 4.3-42）。

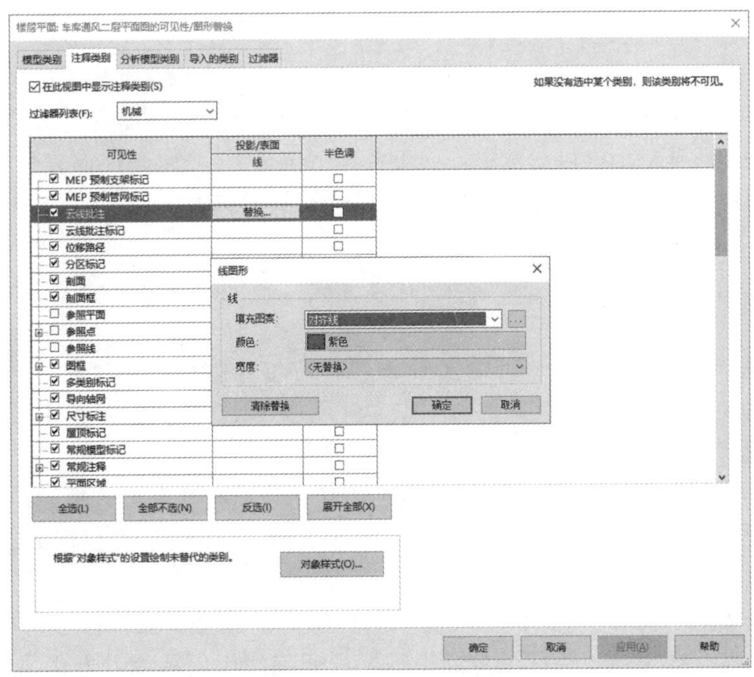

图 4.3-42 修改云线批注线颜色

该操作可以定义某一视图或图纸中所有云线批注和云线批注标记。通过某一视图或图纸的“可见性/图形替换”对话框设置的“云线批注”和“云线批注标记”，仅在当前视图或图纸中有效，将覆盖该视图或图纸中所有通过“管理”选项卡中“对象样式”对话框设置的“云线批注”和“云线批注标记”样式。

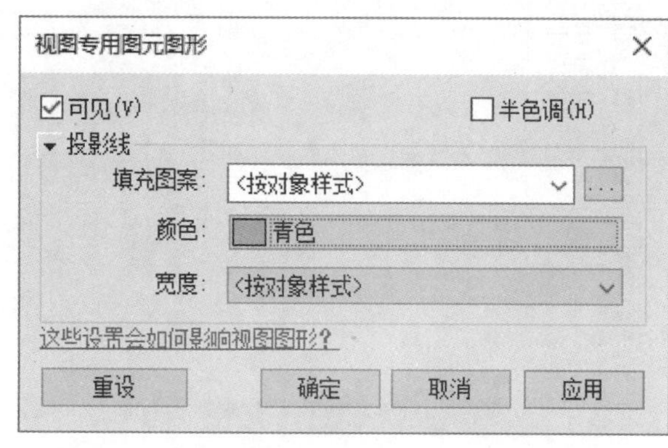

图 4.3-43　修改云线批注线颜色

c. 定义某单个云线批注和云线批注标记选中某一个“云线批注”或“云线批注标记”，单击右键，在“替换视图中的图形”中选择“按图元”，在“视图专有图元图形”对话框中可以对云线的宽度、颜色、填充图案等进行设置，该操作可以单独定义某一个“云线批注”或“云线批注标记”（图 4.3-43）。

注意：通过“视图专有图元图形”对话框中设置的“云线批注”或“云线批注标记”外观具有最高优先级，即“视图专有图元图形”对话框中的设置将覆盖通过“管理”选项卡中“对象样式”对话框，以及通过某一视图或图纸的“可见性/图形替换”对话框定义的样式。

2）修订信息

在图纸追踪设计修订，首先要添加修订信息。单击功能区中“视图”→“修订”，在“图纸发布/修订”对话框中，编辑添加修订信息。

① 添加修订信息

单击“添加”，添加以下修订信息。

a. 序列：每添加一个修订，自动增加一个序列，修订根据序列号进行排序。

b. 编号：提供三种编号选项，“数字”“字母”或者”无”，如果选择“数字”，指定到该修订的云线将使用数字进行标记；如果选择“字母”，指定到该修订的云线将使用字母进行标记；如果选择“无”，指定到该修订的云线的标记为空。

c. 日期：进行修订的日期。

d. 说明：在图纸修订明细表中显示的修订说明，一般为修改的关键内容，可方便检查修订。

e. 已发布/发布到/发布者：可输入发布到和发布者信息，并勾选“已发布”选项。勾选“已发布”选项之后，无法对修订信息做进一步修改。如果在发布修订之后必须修改任何修订信息，需取消勾选“已发布”，再进行修改。

f. 显示：提供三种显示方式。“无”表示不显示云线批注和修订标记；“标记”表示显示修订标记但不显示云线；“云线和标记”表示显示云线批注和修订标记。

② 编号

在“图纸发布/修订”对话框中，提供两种不同的编号方式，按“每个项目”和按“每张图纸”。在项目中输入具体信息前，需要先明确使用何种编号方式，因为切换“编号”方式可能会修改所有云线批注的修订编号（图 4.3-44）。

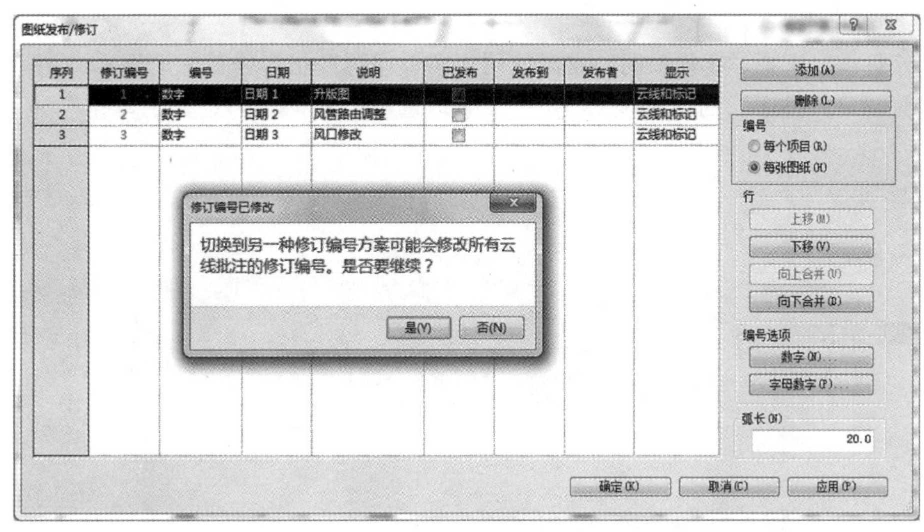

图 4.3-44 图纸发布/修订

a. 每个项目：默认勾选该项，根据“图纸发布/修订”对话框中的修订序列为添加的云线编号。例如，该图纸中只有两个云线，分别指定到修订 3 和 5。在图纸中添加这些云线时，标记和修订明细表中的编号显示 3 和 5，该编号无法修改。

b. 每张图纸：勾选该项后，添加的云线将根据该图纸上其他云线的序列进行编号。例如，该图纸中只有两个云线，分别指定到修订 3 和 5，并为它们标记云线批注。当将视图（包含云线批注）添加到图纸中时，为指定到修订 3 的云线编号为 1，指定到 5 的云线编号为 2。

③ 修订合并

有多条修订信息时，可以使用“向上合并”或“向下合并”命令合并修订信息。通过修订合并可以删除被合并的修订信息。如选择“序列 3”的“修订 3”“向上合并”，将删除“序列 3”。使用上移、下移命令可以调整修订顺序（图 4.3-45）。

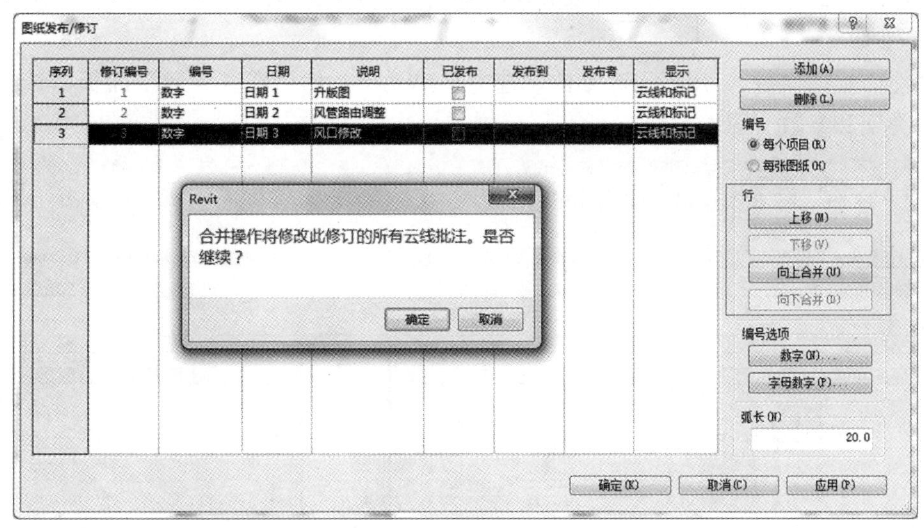

图 4.3-45 修订合并

④ 字母排序

当修订编号选择“字母”时，可以使用“字母序列”指定修订标记显示的字母次序。单击右侧“字母排序”的“选项”，打开“序列选项”对话框，定义字母排序显示规则（图 4.3-46）。

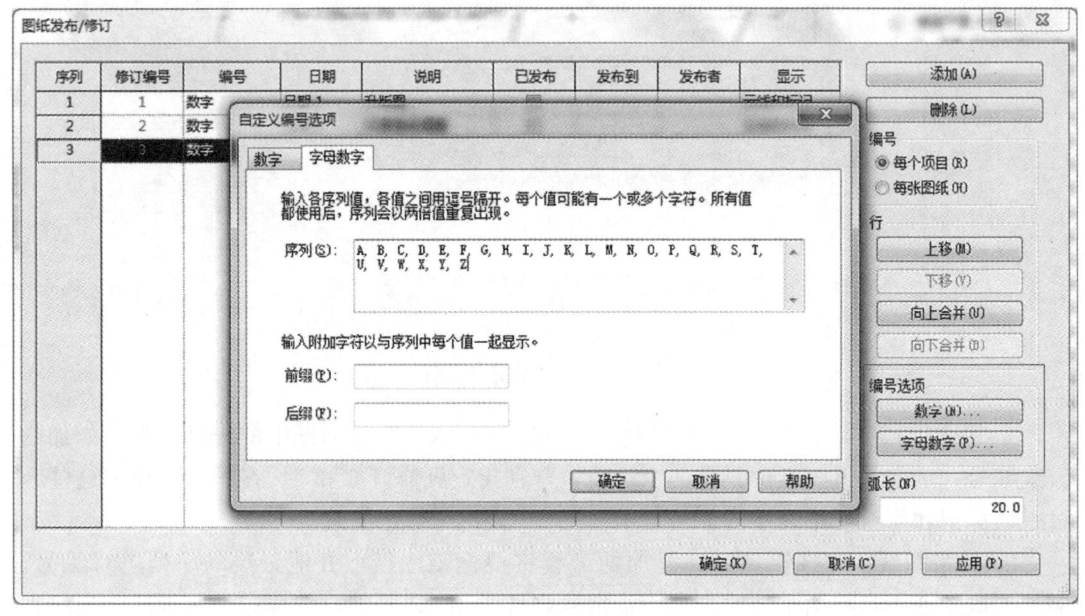

图 4.3-46　字母排序

注意：字母排序只在编号方式选择“字母”时起作用。序列不可以包含空格、数字或者重复的字符。

（2）设备明细表编辑

1）属性

单击功能面板“属性”可打开或关闭明细表的“属性”对话框。

2）参数

功能面板“参数”，用于更改参数，选中某单元格，然后在“参数”面板中选择期望添加的类别和参数（图 4.3-47）。

<机电设备明细表>

A	B	C	D	E	F	G	H	I
族	族与类型	标高	扬程	流量	电机功率	设备编号	制冷工质	合计
卧式端吸离心泵	卧式端吸离心泵：卧式端吸离心泵	Level B1	13.5000 m	41.9 L/s	11 kW			1
卧式端吸离心泵	卧式端吸离心泵：卧式端吸离心泵	Level B1	13.5000 m	41.9 L/s	11 kW			1
卧式端吸离心泵	卧式端吸离心泵：卧式端吸离心泵	Level B1	13.5000 m	41.9 L/s	11 kW			1
卧式端吸离心泵	卧式端吸离心泵：卧式端吸离心泵	Level B1	13.5000 m	41.9 L/s	11 kW			1
卧式端吸离心泵	卧式端吸离心泵：卧式端吸离心泵	Level B1	13.5000 m	41.9 L/s	11 kW			1
卧式端吸离心泵	卧式端吸离心泵：卧式端吸离心泵	Level B1	13.5000 m	41.9 L/s	11 kW			1
卧式端吸离心泵	卧式端吸离心泵：卧式端吸离心泵	Level B1	13.5000 m	41.9 L/s	11 kW			1
卧式端吸离心泵	卧式端吸离心泵：卧式端吸离心泵	Level B1	13.5000 m	41.9 L/s	11 kW			1
卧式端吸离心泵	卧式端吸离心泵：卧式端吸离心泵	Level B1	13.5000 m	41.9 L/s	11 kW			1

图 4.3-47　添加明细表类别和参数

明细表的标题栏也可以进行修改，对标题栏的更改会影响单元格。当选择明细表和视图名称时，标题栏显示机电设备明细表，当选择项目信息和项目名称时，标题栏显示项目名称（图 4.3-48）。

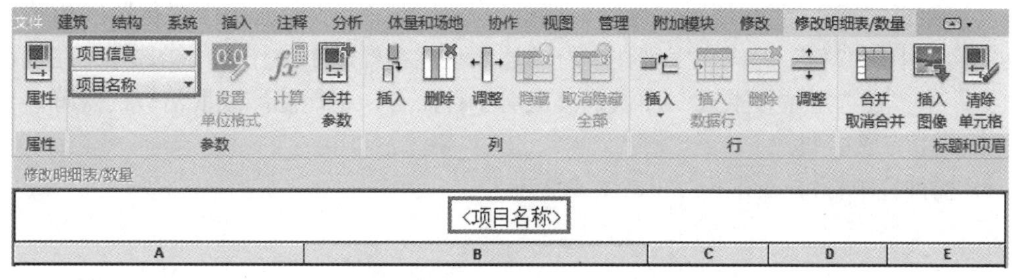

图 4.3-48 明细表标题栏修改

功能面板“参数”中工具“格式单位”用于设置度量单位的格式。选择一个单元格、列索引或标题，然后单击修改单位成单位符号，单击“确定”，完成设置功能面板“参数”中工具“计算”，用于将计算值添加到列中。可以将两个或更多参数合并，以显示在明细表一个单元中。“合并参数”的值以斜线或指定的其他字符分隔。例如，可以将门类型的“尺寸参数”合并，以在单个列中给出宽度×高度×厚度值。

注意：由于合并的参数不会指定给某个类别，因此不能重用。若要在另一个明细表中使用合并参数，则必须重新定义。合并参数不能用作过滤器或排序/分组条件。合并参数的值在明细表中为只读。

3）列

功能面板“列”，选择某列，将列添加或删除到列中并对列进行调整隐藏等操作。“添加列”可对正文和标题添加列（图 4.3-49）。

图 4.3-49 明细表“插入”工具

注意：隐藏的列不会显示在明细表视图或图纸中。位于隐藏列中的值可以用于“过滤”“排序/分组”明细表中的数据。

4）行

功能面板“行”，将行添加或删除，调整行宽的操作。功能面板中“行”的相关操作与功能面板中的“列”一样，区别在于行的插入只能在标题中操作，且能选择“在选定位置上方”或“在选定位置下方”插入，其次对于行而言，不能隐藏或取消行的隐藏。

4. 模型完成标准

1）构件完成标准（图 4.3-50、图 4.3-51）

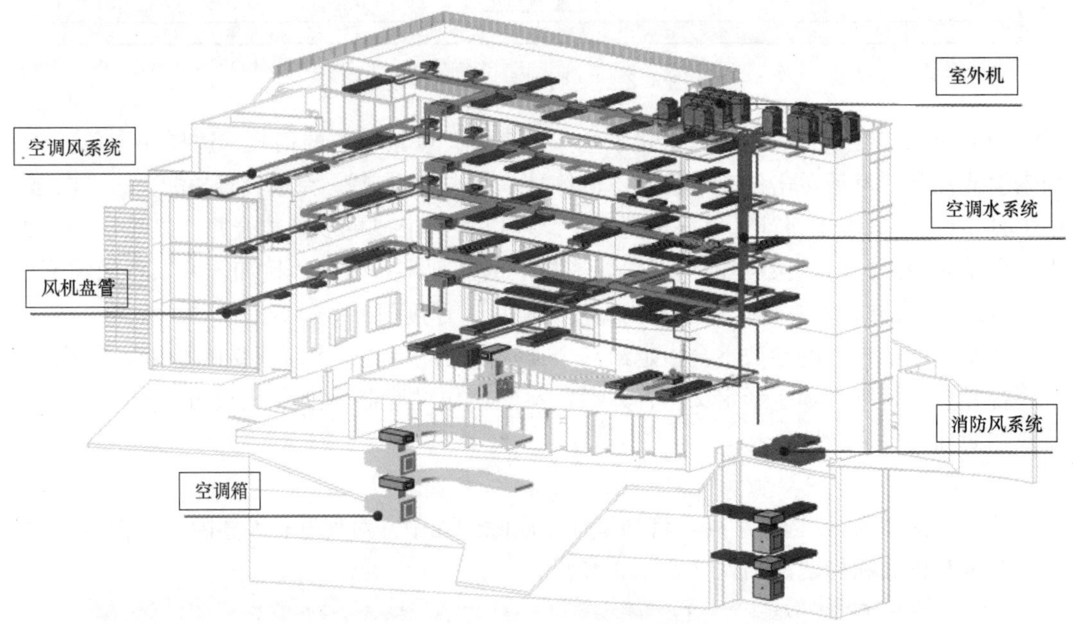

图 4.3-50　暖通专业示例

A. 各系统干管及支管应绘制完整，管道系统、规格及几何尺寸需明确；

B. 设备设施的模型应完整，设备系统、尺寸及性能参数应明确；

C. 系统干管及支管的附件与阀门、末端应绘制完整；

D. 表达需预留预埋的孔洞及套管。

2）出图完成标准

机电专业施工图纸包括图纸目录、设计施工说明、图例、平面图、剖面图、系统图、设备表等。

① 给水排水专业

A. 排水和消防等管道平面布置图：标注管道尺寸及位置、管井布置和管道类别代号，绘制管道阀门、附件和末端；

B. 给水排水设备设施平面布置图：标注设备参数，设备位置尺寸等；

C. 给水排水和消防等管道系统图：系统图中应明确管道类别代号及分区编号，绘制阀门及附件，标注主要设备标高参数、干管类别尺寸等；

D. 给水排水设备表：统计给水排水设备的名称、流量、扬程、效率等信息。

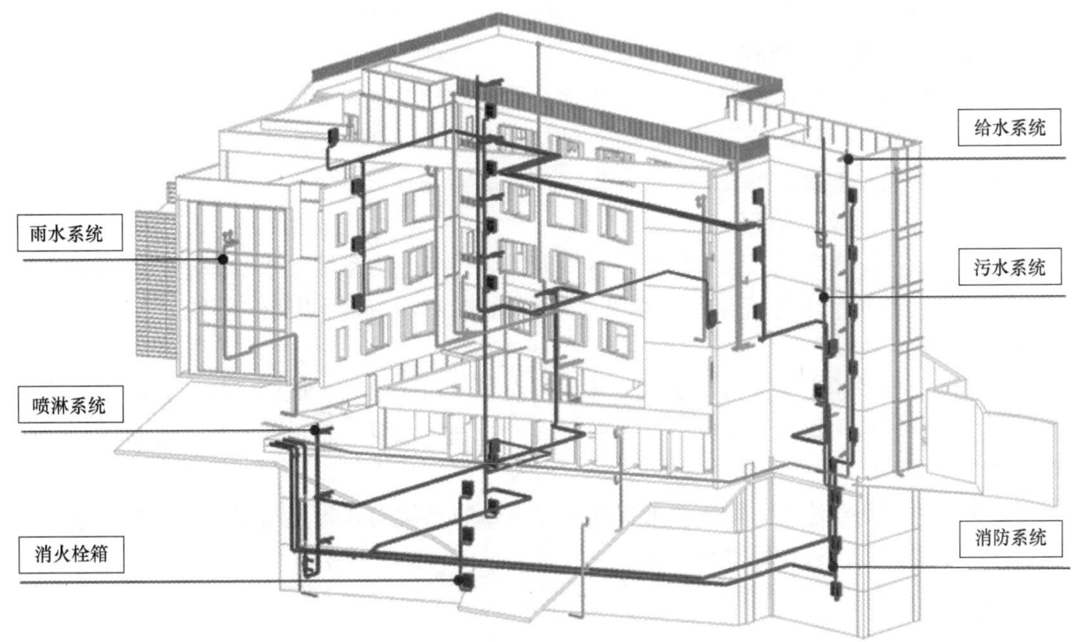

图 4.3-51 给水排水专业示例

② 暖通专业

A. 空调水、空调风、消防风等平面布置图：标注风管尺寸及位置、风管井布置和管道类别代号，绘制阀门、附件、风口等末端等；

B. 暖通设备设施平面布置图：标注设备参数，设备位置尺寸等；

C. 空调水、空调风、消防风等系统图：明确风管类别代号及分区编号，绘制阀门及附件，标注主要设备标高、性能参数、风管类别尺寸等；

D. 暖通设备表：统计暖通设备的名称、能效等级、风机类型、风压、效率等信息。

③ 电气专业

A. 配电系统、照明、电气消防等平面布置图：标注线管尺寸及位置、电井布置和管线类别、设备及末端等；

B. 电气设备平面布置图：标注设备尺寸、位置、参数等；

C. 高、低压配电、配电干线、智能化等系统图：标注电气类别代号及分区编号，标注设备标高、性能参数、线管类别尺寸等；

D. 电气设备表：统计电气设备的名称、型号、编号、容量等信息。

4.3.4 各专业交互

1. 建筑与结构交互流程

建筑专业需向结构专业提供楼梯详图、局部大样。结构设计师结合各专业需求做好剪力墙、结构板留洞，并将模型反馈给建筑专业，在平面视图中注明留洞位置、尺寸。

2. 机电与建筑交互流程

机电需将各专业的管道末端位置、机电平面布置提供给建筑专业。建筑设计师根据各专业需求合理控制房间净高，调整机电管井，增加地漏、风口等位置预留，并将调整后模型反馈给机电专业，并在平面视图中标注机电管井、设备间等位置。

3. 机电与结构交互流程

机电需将各专业的设备规格、机电平面布置提供给结构专业。结构设计师根据各专业需求计算结构荷载，深化结构基础，进行结构留洞，并将调整后模型反馈给机电专业，注明结构留洞形式及参数。

4. 机电三专业交互流程

电气与给水排水交互流程：给水排水专业需将设备电力参数，水平垂直管道布置提供给电气专业。电气设计师结合各设备负荷进行深化设计，确定设备、管线、桥架各项参数，并进行管综优化。

给水排水与暖通交互流程：暖通专业需将设备供回水参数、风管平面布置提供给给水排水专业，方便给水排水设计师进一步深化设计，确定水泵、管道等参数，并将进行管综优化。

暖通与电气交互流程：电气专业需将水平、垂直桥架布置提供给暖通专业。暖通设计师结合各专业管线进行管综优化。

第 5 章　BIM 出图研究

随着 BIM 软件和相关插件的不断更新完善，由三维模型生成二维图纸的效率也在不断提高。例如，Revit2019 增加了“预置大梁楼板自动化”功能，可根据预定义规则添加钢筋，生成施工图。目前建筑和结构专业模型出图率基本可以达到 100%，机电专业模型出图率也将近 70%，已经基本满足二维审图的要求，但相比于传统二维设计来说，仍存在一些难点。

5.1　建筑专业出图重难点分析

5.1.1　出图范围

建筑专业施工图纸包括图纸目录、设计说明、材料做法表、总图、平面图、立面图、剖面图、详图、门窗表等（表 5.1-1）。目前建筑专业基于 Revit 可实现 100%的出图率，建筑专业施工图的技术简析如下：

1. 图纸目录：利用明细表功能，与项目浏览器中视图、图纸进行关联。当图纸修改后，自动同步更新图纸目录。

2. 设计总说明、装修做法表：利用文字功能及参数标签功能完成。

3. 总图：创建相应的总图视图，设置相应的视图样板，使用标记功能完成注释。

4. 平面图：创建相应的出图视图，设置相应视图样板（具体设置请参照 3.1.6 节），使用标记功能完成注释。部分特殊情况会用到模型线、平面区域等功能。

5. 立面图：创建相应的立面视图，设置相应的视图样板，使用标记功能完成注释。

6. 剖面图：创建相应的剖面视图，设置相应的视图样板，使用标记功能完成注释。

7. 详图：使用索引视图功能生成平面详图，加以注释绘制。

8. 门窗表：门窗详图利用图例功能完成，门窗表利用明细表功能完成。

在 BIM 设计发展初期，BIM 数据库中缺少相关施工图集和通用节点，部分施工图使用 Revit 出图的效率低于 CAD。

建筑出图　　表 5.1-1

专业	图纸内容	Revit 设计出图	CAD 设计出图	备　注
建筑	子项建筑设计说明		√	BIM 设计发展阶段，Revit 中相关设计规范、图集不完善。采用 CAD 出图更快捷准确
	建筑节能设计说明		√	
	平面图	√		
	立面图	√		
	剖面图	√		
	楼梯大样	√		
	户型大样	√		
	墙身大样	√		
	门窗大样	√		
	门窗说明及门窗表	√		
	总图	√		
	建筑通用节点等其他节点大样		√	

5.1.2　出图效果展示

1. 建筑平面图

在 Revit 中绘制建筑平面图，需在出图平面中设置好相应的视图样板，再根据项目需求导入或新建标记族，进行房间标记、构件标记和尺寸、高程标注等（图 5.1-1）。视图样板及标注族等需根据当地相关 BIM 标准和审图规范，结合企业自身习惯和需求进行设置，具体详见本书第 3 章。

2. 建筑立面图

在 Revit 中绘制建筑立面图，需在出图立面中设置好相应的视图样板，再根据项目需求导入或新建标记族，进行构件标记和尺寸、高程标注。在绘制立面视图时需注意构件的投影/表面的视图样式（图 5.1-2）。

3. 建筑剖面图

在 Revit 中绘制建筑剖面图，需在出图立面中设置好相应的视图样板，再根据项目需求导入或新建标记族，进行构件标记和尺寸、高程标注（图 5.1-3）。在绘制剖面视图时需注意剖切位置和表达效果，利用“剖切面轮廓”工具以更好地表达剖面中构件关系。

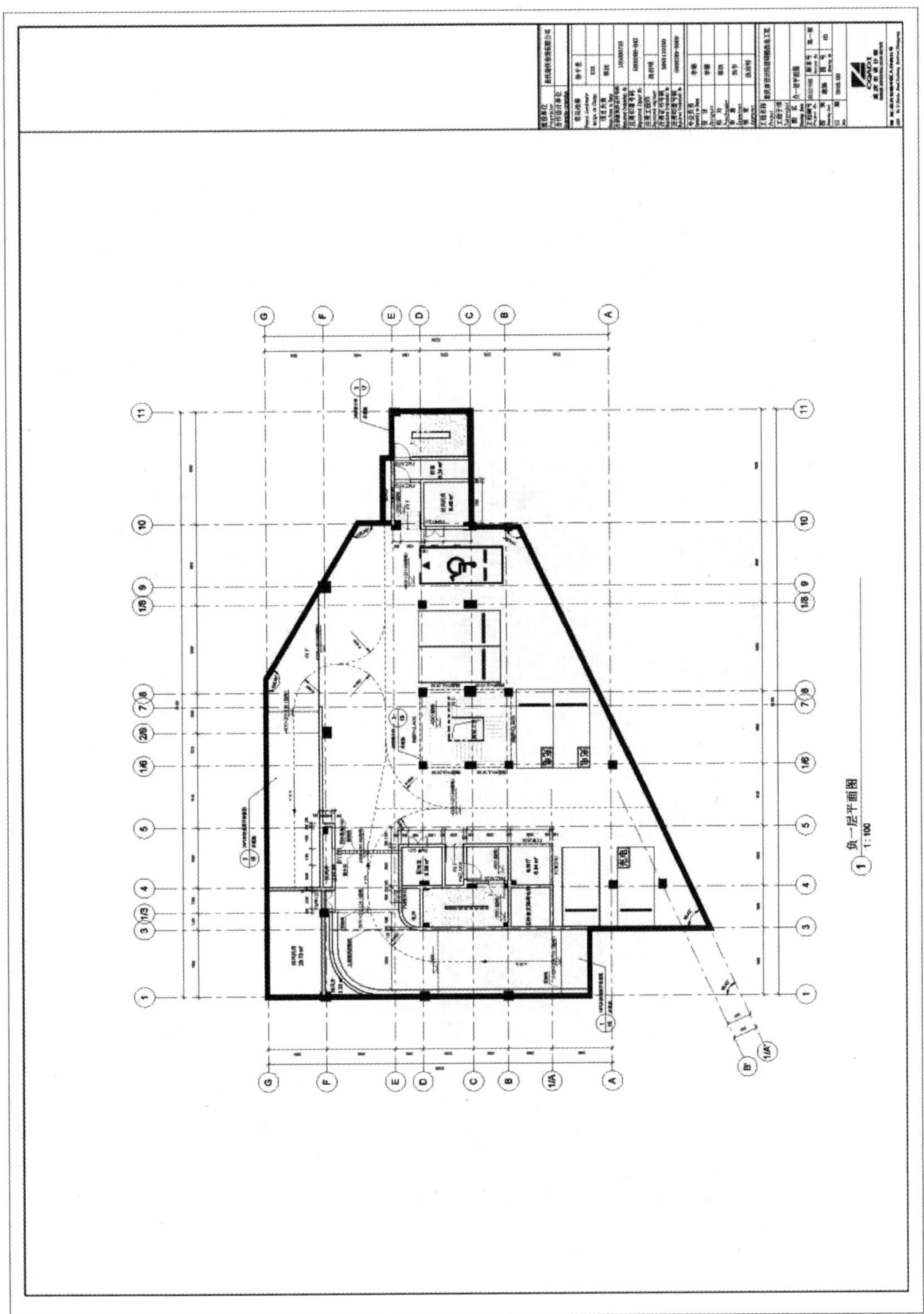

图 5.1-1 建筑平面图

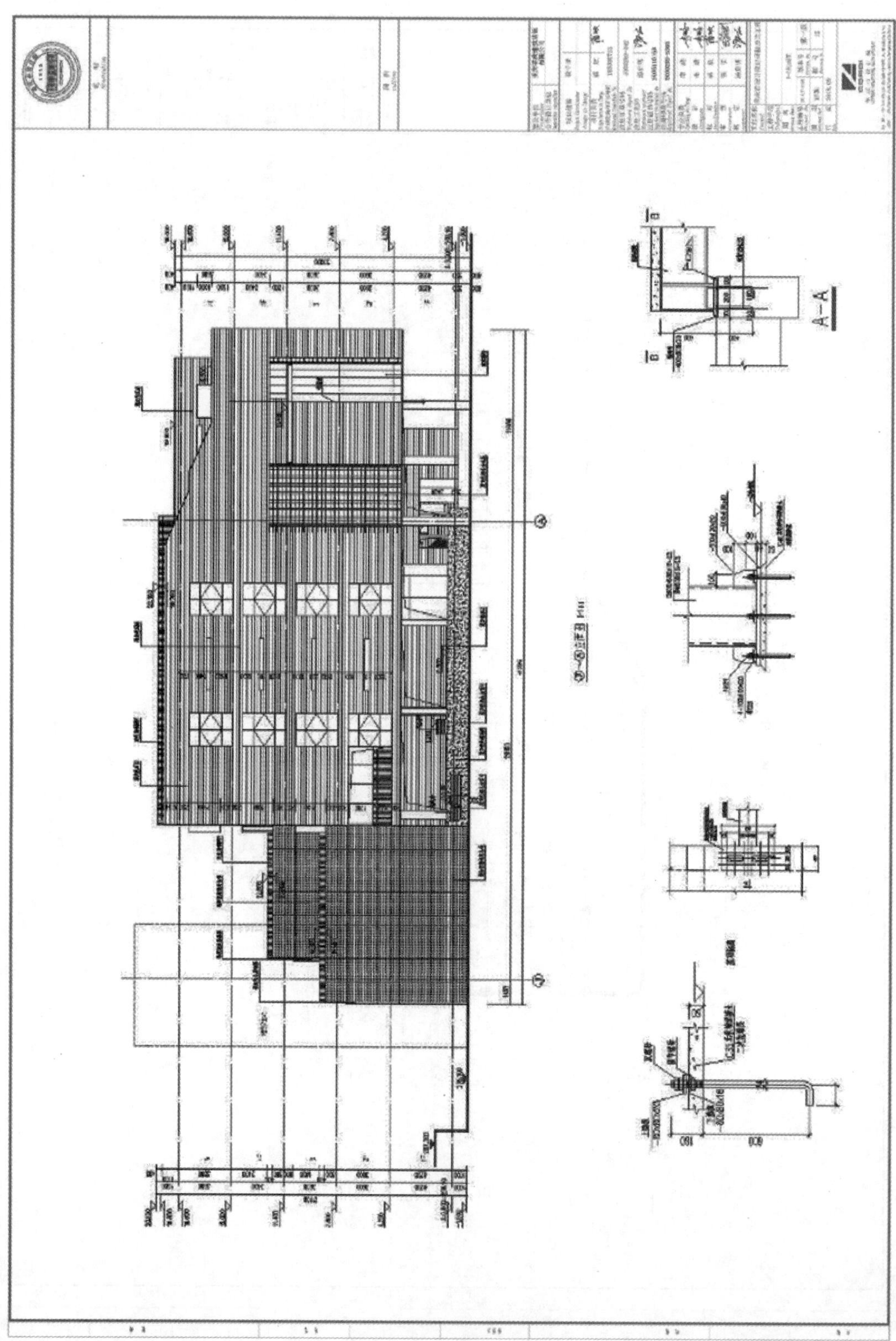

图 5.1-2　建筑立面图

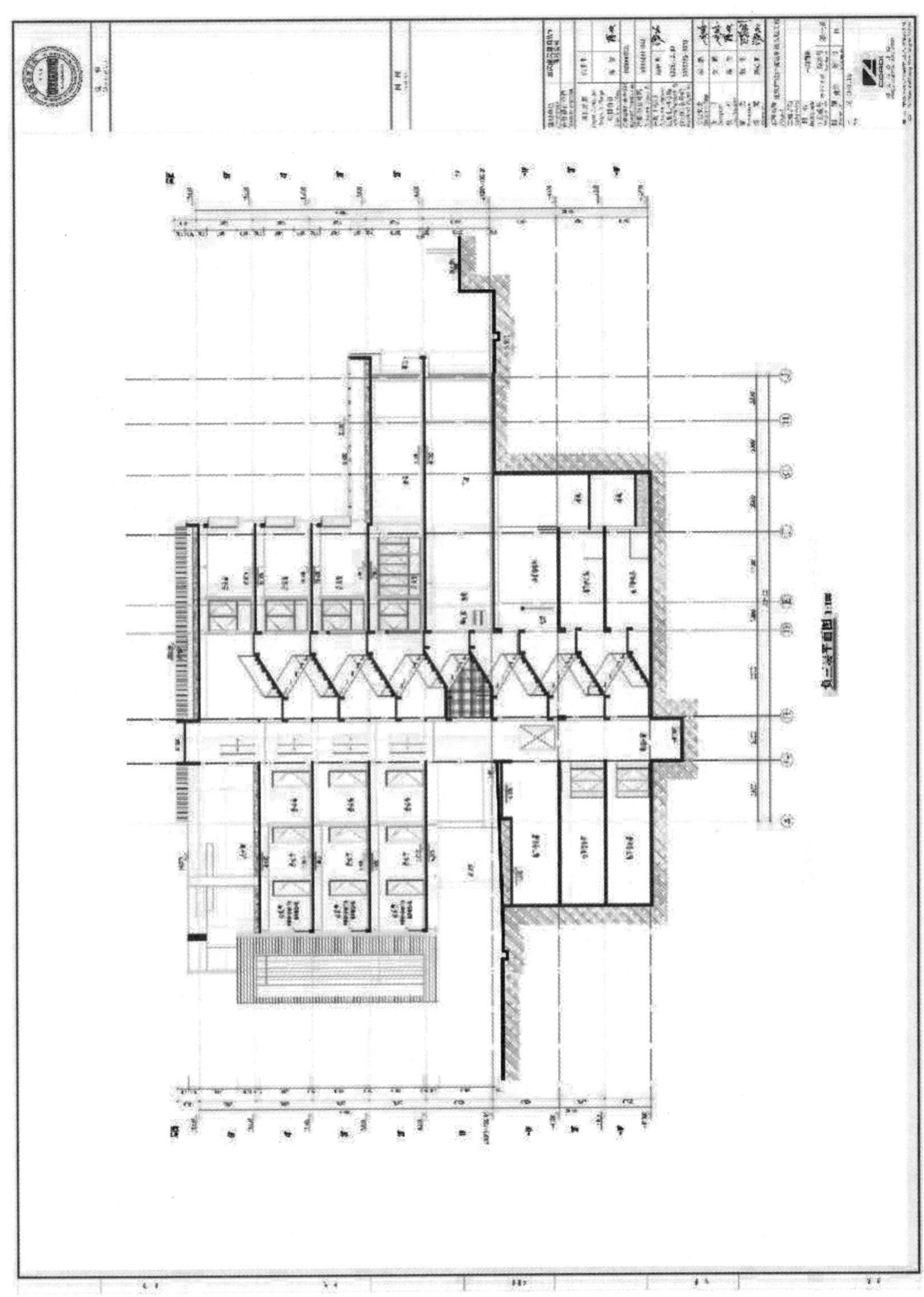

图 5.1-3 建筑剖面图

4. 门窗表

Revit 中可通过明细表及多个视口来实现门窗表的绘制（图 5.1-4）。门窗视图中需进行构件类别和尺寸标注，明细表直接读取门窗数据生成门窗属性表。

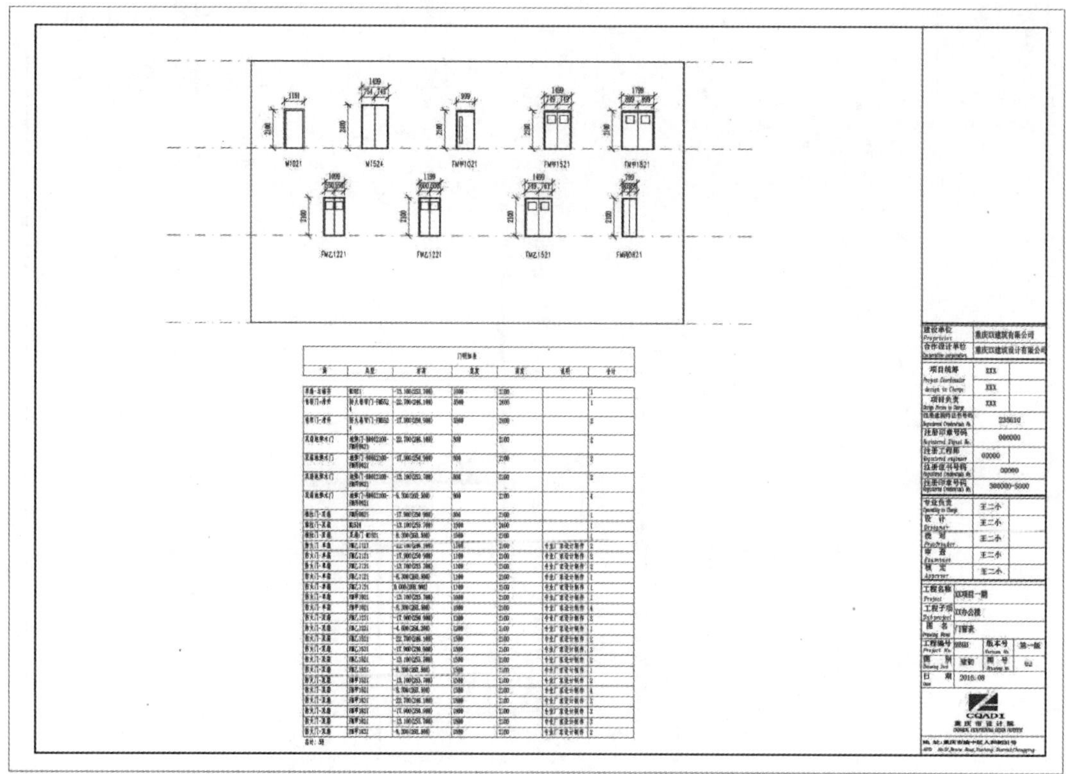

图 5.1-4　门窗表

5.1.3　重难点分析

1. BIM 模型中多向坡度板表达较为困难（图 5.1-5）

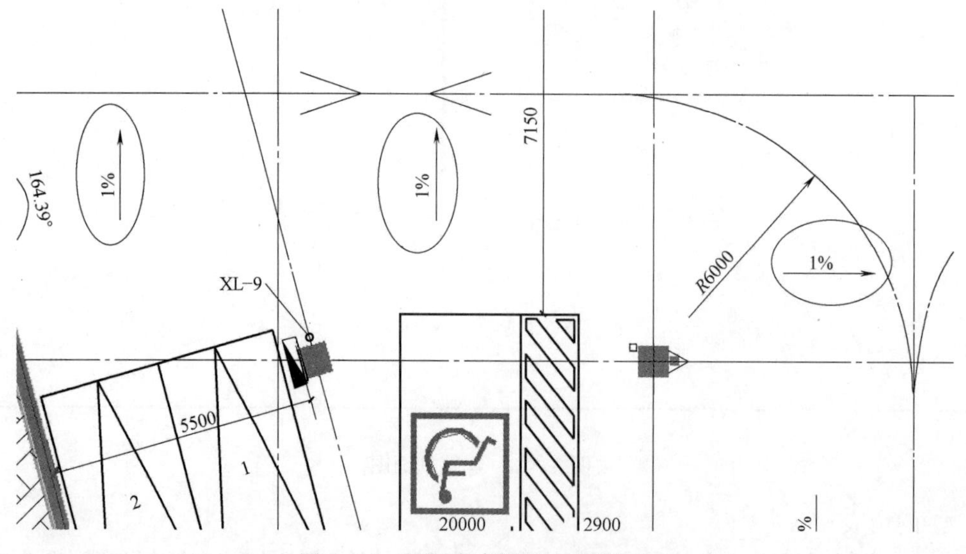

图 5.1-5　地下车库图纸-坡度板表达

BIM 软件对于多向放坡的楼板难以表达，Revit 中仅屋顶构件可设置多向放坡。但创建屋顶时不能添加跨方向符号，且无法添加钢筋，所以建筑楼板可用屋顶构件来进行形状代替，而结构楼板不能使用屋顶构件来替代（图 5.1-6、图 5.1-7）。

结构楼板在绘制出图时通过手动二维标注进行表示，但无法使楼板的坡度信息随着模型沿用至施工中。

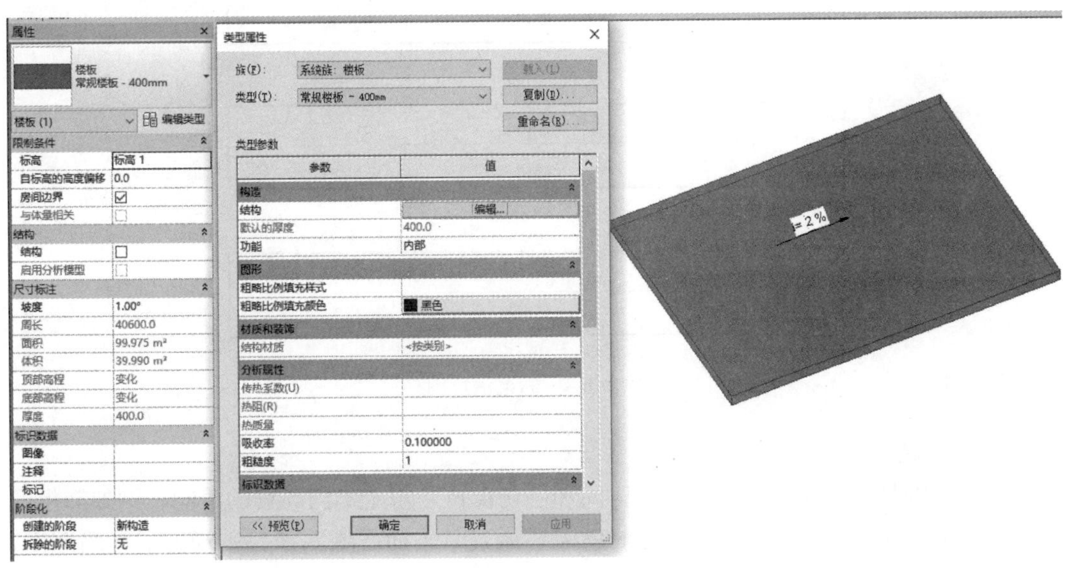

图 5.1-6　楼板

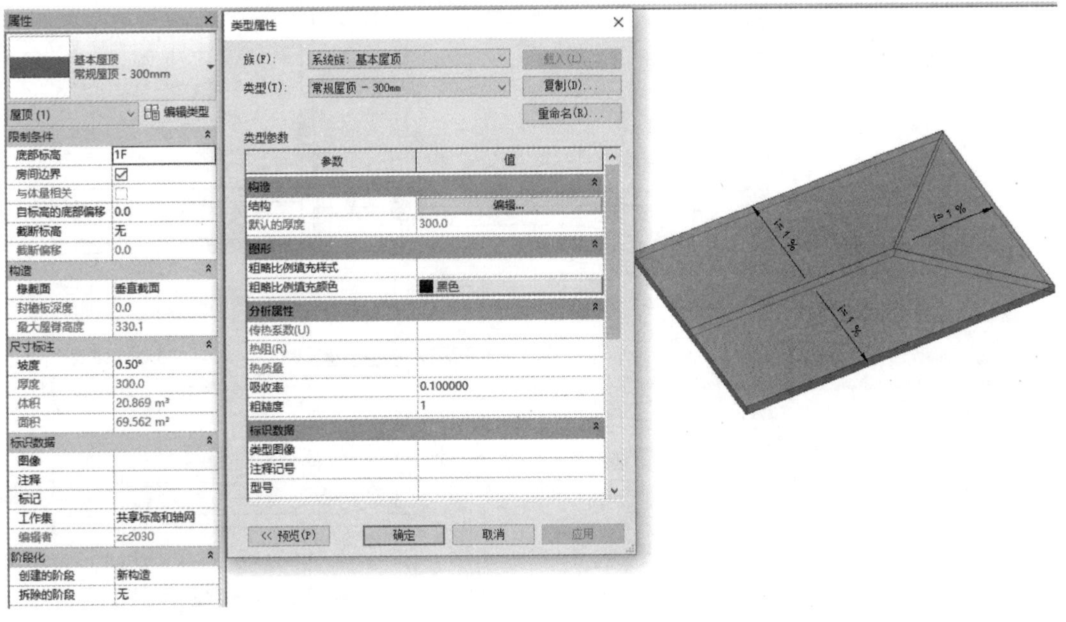

图 5.1-7　屋顶

2. 无法标记坡道的高程和斜率

在 Revit 中，注释菜单下“高程点”和“高程点坡度”均无法拾取坡道上任意一点，所以在创建坡道时通常使用楼板来代替（图 5.1-8）。而楼板无法构建曲面，在绘制地下车库的车道时可结合“坡道＋楼板”来建立模型。

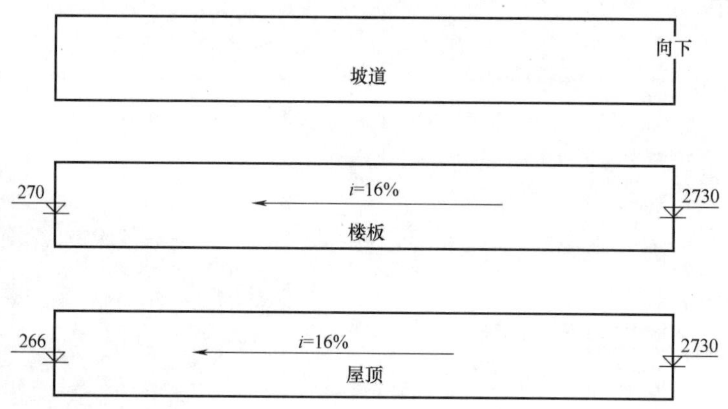

图 5.1-8　标记示意图

3. 平面区域

视图范围是控制整个视图的高程区间和剖切部位，对于不同高程的房间，例如降板区域，或地下车库时常会显示不全。这时就需要通过“平面区域”来控制局部的视图范围，从而明确表达各房间及上下楼层的关系（图 5.1-9）。

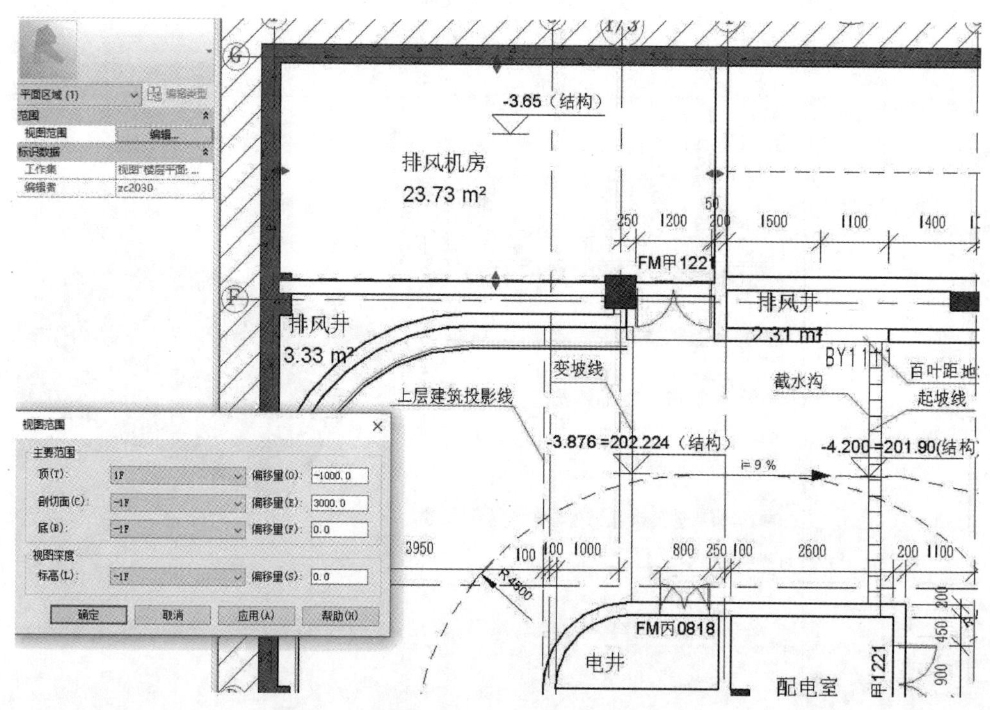

图 5.1-9　某地下车库负一层局部

平面区域：在平面内绘制闭合的区域并指定不同的视图范围，以便显示剖切面上下的附属件。视图内的多个平面区域不能彼此重叠，但可以具有重合边。

在结构平面中，表达结构基础及框架的关系时，由于地基构造的差异和建筑结构的不同，通常需要在同一平面中表示不同楼层高度的基础及梁柱。“平面区域”同样适用于此类情况（图 5.1-10）。

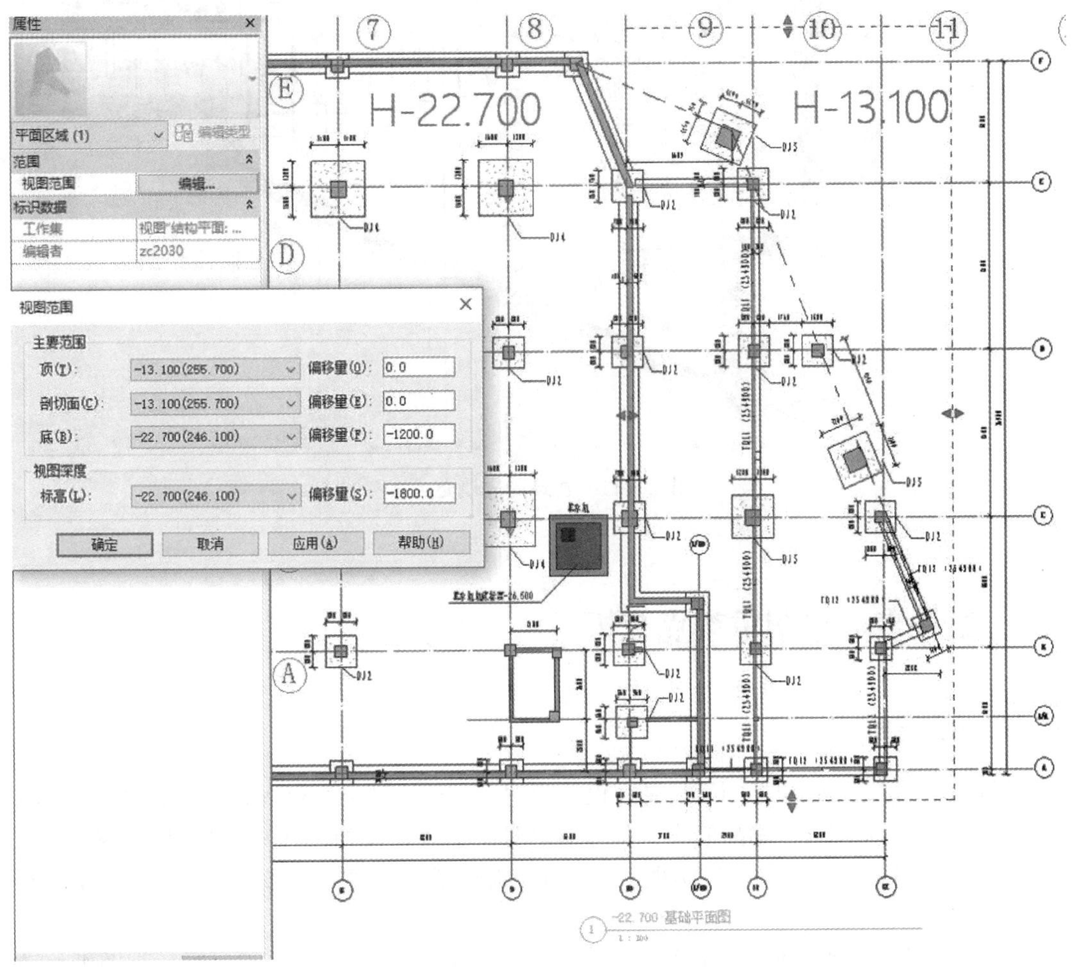

图 5.1-10　某建筑基础平面图

4. 填充区域与遮罩区域

绘制建筑平面图时需表达建筑周边关系，绘制消防平面图或分区示意图时需要对部分区域进行图案填充或遮罩。为方便对单个视图进行修改，而不影响整体模型，需要使用“填充区域”和“遮罩区域”命令处理当前视图（图 5.1-11）。

填充区域：使用边界线样式和填充样式在闭合边界内创建视图专有的二维图形。此工具可用于在详图视图中定义填充区域或将填充区域添加到注释族中。

遮罩区域：用于在视图中隐藏图元，是视图专有图形。在创建模型族、详图构建族时，可以添加遮罩区域方便在不同视图中遮挡线。

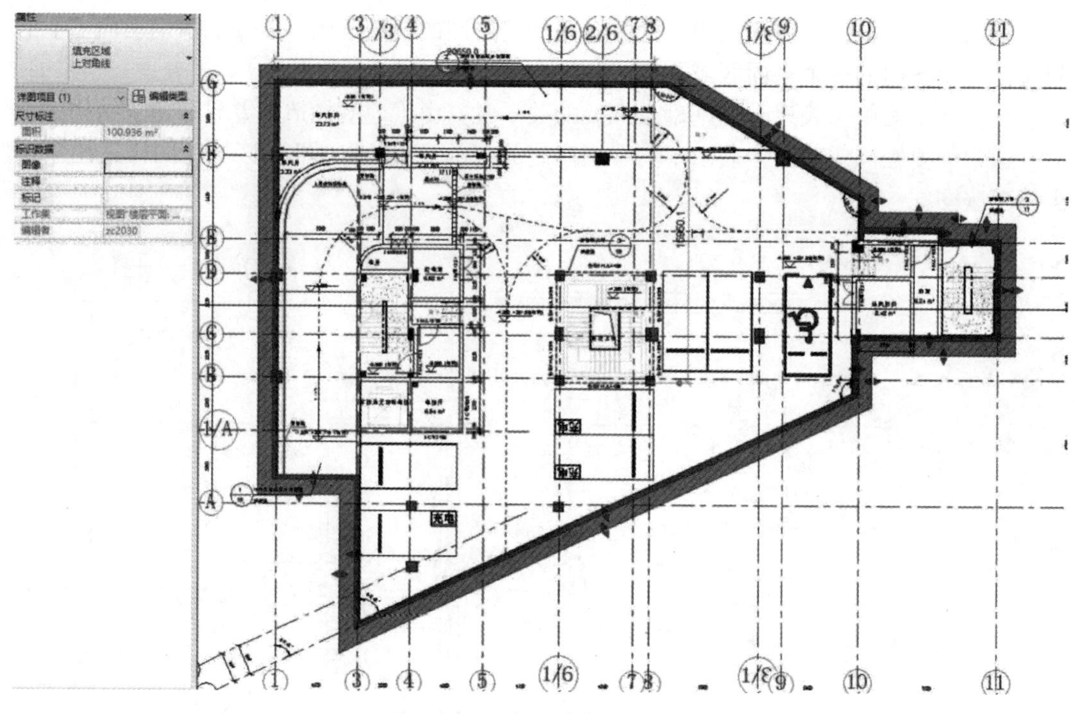

图 5.1-11　建筑周边填充区域

5.2　结构专业出图重难点分析

5.2.1　出图范围

结构专业施工图纸包括图纸目录、设计说明、结构构件平面布置图、楼梯详图、桩基础一览表、承台明细表、梁配筋表、剪力墙墙身配筋表、柱列表注写、结构楼层标高表、大样详图。目前 Revit 已经可以实现 100%的结构模型出图率，各部分施工图的技术简析如下：

1. 图纸目录：利用明细表功能，与项目浏览器中视图、图纸进行关联。当图纸修改后，自动同步修改图纸目录。

2. 设计总说明：利用文字功能及参数标签功能完成。

3. 平面图：创建相应的出图视图，设置相应视图样板（具体设置请参照 3.1.6 节），使用标记功能完成注释。部分特殊情况会用到过滤器、模型线、平面区域等功能。

4. 楼梯详图：利用“详图索引”和“剖面”创建相应的视图，设置相应的视图样板，使用尺寸标注和标记功能完成注释。

5. 桩基础一览表、承台明细表、梁配筋表、剪力墙墙身配筋表：利用明细表完成出图。

6. 柱列表注写：柱列表注写均采用详图构件和开发软件读取钢筋信息方式处理列表注写。

7. 大样详图：利用详图构件所制作国标大样族进行添加，特殊设计需特殊设计详图族。

在 BIM 设计发展前期，BIM 数据库中缺少相关施工图集和通用节点时，部分施工图使用 Revit 出图的效率不如使用 CAD 绘制。具体情况如表 5.2-1 所示。

结构出图 **表 5.2-1**

专业	图纸内容	Revit 设计出图	CAD 设计出图	备　注
结构	子项结构设计说明		√	BIM 设计发展阶段，Revit 中相关设计规范、图集不完善。采用 CAD 出图更快捷准确
	项目结构总说明		√	
	平法平面图	√		
	梁钢筋截面图	√		
	柱钢筋截面图	√		
	板钢筋截面图	√		
	楼梯大样图	√		
	桩基一览表	√		
	承台一览表	√		
	剪力墙墙身配筋表	√		
	柱列表注写		√	
	结构通用节点等其他节点大样		√	

5.2.2 出图效果展示

建立完整的 BIM 三维模型后可直接由 BIM 模型生成梁平面布置图、柱平面布置图、板平面布置图、基础平面布置图、柱截面注写表、基础明细表、设计说明等常见施工图。因为 BIM 模型中并未建立完整的实体钢筋模型，所有的配筋都以钢筋信息的方式存储在每个构件中，在出图时利用对应的标记读取对应的数据信息，从而实现构件钢筋信息标注或利用 Dynamo 读取钢筋信息和截面等信息绘制截面大样，除钢筋信息，还需要录入力学计算结果等参数用于完善模型信息。在设计说明中会包含大量的设计数据，均是以文字形式在 Revit 体现，没有和构件信息联动，且通用大样节点还需要配合 CAD。

1. 梁平法施工图

Revit 中绘制梁平法施工图，需在出图平面中设置好相应的视图样板，再根据项目需求导入或新建标记族，对梁构件配筋信息、梁编号、截面尺寸信息和标高顶面高差等信息标注，结构梁构件平法标注需要读取的信息量大，对于信息录入要求较高。

2. 基础平面布置图

在 Revit 中绘制基础平面布置图，需在出图平面中设置好相应的视图样板，再根据项目需求导入或新建标记族，对基础编号、基顶高程等进行标记（图 5.2-2）。基础平面布置常存在基顶高差较大，Revit 中无法通过调整视图偏移显示所有构件，需要通过“平面区域”的设置完成高差较大的构件显示到同一平面视图中。

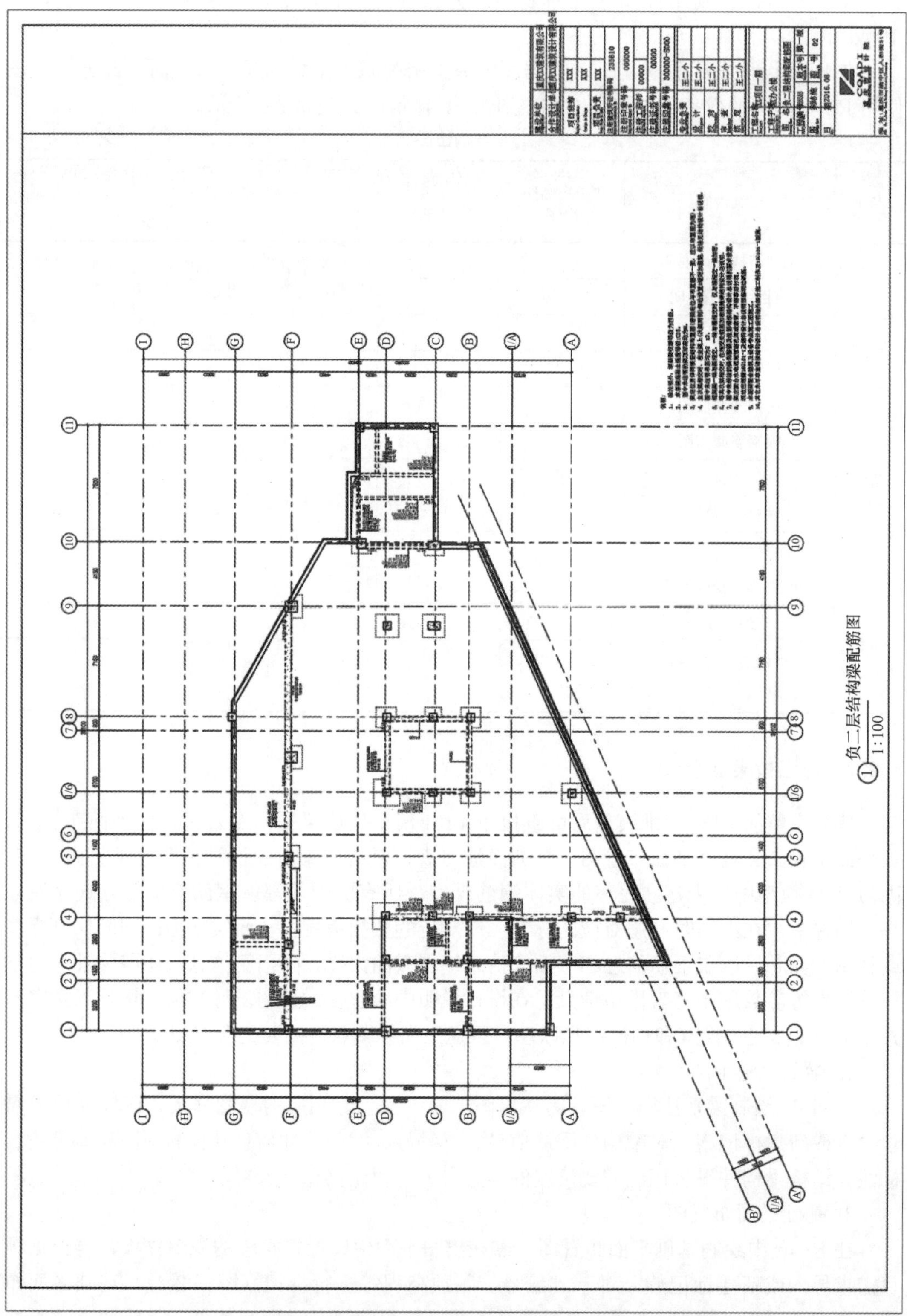

图 5.2-1　梁平法施工图

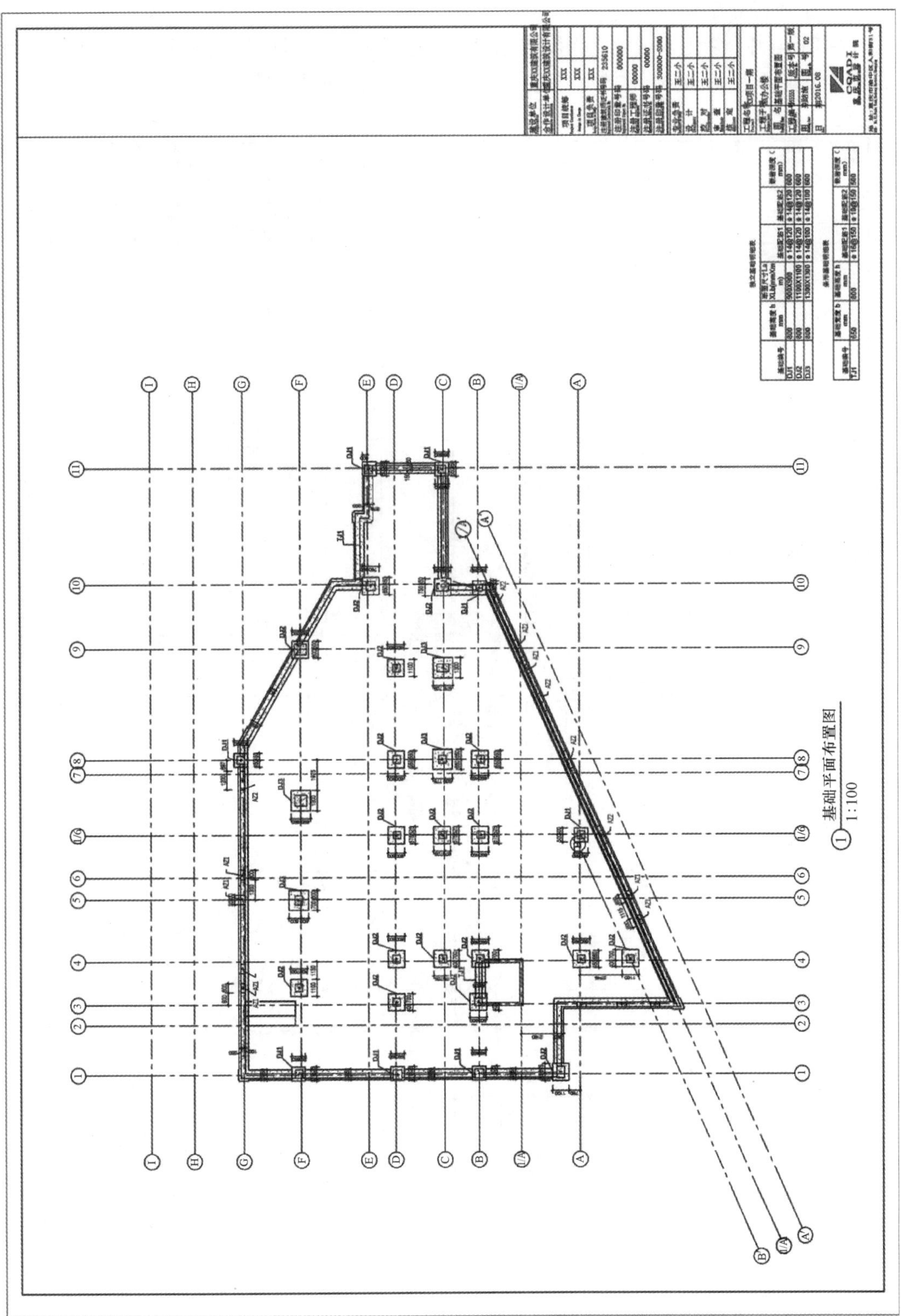

图 5.2-2 基础平面布置图

3. 柱平面布置图

在 Revit 中绘制柱平面布置图，需在出图平面中设置相对应的视图样板，再根据项目需求导入或新建标记族，对柱编号进行标记，并对柱截面尺寸进行标注（图 5.2-3）。

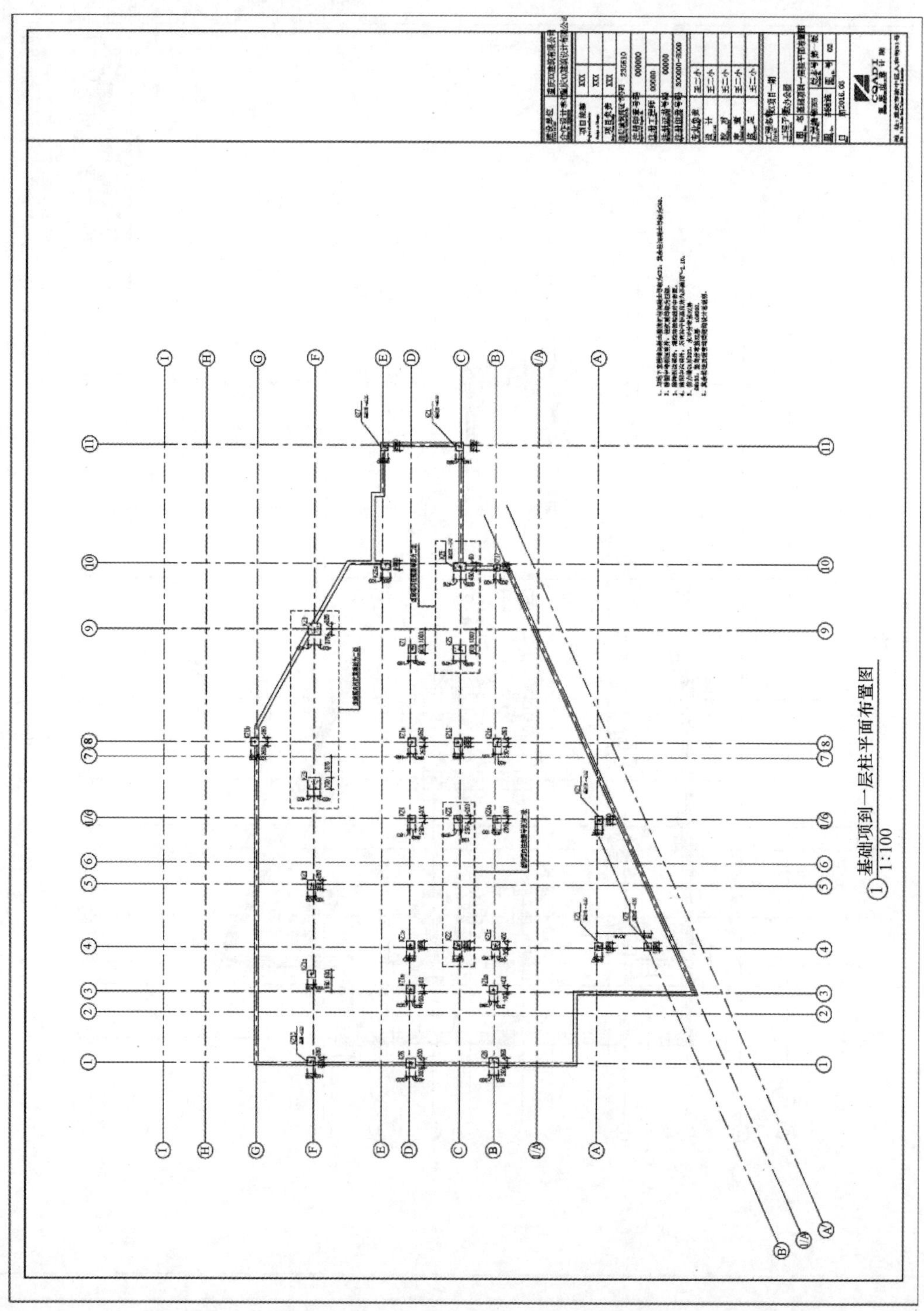

图 5.2-3　柱平面布置图

4. 柱列表注写表

在 Revit 中绘制柱列表注写（图 5.2-4），需要使用二次开发插件，根据项目同一编号柱所储存的钢筋信息，在平面图中重新绘制柱截面大样。

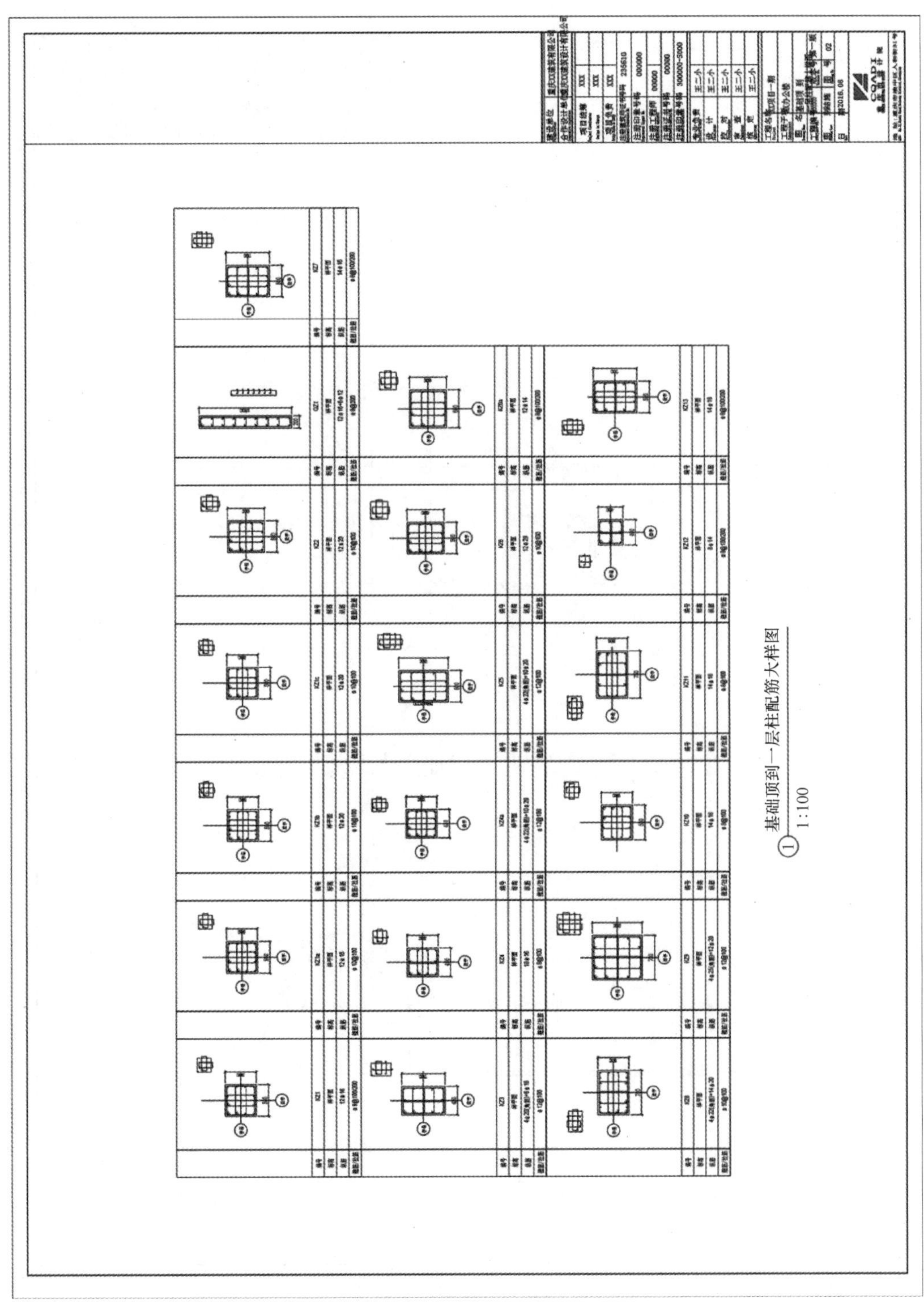

图 5.2-4　柱列表注写

5．板平面布置图

在 Revit 中绘制板平面布置图（图 5.2-5），需在出图平面中设置好相应的视图样板，再根据项目需求导入或新建标记族和详图项目，对板配筋信息进行标注。

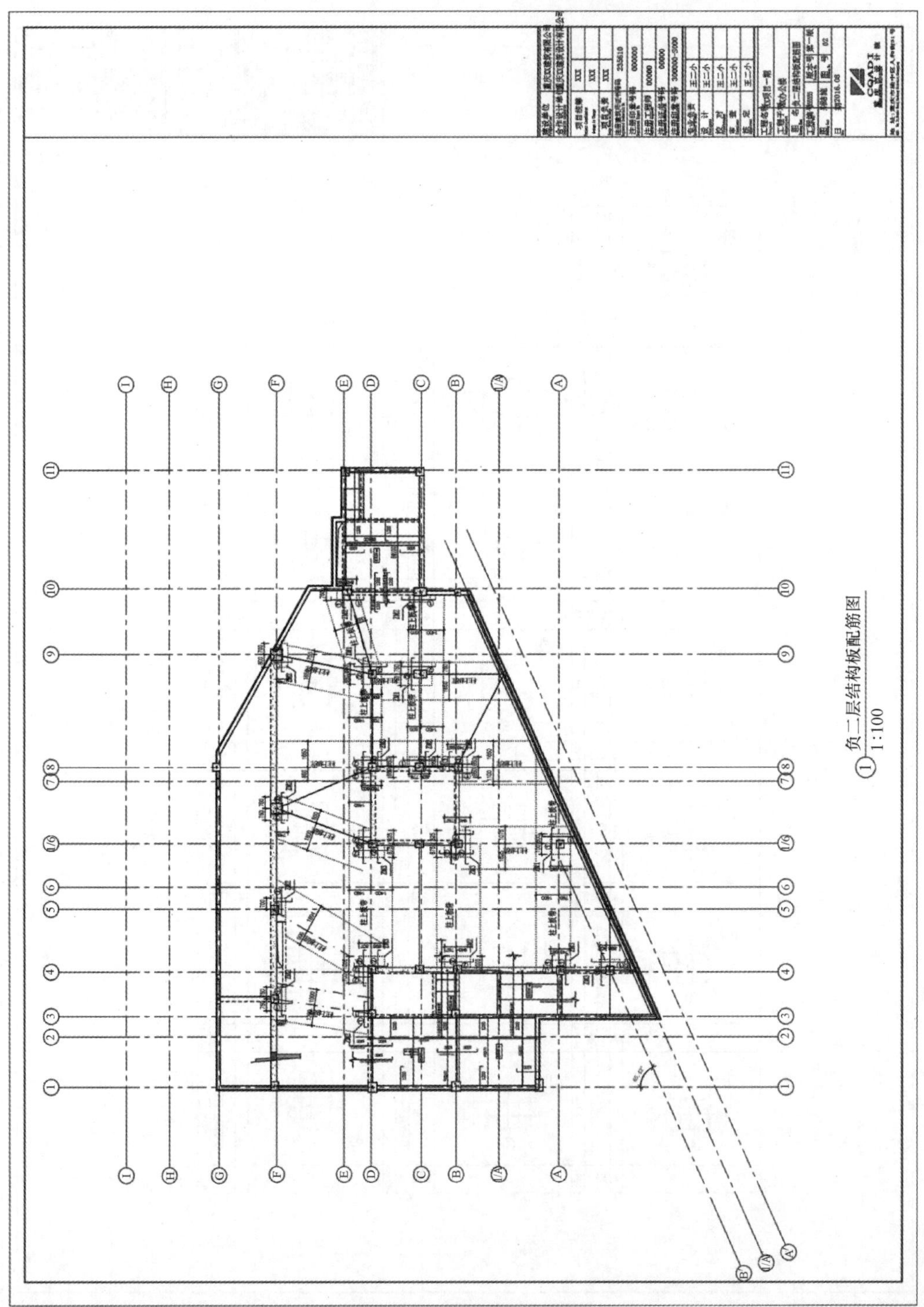

图 5.2-5　板平面布置图

5.2.3　重难点分析

1. Revit 无法适应国内力学计算方法和配筋规则

国内现在主流的结构力学计算软件有 PKPM、盈建科和理正等计算软件，计算结果和出图效果均满足国内主流（计算结果均满足国内审查要求），但 Revit 提供的力学计算模块还未能满足国内审查要求，只有通过模型数据互通才能完善结构设计。

现主流的结构力学计算软件均已开发了 Revit 数据互导模块。如盈建科实现了模型的双向互通，可在 Revit 中绘制结构模型再将模型导入到盈建科中进行力学计算，最终将力学计算结果、配筋、构件混凝土等级等信息导入到 Revit 模型构件中，为后续 Revit 中绘制施工图奠定信息基础（图 5.2-6）。

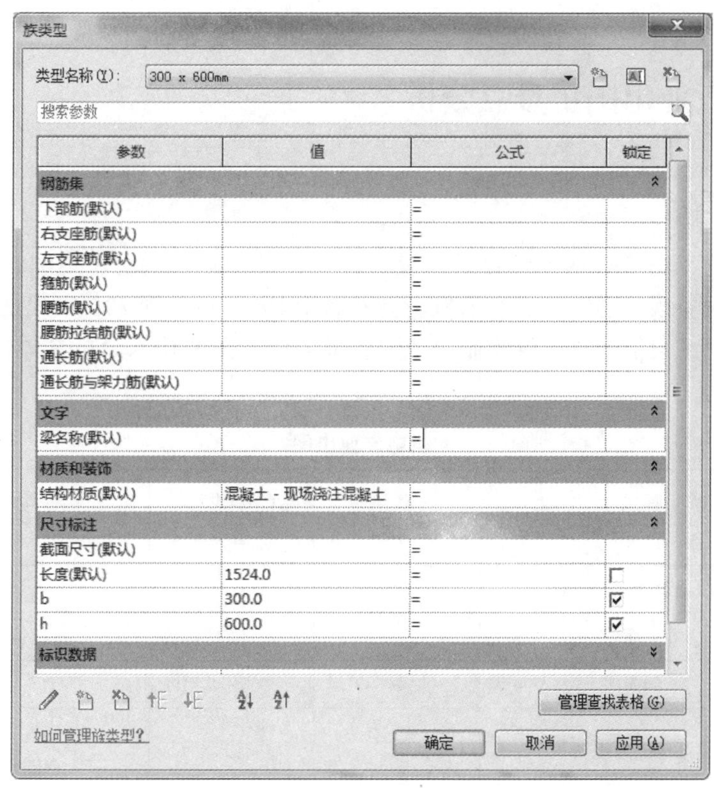

图 5.2-6　梁族属性

2. 结构平法平面表达

为规范使用建筑结构施工图平面整体设计方法，住房和城乡建设部制定了全国统一的结构平法设计标准《国家建筑标准设计图集》，但 Revit 提供的结构标记和尺寸标注无法满足《国家建筑标准设计图集》的要求，需要通过自定义独立基础标记、条形基础标记、筏形基础标记、桩基础标记、现浇混凝土板式楼梯标记、梁标记、剪力墙标记和板标记等标记族用于满足《国家建筑标准设计图集》的平法表达要求。以混凝土现浇梁平法平面标记表达为例：《国家建筑标准设计图集》16G101-1 中对平法施工图梁集中标注内容规定以下标注内容：梁编号、梁截面尺寸、梁箍筋、梁上部通长筋或架力筋配置、梁侧面纵向构造筋或受扭筋配置和梁顶面标高高差（图5.2-7）。标签制作详见4.3.2结构专业-出图要点。

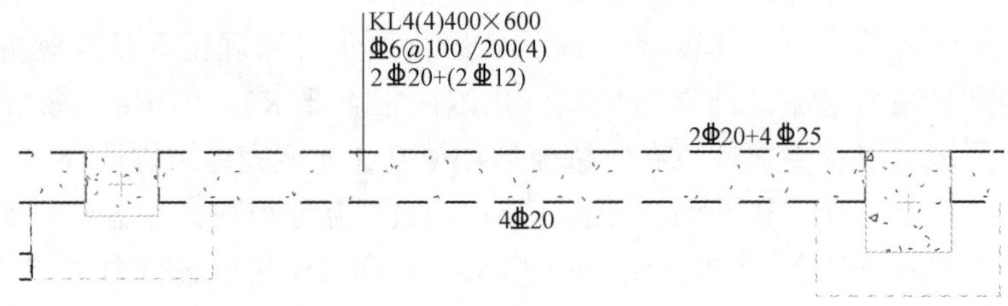

图5.2-7　梁平法表达

5.3　机电专业出图重难点分析

5.3.1　出图范围

机电专业施工图纸包括图纸目录、设计说明、设计施工说明、图例、平面图、剖面图、系统图、设备表、总图等。目前机电专业基于Revit可实现70%的出图率，难点在于电气专业部分图纸只能通过二维绘制完成，各部分施工图的技术简析具体情况如表5.3-1所示。

机电专业出图　　　　表5.3-1

专业	图纸内容	Revit设计出图	CAD设计出图	备　注
暖通	暖通设计施工说明		√	
	平面图	√		
	剖面图	√		
	系统图原理图		√	可在Revit绘图视图中手动绘制
	轴侧系统图	√		
	设备表	√		
给水排水	给水排水设计施工说明	√		
	平面图	√		
	剖面图	√		
	系统图原理图		√	可在Revit绘图视图中手动绘制
	轴侧系统图	√		
	设备表	√		

续表

专业	图纸内容	Revit 设计出图	CAD 设计出图	备　注
电气	电气设计施工说明	√		
	平面图	√		
	剖面图	√		
	系统图原理图		√	可在 Revit 绘图视图中手动绘制
	轴侧系统图	√		
	设备表	√		
	电气示意图		√	可在 Revit 绘图视图中手动绘制

1. 图纸目录：利用明细表功能，与项目浏览器中视图、图纸进行关联。当图纸修改后，自动同步修改图纸目录。

2. 设计施工说明：利用文字功能及参数标签功能完成。

3. 图例：使用族（详图构件）文字标注创建图例。

4. 平面图：创建相应的出图视图，设置相应视图样板，使用标记功能完成注释。部分特殊情况会用到模型线、平面区域等功能。

5. 剖面图：创建相应的剖面视图，设置相应的视图样板，使用标记功能完成注释。

6. 系统图：目前软件能生成轴侧图，系统图需 CAD 平面绘制。

7. 设备表：使用明细表进行统计完成。

在 BIM 设计发展初期，BIM 数据库中缺少相关施工图集和通用节点时，部分施工图使用 Revit 出图的效率低于 CAD。

5.3.2 出图效果展示

1. 暖通平面图

在 Revit 中绘制暖通平面图，首先需套用视图样板，导入标记族，再进行标记，需要注意的是，标记族需根据每个企业所制定的二维出图标准规范进行创建，以满足规范要求（图 5.3-1）。

2. 给水排水平面图

在 Revit 中绘制给水排水平面图，首先需套用视图样板，导入标记族，再进行标记，需要注意的是，标记族需根据每个企业所制定的二维出图标准规范进行创建，以满足规范要求（图 5.3-2）。

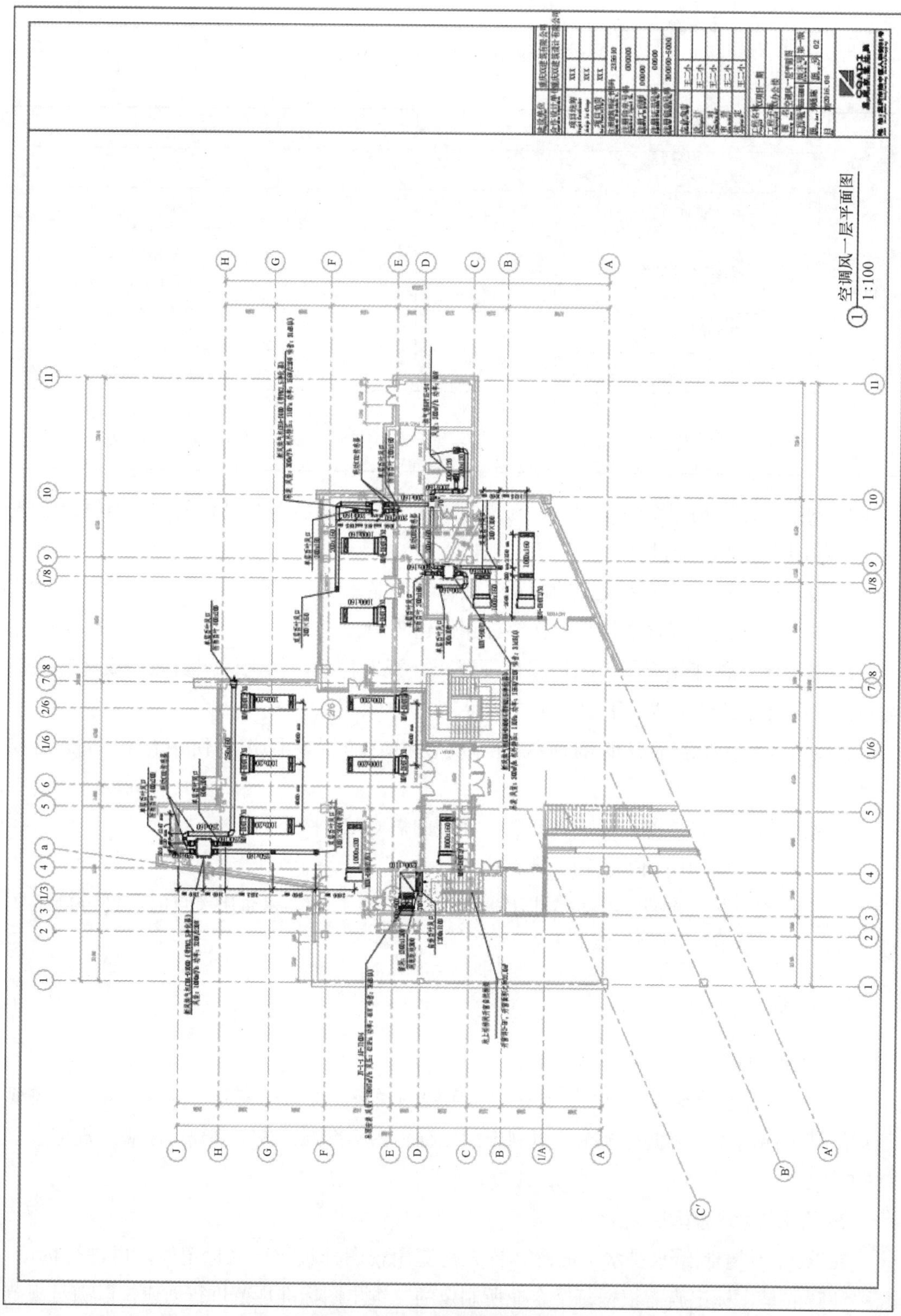

图 5.3-1　暖通平面图

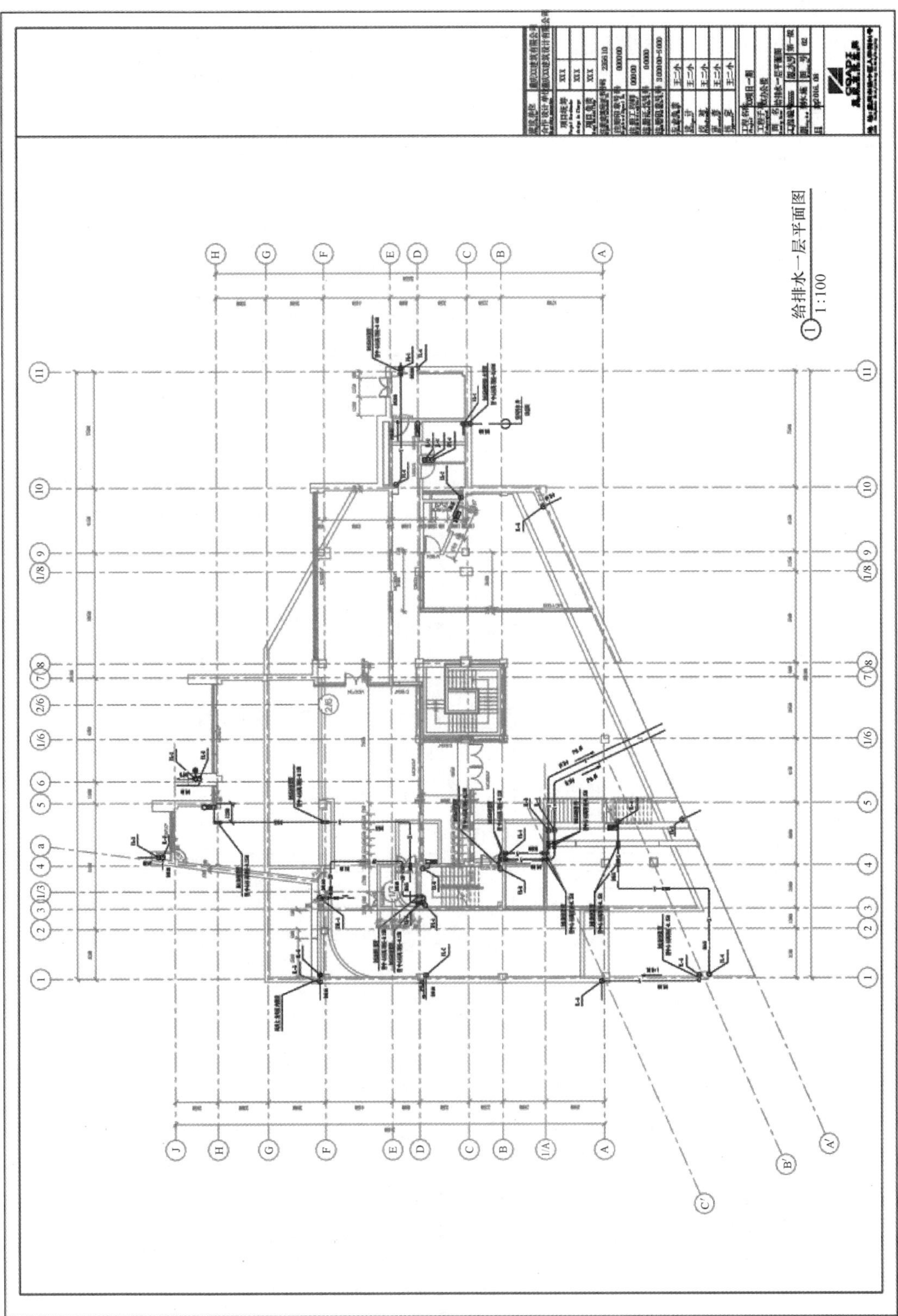

图 5.3-2 给水排水平面图

3. 管综剖面图

在 Revit 中创建管综剖面图，首先调整管道与管道、管道与土建之间的冲突，考虑安装检修空间，且满足净高要求，然后套用视图样板，导入标记族，再进行标记，需要注意的是，标记族需根据每个企业所制定的二维出图标准规范进行创建，以满足规范要求（图 5.3-3）。

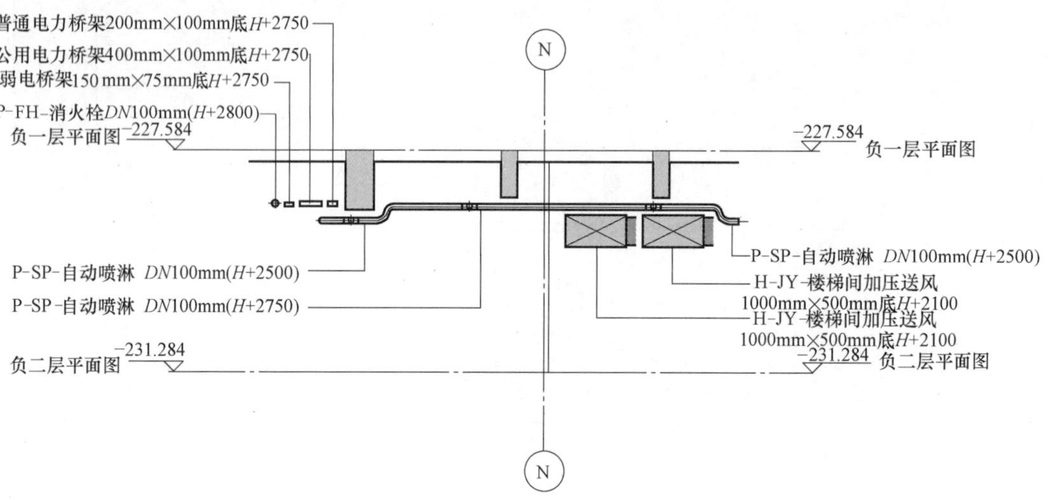

图 5.3-3　管综剖面图

4. 机电设备明细表

在 Revit 中创建设备明细表，需要选定合适的“字段”，调整“过滤器”，选择“排序/成组”，指定“格式”，设计“外观”等。明细表与图纸是一一联动，修改图纸后，明细表自动更新；调整明细表中的参数信息，图纸中对应族也同时更新（图 5.3-4）。

<机电设备明细表>

A	B	C	D	E	F	G
族与类型	标高	系统名称	系统分类	类型	类型注释	合计
BM_新风换气机:	1_一层平面图0.00	PF 3, XF 3, PF 4, XF 4	排风, 送风, 排风, 送风	新风换气机CHA-D4		1
BM_新风换气机:	1_一层平面图0.00		排风, 送风, 排风, 送风	新风换气机CHA-D4		1
BM_新风换气机:	1_一层平面图0.00	XF 2, PF 2, XF 1, PF 1	排风, 送风, 排风, 送风	新风换气机CHA-D1		1
卫生间排风机: 换	1_一层平面图0.00	PF 5	排风	换气扇BPT15-34		1
卫生间排风机: 换	1_一层平面图0.00	PF 5	排风	换气扇BPT15-34		1
多联机 - 室内机	5_五层平面图 15000	VRV 20, LN 27, SF 26	循环供水, 卫生设备, 电力, 送风	MDV-D36T2/N1		1
多联机 - 室内机	5_五层平面图 15000	VRV 20, LN 27, SF 27	循环供水, 卫生设备, 电力, 送风	MDV-D36T2/N1		1
多联机 - 室内机	4_四层平面图 11400	VRV 31, LN 14, SF 30	循环供水, 卫生设备, 电力, 送风	MDV-D36T2/N1		1
多联机 - 室内机	4_四层平面图 11400	VRV 31, LN 14, SF 29	循环供水, 卫生设备, 电力, 送风	MDV-D36T2/N1		1
多联机 - 室内机	3_三层平面图 7800	VRV 51, LN 5, SF 44	循环供水, 卫生设备, 电力, 送风	MDV-D36T2/N1		1
多联机 - 室内机	3_三层平面图 7800	VRV 51, LN 5, SF 43	循环供水, 卫生设备, 电力, 送风	MDV-D36T2/N1		1
多联机 - 室内机	3_三层平面图 7800	VRV 51, LN 9, SF 58	循环供水, 卫生设备, 电力, 送风	MDV-D56T2/N1		1
多联机 - 室内机	3_三层平面图 7800	VRV 51, LN 9, SF 59	循环供水, 卫生设备, 电力, 送风	MDV-D56T2/N1		1
多联机 - 室内机	5_五层平面图 15000	VRV 20, LN 11, SF 22	循环供水, 卫生设备, 电力, 送风	MDV-D71T2/N1		1
多联机 - 室内机	5_五层平面图 15000	VRV 20, LN 11, SF 21	循环供水, 卫生设备, 电力, 送风	MDV-D71T2/N1		1
多联机 - 室内机	5_五层平面图 15000	VRV 20, LN 11, SF 20	循环供水, 卫生设备, 电力, 送风	MDV-D71T2/N1		1
多联机 - 室内机	5_五层平面图 15000	VRV 20, LN 27, SF 19	循环供水, 卫生设备, 电力, 送风	MDV-D71T2/N1		1
多联机 - 室内机	5_五层平面图 15000	VRV 20, LN 27, SF 18	循环供水, 卫生设备, 电力, 送风	MDV-D71T2/N1		1
多联机 - 室内机	5_五层平面图 15000	VRV 20, LN 27, SF 25	循环供水, 卫生设备, 电力, 送风	MDV-D71T2/N1		1
多联机 - 室内机	5_五层平面图 15000	VRV 20, LN 27, SF 24	循环供水, 卫生设备, 电力, 送风	MDV-D71T2/N1		1
多联机 - 室内机	5_五层平面图 15000	VRV 20, LN 11, SF 23	循环供水, 卫生设备, 电力, 送风	MDV-D71T2/N1		1
多联机 - 室内机	4_四层平面图 11400	VRV 31, LN 66, SF 34	循环供水, 卫生设备, 电力, 送风	MDV-D71T2/N1		1
多联机 - 室内机	4_四层平面图 11400	VRV 31, LN 66, SF 35	循环供水, 卫生设备, 电力, 送风	MDV-D71T2/N1		1
多联机 - 室内机	4_四层平面图 11400	VRV 31, LN 66, SF 36	循环供水, 卫生设备, 电力, 送风	MDV-D71T2/N1		1

图 5.3-4　机电设备明细表

5.3.3 出图难点分析

机电出图重难点主要体现在各专业系统图、安装示意图、剖面示意图等，这些图纸三维空间不易表达，需配合二维软件进行补充表达，达到快速出图效果。

1. 管道系统图

目前 Revit 做管道系统图方法有：

1）采用二次剖切形成轴侧方向的系统图

二次剖切方法需依次两个 45°剖面进行剖切，此方法需手动标注图纸所有标记，如图 5.3-5卫生间污水系统图。

2）利用插件一键生成轴侧系统图

利用插件一建生成轴侧系统图，此方法可一键生成管道尺寸标记，但需手动标记标高、阀门等。如图 5.3-6 卫生间给水系统图。

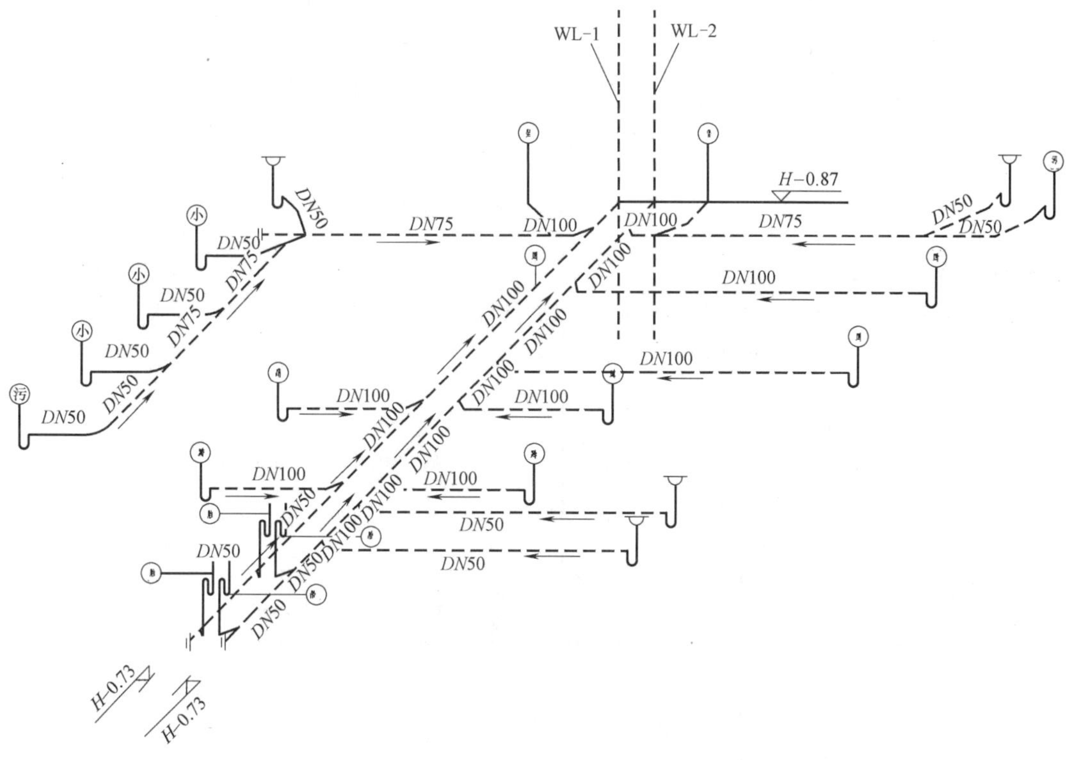

图 5.3-5 卫生间污水系统图

2. 防火阀安装示意图

管道附件安装示意图难点在于管道附件族的剖面展示、建筑细部构造剖面展示、模型精细度的控制等（图 5.3-7、图 5.3-8）。

管道附件族：需根据设计规范制定满足规范要求的族，且需满足平面、剖面等显示方式的族。

建筑细部构造：做法有两种方式，一种是局部创建高精度模型，包括保温层、防火层、隔热层、干挂石材等；另外一种则是在剖面视图中绘制填充区域或者遮罩区域，或者

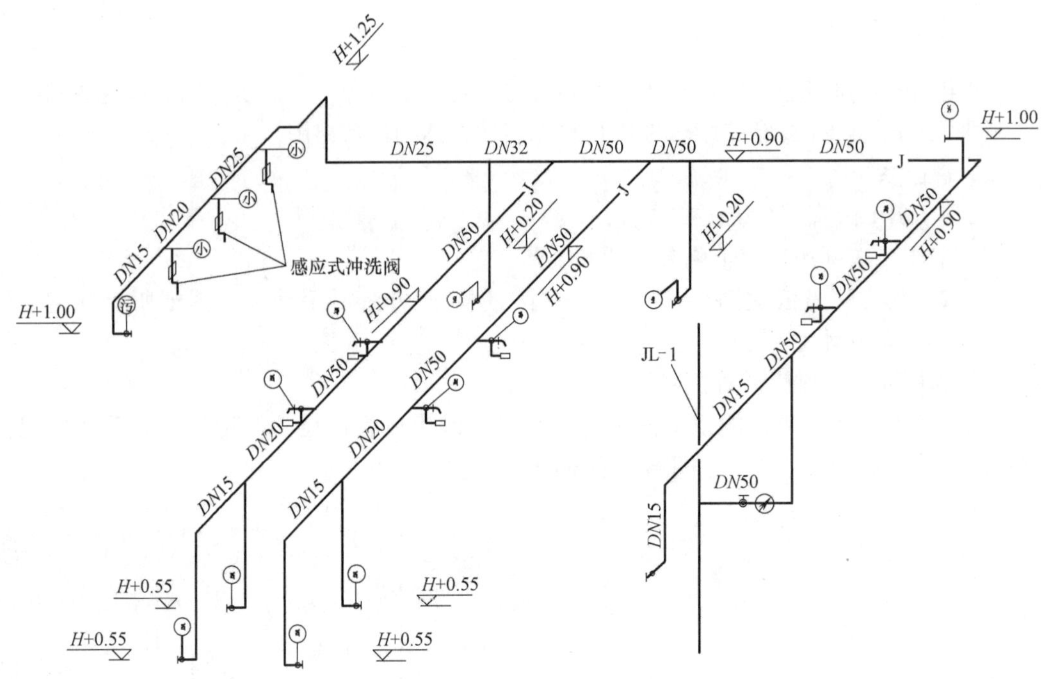

图 5.3-6　卫生间给水系统图

创建详图族进行填充、遮罩等。

模型精细度：如创建施工阶段模型，而局部需满足现场施工安装精度要求，故模型绘制精度，需结合实际要求来细化。

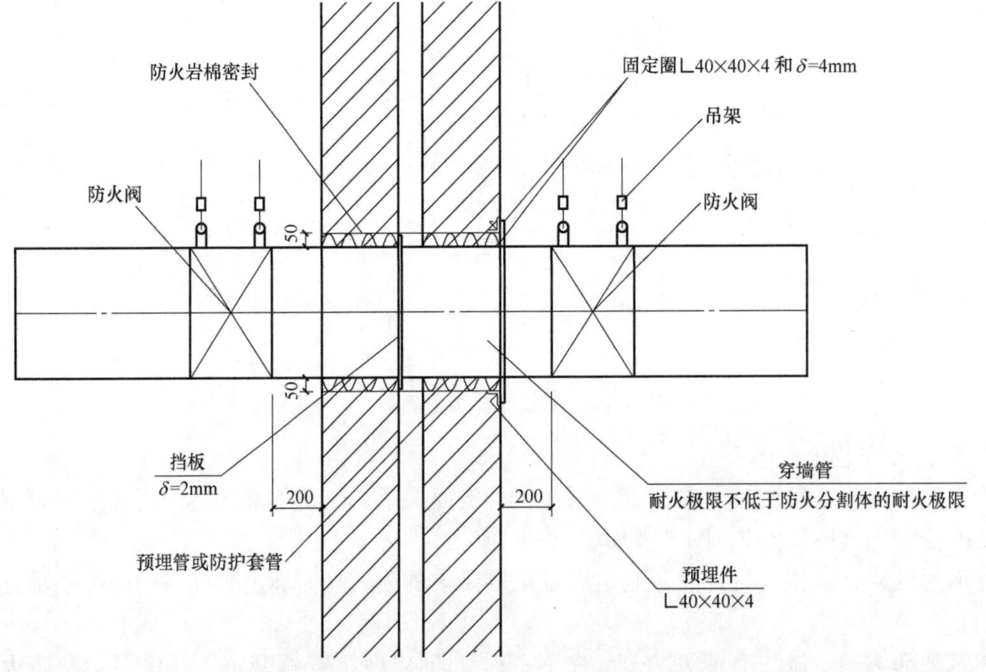

图 5.3-7　变形缝处防火阀安装示意图

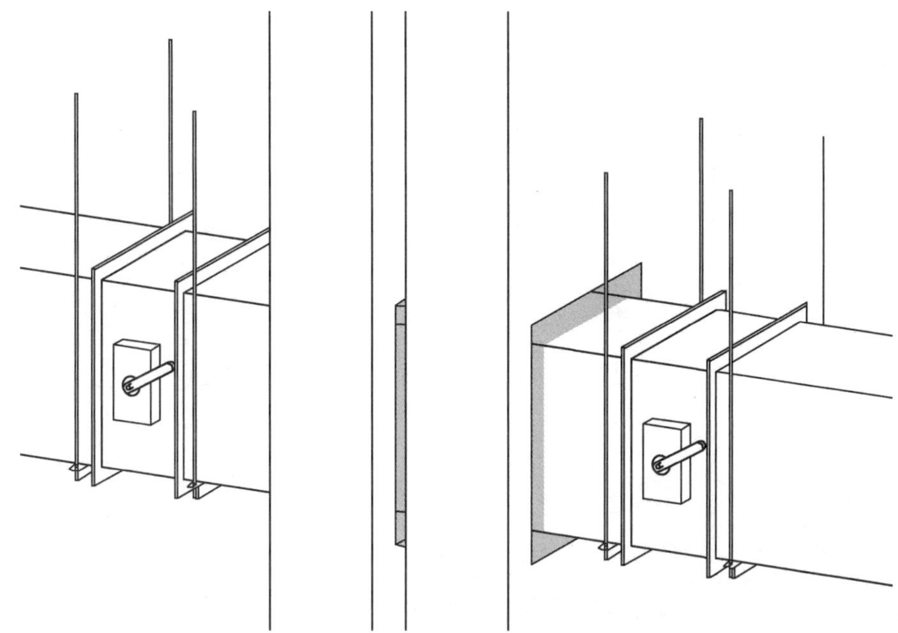

图 5.3-8 变形缝处防火阀三维示意图

剖面视图经常会用到折断线，但 Revit 中自带剖面无折断线功能，需新建详图构件族—折断线进行放置。

3. 安装剖面示意图

设备安装剖面难点在于建筑细部构造剖面展示、设备支撑剖面展示等。设备支撑剖面显示可使用两种方式来表达，一是创建模型，二是直接平面绘制覆盖、填充等，如图 5.3-9、图 5.3-10 所示。

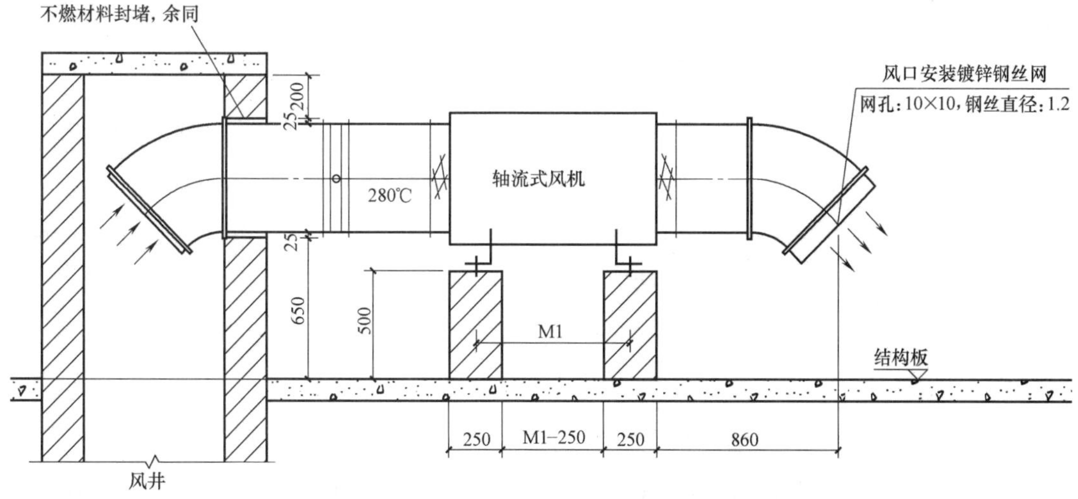

图 5.3-9 屋面排烟风机安装剖面示意图

4. 配电箱系统图

使用 Revit“绘图视图”绘制平立剖面图与模型本身不关联，属于视图专有详图。在

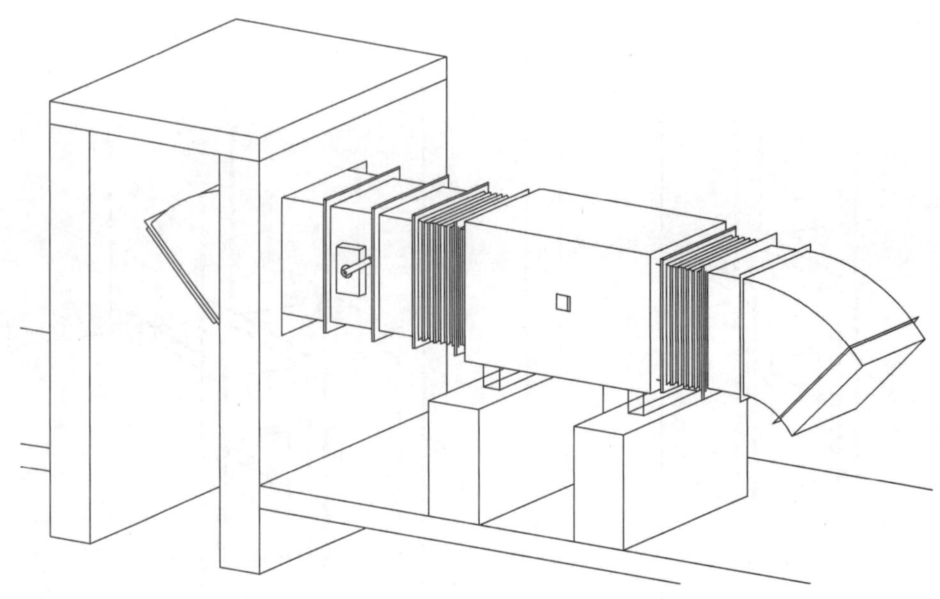

图 5.3-10　屋面排烟风机安装三维示意图

绘图视图中，可以按不同的视图比例（粗略、中等或精细）创建详图，并可使用二维详图工具：详图线、详图区域、详图构件、隔热层、参照平面、尺寸标注、符号和文字。这些工具与创建详图视图时使用的工具完全相同。但是，绘图视图不显示任何模型图元。当在项目中创建绘图视图时，它将与项目一起保存。尽管未与模型关联，但仍可以从浏览器中将绘图视图拖曳到图纸中。

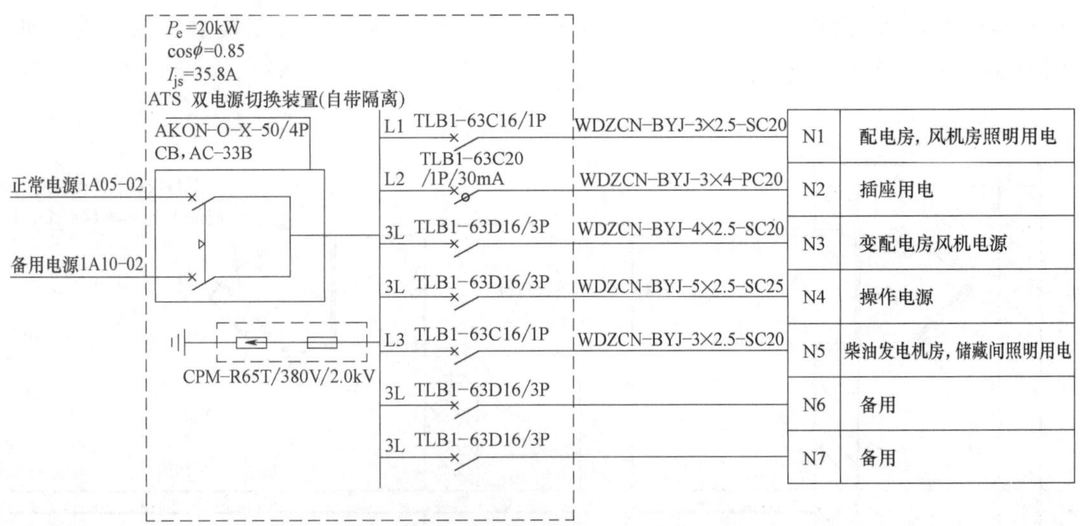

图 5.3-11　变配电房、柴发机房配电箱 BPALE 系统图

电气专业出图：线管、导线、电气设备、末端、桥架等都可直接在 Revit 中建模创建，其他如动力、防雷接地、火灾报警等配线可以在绘图视图进行绘制，达到快速出图效果。

第 6 章　正向设计实例

6.1　建研楼改造

建研楼位于重庆市渝中区前身为建筑科学研究院办公楼，原建于 20 世纪 70 年代，原建筑功能空间、层高等不能满足现有办公需求，现以原拆原建方式，对原办公楼进行拆除后，在原址新建办公楼。新建的建研楼是集接待、会议、办公于一体的综合楼，旨在改善院内办公条件。

项目定位为重庆市装配式建筑示范项目，但位于设计院内，施工场地狭窄，工作面小，大型施工机器难以进场，不便进行吊装等操作，且场地西北和西南侧周边地下市政管网错综复杂，无施工锚杆的条件。鉴于项目要求设计精密，施工难度大，业主与设计方、施工方一致决定通过 BIM 技术完成设计-施工，从而优化设计质量，提高施工效率，缩短工期，节约成本。本项目是设计院自主设计、自主施工和运营的建筑总承包项目，因此从工期和成本上给予了便利，为 BIM 设计的初期尝试创造了条件。

新建的建研楼地上建筑面积为 2978.10m^2，地下建筑面积为 2075.36m^2，总建筑面积为 5053.46m^2。本工程为多层建筑，包括 3 层地下车库与 5 层地面建筑，耐火等级不低于一级。结构设计地上 1F～5F 部分为钢结构，底层为薄弱层，而地下室部分为混凝土结构。

6.1.1　前期策划

本项目定位为 BIM 设计示范项目，从前期方案阶段开始介入，进行全过程的 BIM 设计。项目团队由各专业负责人、设计师组成，同时每个小组配备有专业的 BIM 工程师。各专业设计师通过“中心文件＋云平台”的形式进行协同设计，每位设计人员分配一台云端计算机，各专业负责人建立中心文件后，为每一位设计师分配权限。设计、提资、存档均在云服务器中进行，保障设计资料的有效管理和各专业之间的高效协同设计（图 6.1-1）。

1. BIM 工程师根据项目需求，按照重庆市 BIM 相关标准及院标，以企业样板为基础制定项目专用样板文件，包括项目参数、项目信息录入，视图、图纸组织的建立，项目特定族的创建和载入等。各专业负责人使用项目样板，建立中心文件，做好文件权限管理（图 6.1-2、图 6.1-3）。

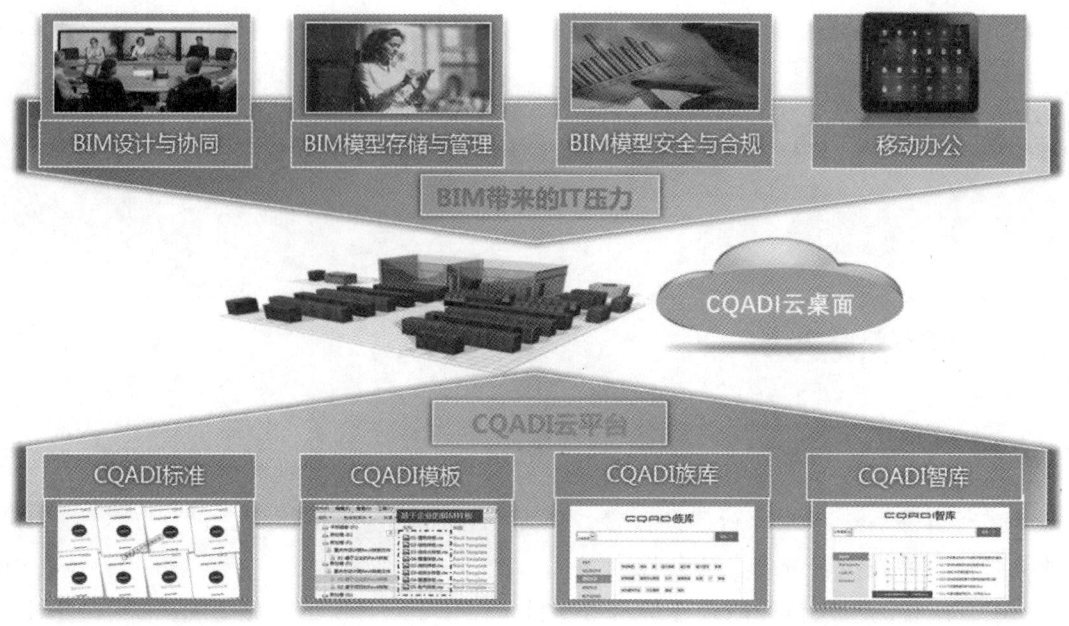

图 6.1-1　BIM 云平台

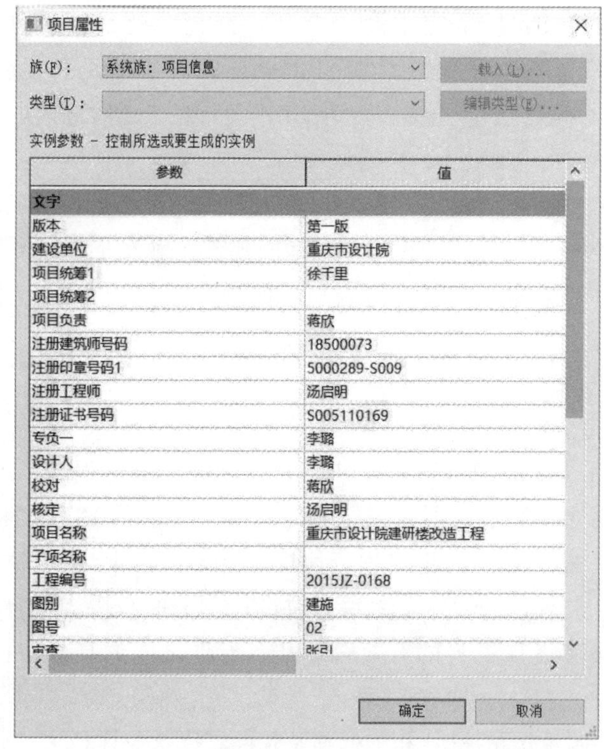

项目属性

族(F)：系统族：项目信息　　载入(L)...

类型(T)：　　编辑类型(E)...

实例参数 - 控制所选或要生成的实例

参数	值
文字	
版本	第一版
建设单位	重庆市设计院
项目统筹1	徐千里
项目统筹2	
项目负责	蒋欣
注册建筑师号码	18500073
注册印章号码1	5000289-S009
注册工程师	汤启明
注册证书号码	S005110169
专负一	李璐
设计人	李璐
校对	蒋欣
核定	汤启明
项目名称	重庆市设计院建研楼改造工程
子项名称	
工程编号	2015JZ-0168
图别	建施
图号	02
审查	张引

确定　取消

图 6.1-2　项目信息

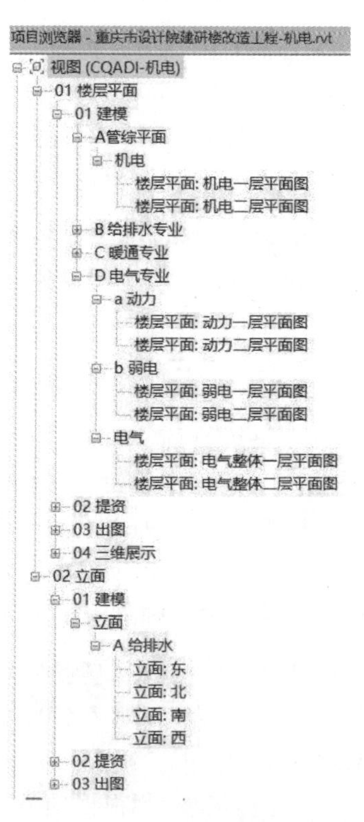

图 6.1-3　项目浏览器组织

2. 根据院内 BIM 设计管理流程，制定项目级管理体系，包括过程及成果文件的规范管理、设计过程会议管理、过程文档管理等。

6.1.2 方案阶段

本案例项目从方案阶段开始介入，通过无人机测量技术测绘地形及周边建筑，运用Civil 3D建立场地模型。导入Revit后，进行建筑方案设计。

在前期准备阶段建立了项目标准体系，包括策划编制、文件夹管理、图纸审查、实施标准等。根据BIM应用实施标准，BIM设计人员结合项目需求，制定了项目统一的样板文件和族库，保证了建模的统一和效率，减少了设计工作重复率（图6.1-4）。

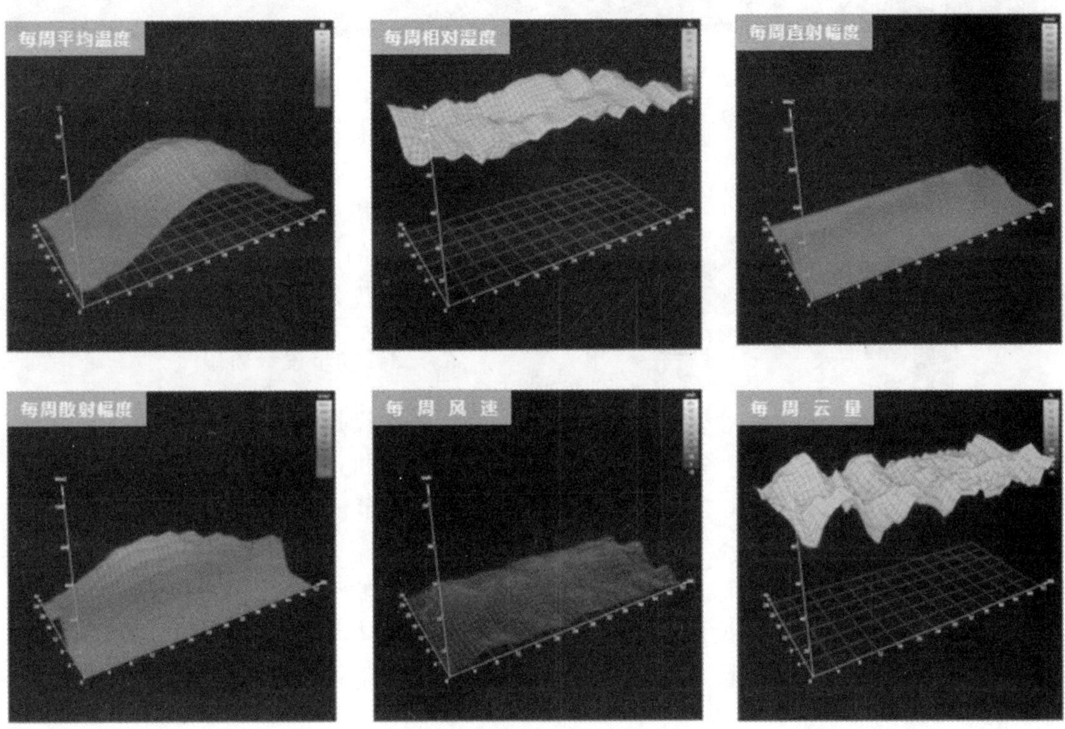

图6.1-4 环境分析

1. 通过对地形基础数据的解读，利用Civil 3D软件对地形数据进行提取，建立场地模型，方便设计师了解周边城市环境，直观地解读业主规划意图。同时，设计师可利用Civil 3D软件对场地模型进行地形分析，包括高程分析、水流分析、道路分析等。

2. 在设计过程中，方案设计师充分利用信息模型对体量进行推敲，快速得出平面空间分配数据，并在确定空间分配的同时通过Revit实现数据与模型的实时交互。

3. 确定部分体量后，利用BIM模型导入Ecotect或CFD等分析软件，对已确定体量的光照、太阳能、温度效应及风环境进行模拟，对方案进行能耗分析，深入分析当前方案的优缺点。例如：对模型进行不同立面的日照分析，得到建议的各立面的窗墙比；对地块进行风环境分析，可通过不同高度的风速和风压进一步确定建筑外形；对建筑内部进行照明分析，可获得房间内的照度值，指导设计进行空间划分。设计师们可将指导建议作为设计的基本条件，更高效地制定具有针对性的方案和策略（图6.1-5、图6.1-6）。

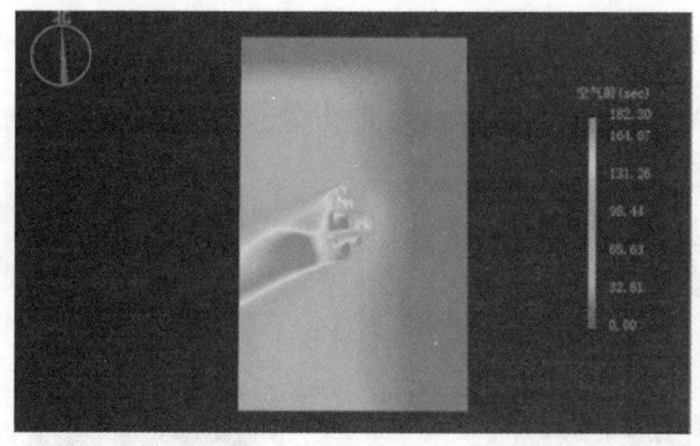

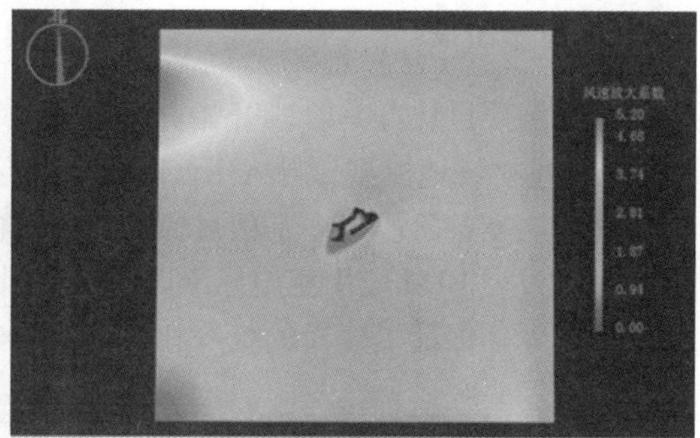

图 6.1-5　室内风环境分析

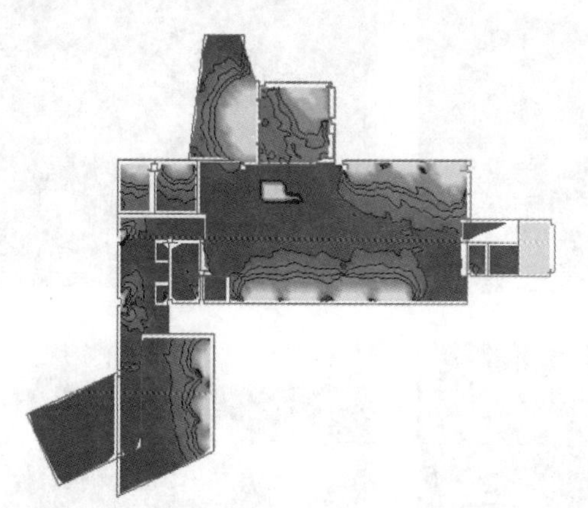

图 6.1-6　采光分析

在能耗分析得出的多种方案中，设计师需要利用 BIM 模型对不同方案的绿建措施进行分析比选，再结合能耗分析的各项指导意见，权衡决策。选定最优方案并进行相应地优化修改。

6.1.3　初步设计阶段

初设是对方案阶段的进一步深化。建筑、机电设计师需要利用 Ecotect、IES 等节能分析软件，将各项措施加载到模型中，逐一模拟进行能耗和舒适度的验证。结构设计师需要通过方案模型进行混凝土及钢结构设计，并利用 PKPM 等结构分析软件进行荷载分析，确定结构最优方案。

1. 建筑专业

使用 IES 分析软件进行能耗模拟，优化建筑外围护结构 K 值，确定外墙保温材料、传热系数，以及窗户材质。

利用 CFD 软件，对室外自然风环境进行分析，优化建筑内部风环境，指导室内中庭设计和室内风井的设置。

利用 IES 软件对建筑物整体进行采光分析，结合各层平面的能耗数据，优化空间分配和房间内窗户位置，满足建筑物房间内的采光要求。

确定房间功能划分，各层标高，提资给结构专业进行结构设计。确定水暖电井和机房划分后，提资给机电设备专业进行深化。同时与各专业进行协同，保证信息实时交互，模型实时更新（图 6.1-7）。

2. 结构专业

利用方案体量模型进行结构推敲，结合房间划分建立结构基础及柱网。运用 PKPM 结构计算软件，根据功能划分及设备专业需求计算荷载，确定基础、柱、梁、板、剪力墙等构件属性，建立地下混凝土及地上钢结构模型（图 6.1-8）。

与建筑专业进行协同，确定柱网与建筑方案是否一致，核对建筑柱尺寸，满足构造、

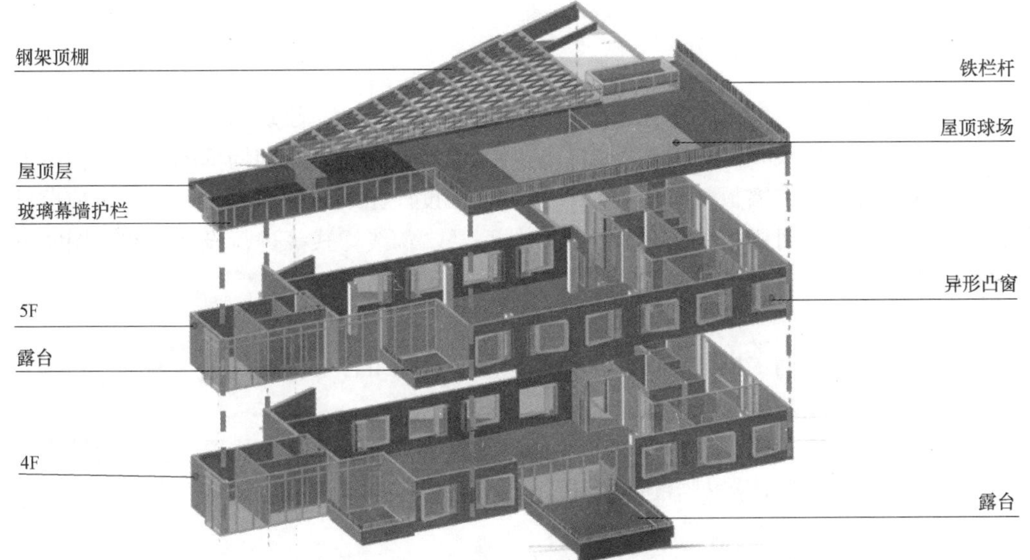

图 6.1-7 建筑功能划分

图 6.1-8 钢结构模型

装饰要求。

与设备专业核对梁布置，保证设备机房的荷载需求，同时避免梁截面过大影响后期管线布置。核对洞口布置，计算结构开洞的合理性，保证机电管线的顺利布置。

3. 机电专业

给水排水专业根据建筑提资，核对水管井位置和泵房位置。按照项目需求确定水量水速等基础数据，进一步确定设备规格，泵房布置。

暖通专业根据建筑提资，核对风井和机房位置。利用分析软件指导内部气流组织分析，确定风口尺寸、位置，进而确定设备规格和机房布置

电气专业需根据房间功能划分和其他机电设备机房信息，确定高低压开关柜、变压器

等主要电气设备的布置，设置墙面开关插座点位。

6.1.4　施工图设计阶段

施工图是对各专业的优化和完善。机电专业作为主导，与建筑结构进行协同设计，进一步确定建筑内部管线布置和净高把控。建筑专业需要深化门窗和局部幕墙。结构专业需要考虑楼板降板、结构墙板开洞等内容。同时，在设计完成后的出图阶段，由于前期已根据现行图纸规范对项目样板中的尺寸标注、线型/线宽/线样式等进行设置，在出图时可直接进行调用，省去了重复的设置工作。

1. 机电专业

深化初设模型，确定机电设备的具体参数规格，如组合空调的风量、风压、功率、尺寸等提资给结构专业确定设备基础（图 6.1-9）。

确定机电管道布置，包括主管尺寸位置、支管尺寸位置及末端位置，提资给结构专业进行楼板、剪力墙开洞，提资给建筑进行净高把控。

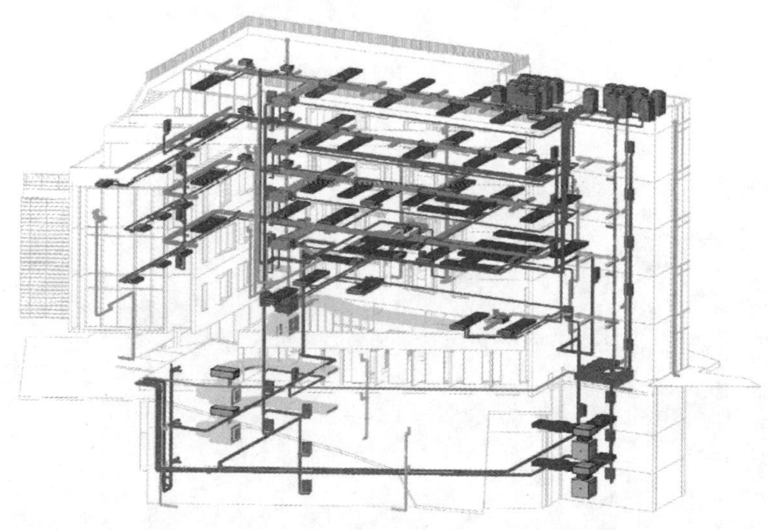

图 6.1-9　管综模型

机电专业的出图主要包括平面图、机房大样图和系统图。平面图可直接在楼层平面中进行标注，调用设置好的视图样板即可生成。机房大样图可通过局部三维和平面区域结合进行出图。系统图主要通过二次剖面产生的轴测图来替代。

2. 建筑专业

在初设基础上进行绿建设计，同时需要确立建筑门窗表，局部幕墙的细部构造和女儿墙等大样设计（图 6.1-10）。

建筑专业出图主要包括平面图、立面图、剖面图，这些图纸均可根据 Revit 中的平立剖视图直接生成，并进行构件、尺寸等标注。本项目在建筑专业的出图率达到了 95%，部分节点大样图仍需借助 CAD 进行辅助出图。

3. 结构专业

结构专业在施工图时需要确定结构构件的具体参数，包括截面尺寸、混凝土型号、结

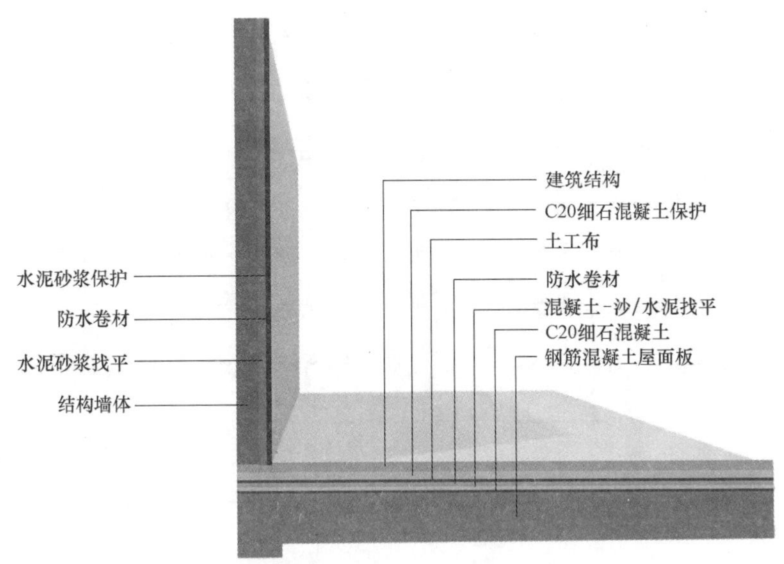

图 6.1-10　女儿墙大样

构配筋及钢结构截面和型号（图 6.1-11）。

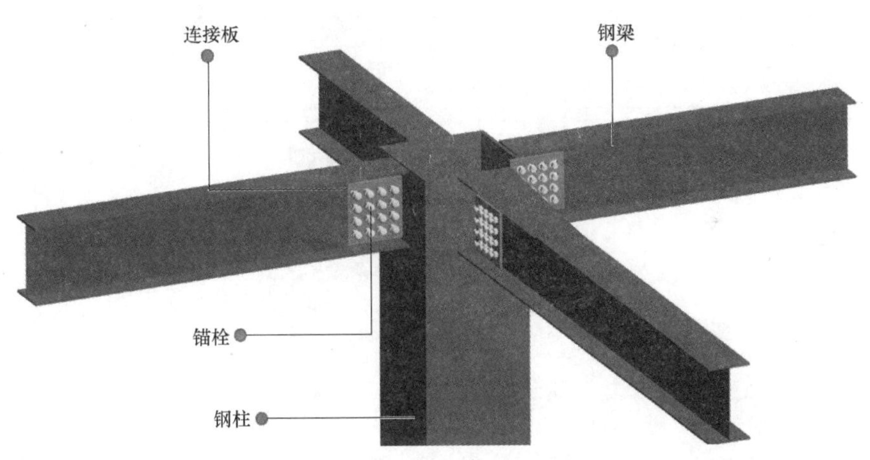

图 6.1-11　钢结构铰接节点

结合机电专业提资要求，对墙体、楼板进行开洞，绘制集水坑和设备基础。

结构专业的出图主要包括基础平面图、柱平面图和梁平面图。针对结构平法施工图对配筋标注的需求，可通过输入配筋参数—标记关联的方式解决。例，梁平法施工图出图：在建模初期建立好不同配筋的结构梁族，出图时建立配筋参数的标记族，直接读取构件的配筋率参数。

4. 施工图出图

各专业根据二维图纸审查标准出图，实现从三维模型中直接打印二维图纸。同时，出图时配合三维轴测视图，让复杂的空间关系得以展现，使图纸表达更加生动、清晰，如图 6.1-12～图 6.1-14 所示。

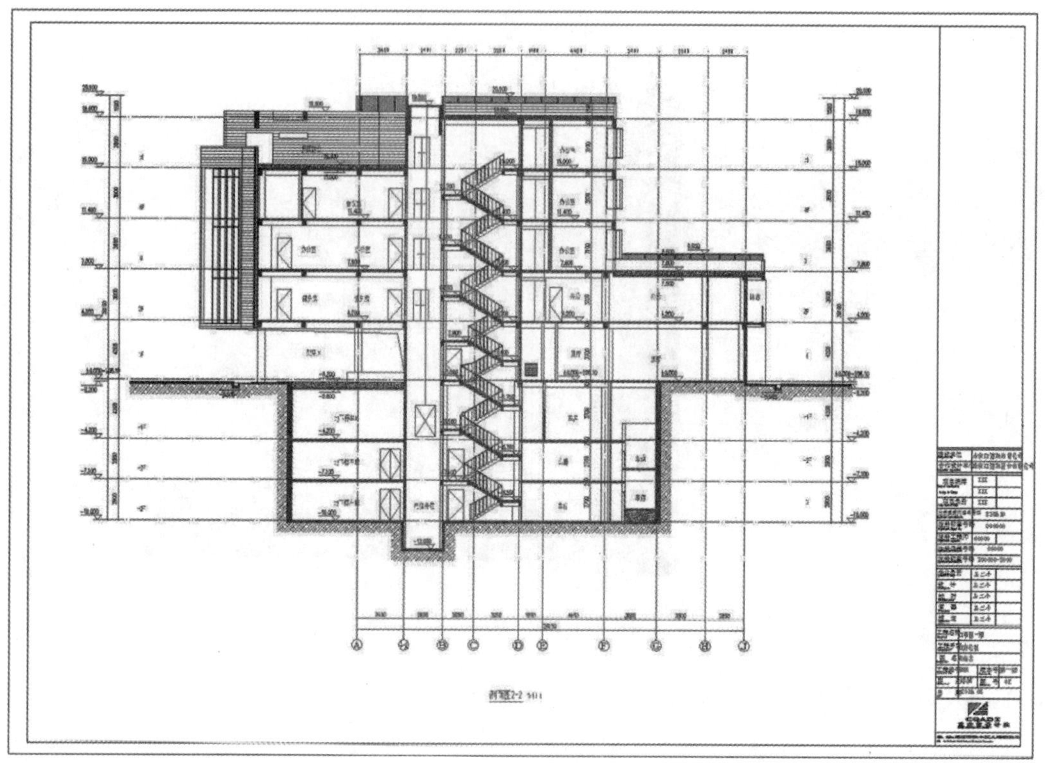

图 6.1-12　剖面图

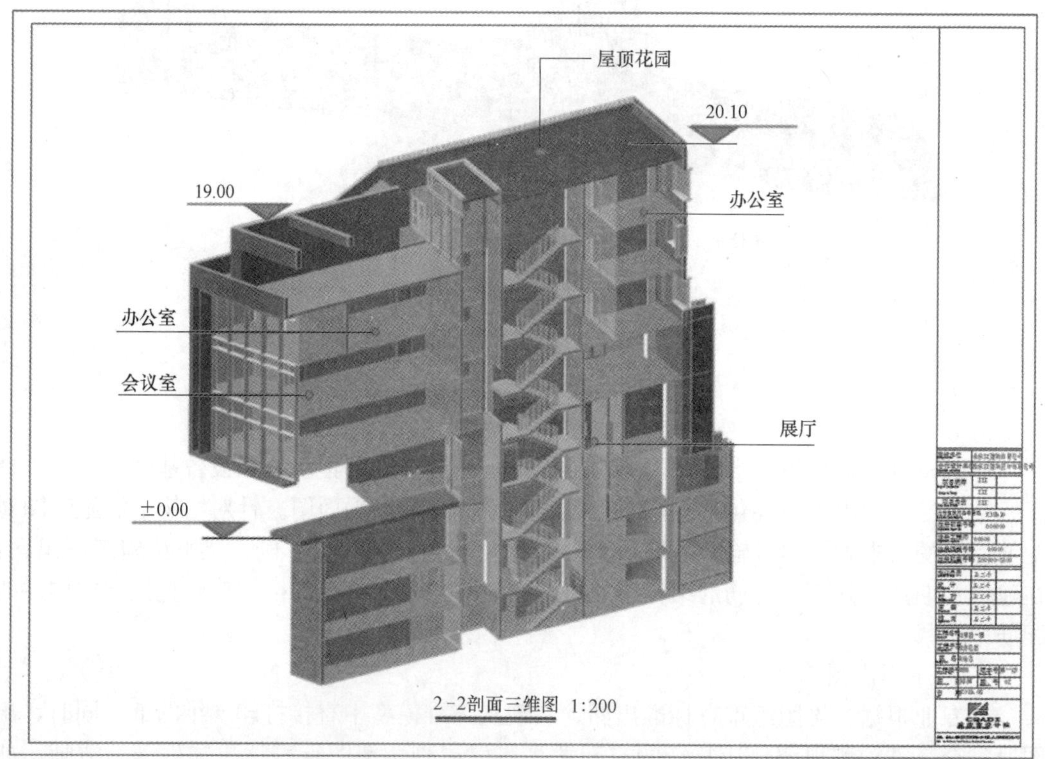

图 6.1-13　剖面三维轴测图

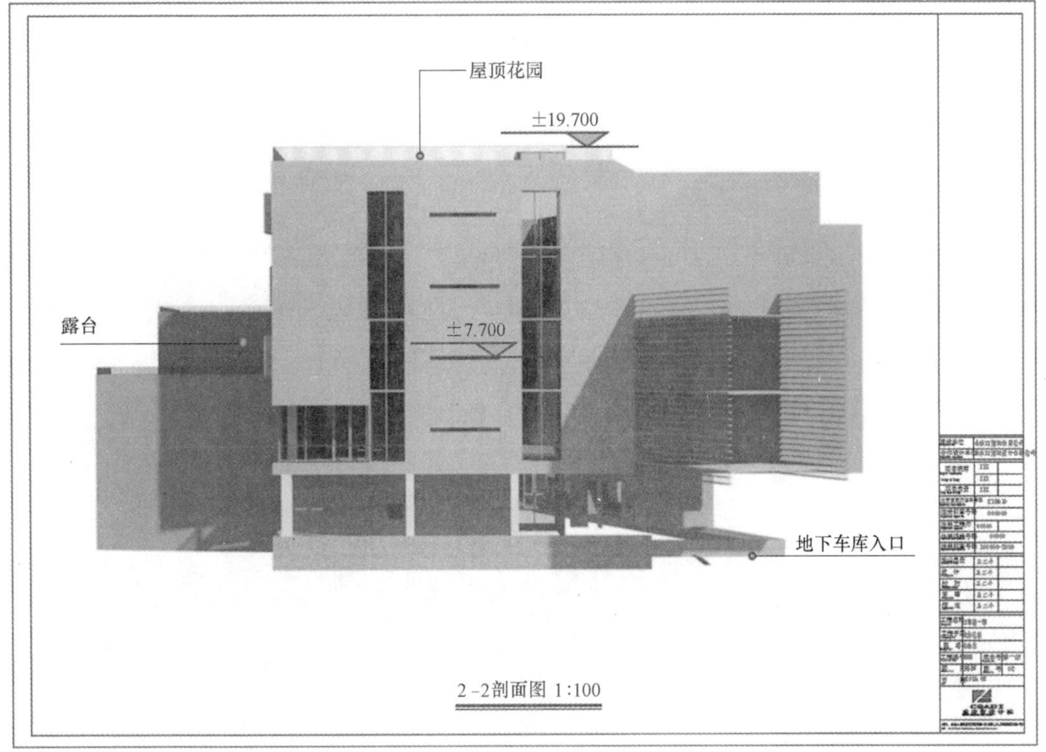

图 6.1-14 立面三维轴侧图